新时代生态文明建设理论构建及其现实践履

张永红　著

九州出版社 JIUZHOUPRESS | 全国百佳图书出版单位

图书在版编目（CIP）数据

新时代生态文明建设理论构建及其现实践履 / 张永红著. -- 北京 : 九州出版社, 2023.12
ISBN 978-7-5225-2470-2

Ⅰ. ①新… Ⅱ. ①张… Ⅲ. ①生态环境建设－研究－中国 Ⅳ. ①X321.2

中国国家版本馆CIP数据核字(2023)第207264号

新时代生态文明建设理论构建及其现实践履

作　　者	张永红　著
责任编辑	曹　环
出版发行	九州出版社
地　　址	北京市西城区阜外大街甲 35 号 (100037)
发行电话	(010)68992190/3/5/6
网　　址	www.jiuzhoupress.com
印　　刷	北京星阳艺彩印刷技术有限公司
开　　本	710 毫米 ×1000 毫米　16 开
印　　张	18.5
字　　数	263 千字
版　　次	2024 年 4 月第 1 版
印　　次	2024 年 4 月第 1 次印刷
书　　号	ISBN 978-7-5225-2470-2
定　　价	98.00 元

国家社科基金后期资助项目
出版说明

后期资助项目是国家社科基金设立的一类重要项目，旨在鼓励广大社科研究者潜心治学，支持基础研究多出优秀成果。它是经过严格评审，从接近完成的科研成果中遴选立项的。为扩大后期资助项目的影响，更好地推动学术发展，促进成果转化，全国哲学社会科学工作办公室按照“统一设计、统一标识、统一版式、形成系列”的总体要求，组织出版国家社科基金后期资助项目成果。

全国哲学社会科学工作办公室

目 录

导 论 …………………………………………………………………………… 1

第一章 中外生态理念：新时代生态文明建设的理论渊源 ………… 10

第一节 马克思主义经典作家的生态理念 ……………………………… 10

第二节 中国共产党日趋丰富的生态理念 ……………………………… 22

第三节 我国传统文化中朴素的生态意蕴 ……………………………… 33

第四节 西方生态社会主义的生态理念 ………………………………… 38

第二章 明晰价值主体：新时代生态文明建设的理论前提 ………… 44

第一节 “生命共同体”的多重维度 …………………………………… 44

第二节 “生命共同体”蕴含价值主体新认知 ………………………… 54

第三节 尊重自然：确认“共同命运”之“道” ……………………… 61

第三章 自然·精神·社会：新时代生态文明建设的核心维度 ……… 74

第一节 良好自然生态：生态文明建设之直观诉求 …………………… 74

第二节 健康精神生态：生态文明建设之灵魂 ………………………… 78

第三节 合理社会生态：生态文明建设之本源 ………………………… 89

第四章 廓清历史方位：新时代生态文明建设的基本要求 ………… 95

第一节 复归农业文明实现生态文明：不可能不现实 ………………… 95

第二节 超越工业文明实现生态文明：可能但不现实 ………………… 99

第三节 优化工业文明实现生态文明：可行且现实 ………………… 105

第五章 政治高度：新时代生态文明建设的精准站位 ……………… 113

第一节 生态文明建设彰显党的根本宗旨 …………………………… 113

第二节 生态文明建设彰显新的政治愿景 …………………………… 119

第三节 生态文明建设彰显中国正义形象 …………………………… 125

第六章 “四个全面”：新时代生态文明建设的战略支撑 …………… 137
第一节 生态文明建设关系着全面小康和现代化水平 ………… 137
第二节 生态文明建设以全面深化改革为引擎 ………… 149
第三节 生态文明建设以全面依法治国为保障 ………… 162
第四节 生态文明建设以全面从严治党为内核 ………… 169
第七章 绿色发展：新时代生态文明建设的科学路径 …………… 175
第一节 绿色发展的要义：理性绿色追求中求发展 ………… 175
第二节 绿色发展的根本：坚持与发展生态生产力 ………… 189
第八章 生态消费：新时代生态文明建设的内生动力 …………… 198
第一节 生态消费概说 ………… 199
第二节 生态消费的现实困境 ………… 203
第三节 优化与推进生态消费 ………… 211
第九章 生态民生：新时代生态文明建设的价值目标 …………… 222
第一节 生态文明建设的价值目标：保障和改善生态民生 ………… 222
第二节 高屋建瓴构筑生态民生发展规划 ………… 230
第三节 刚柔相济严抓落实改善生态民生 ………… 238
第十章 国际视阈：新时代生态文明建设的世界意义 …………… 243
第一节 原生态概念原创性理论为世界贡献中国智慧 ………… 243
第二节 战略定力激发实践活力让世界感知中国力量 ………… 250
第三节 两个“共同体”相融为世界发展贡献中国方案 ………… 260
第四节 自立自强展现和谐共生的中国式现代化道路 ………… 266
结 语 …………… 274
参考文献 …………… 276

导　论

当人猿揖别，人类从大自然的“母体”中诞生后，人与自然就对立统一地存在着。如何处理人与自然的关系，中外理论界与实践界进行了大量探索，并形成了系列研究成果。不过，从人类文明的高度思考人与自然之间的关系，是中国共产党和中国人民的智慧；而突破全球生态环境恶化的困境，实现人与自然的“和谐”甚至“和解”任重而道远。“党的十八大以来，中国特色社会主义进入新时代。”[①] 立足新时代，全面全程全力推进生态文明建设是重大现实课题。

一、问题的提出

（一）生态文明不是与人类共存亡的基本文明形态

理论界有一种声音，即在人类社会的历史进程中，生态文明是“贯穿所有文明形态始终的一种基本结构”[②],是“任何人类社会存在的基础和前提……永远与人类社会共存亡”[③]。这种生态文明与人类“共存论”,意味着生态文明不是一种新的文明形态。在笔者看来，“共存论”强调了生态文明对人类生存与发展的重要性，却忽视了生态文明的形成必须以人类生态意识的觉醒为基础，误将人类生存发展的生态基础等同于生态文明。毫无疑问，良好的生态环境是人类生存之基、生命之源，当生态环境遭到严重破坏，人类的生存与发展就会受到威胁。不过，良好的生态环境与人类共存亡，但生态文明是以自觉而非自发的生态意识为中介，产生于一定的社会历史时期，不与人类共“始”但与人类共“终”，将实现人与人、人与自然和解的共产主义社会，既是人类社会的终极形态，也是生态文明的终极形态。

---

① 《习近平谈治国理政》第4卷，外文出版社，2022，第6页。

② 张云飞:《试论生态文明的历史方位》,《 教学与研究》2009年第8期。

③ 刘海霞:《不能将生态文明等同于后工业文明——兼与王孔雀教授商榷》,《生态经济》2011年 第2期。

恩格斯早就指出,“文明是实践的事情,是社会的素质”[①],实践是人类文明发展的根本动力。一般意义上所指称的文明是人类利用自然而产生的物质和精神成果，它贯穿于人类社会始终。不过在笔者看来，生态文明不能简单套用文明的一般界定；生态文明是人类实践的成果，但又不能只考虑人类利用自然所产生的人化自然这一直接实践成果。自在自然作为自然生态的组成部分，尽管其本身不是人类的对象性存在，但生态文明不能忽视其存在。外部自然界虽外在于人类又时刻作用于人类，自在自然作为整个外部自然界的构成要素，总是或直接或间接对人类产生影响与作用，只是这种影响没有被人类认知并自为地加以利用。之所以这里强调是没有被自为地利用，是因为那些还没有被人类认知的自在自然，如浩瀚宇宙中未被认知的星辰作为外部自然界的构成部分，人类可能在无意识中不自觉地利用了它的光、热等等。而人类作为唯一能动的智慧动物，对外部自然界保持应有的敬畏之心，保持某些外部自然的自在状态而“不作为”，其本身也是一种尊重自然的“作为”。因此，因人类尊重自然而有意“不作为”所保持的那部分自在自然，应被看作是生态文明的重要组成部分。其实，与其他文明形态不同，生态文明从学术话语到治理理念均产生于 20 世纪中叶以来全球生态环境被破坏的背景之下，它已被赋予了人与自然和谐相处的特定内涵。因此，生态文明之“文明”，既是一种实践的积极“成果”，更反映人类与自然处于和谐甚至和解“状态”。如果从“状态”视角来理解生态文明，那些未被人类认知但能与人类和谐相处的外部自然界其实也是生态文明的构成部分。

显然，生态文明无论是作为实践的积极“成果”，还是作为人与自然和谐甚至和解的“状态”，均不是贯穿于人类社会始终的。撇开精神生态和社会生态层面仅就自然生态而言，当下自然生态环境被严重破坏，人与自然之间的关系就处于非和谐状态，难道当下也具备生态文明这一“基本文明结构”？按照“生态文明是贯穿所有社会形态和所有文明形态始终的一种基本的文明结构”的论断，当下人类社会是真实的存在，那生态文明这一基本的文明结构也必须是真实的存在无疑！很显然，当下存在真实生态文明的结论又与事实严重背离。可见，生态文明并非是早已有之的与人类社会“共存亡”的“基本结构”，而是人类生态意识觉醒之后才能真正形成的文明形态，需要通过持续有力的生态文明建设才能有效建成。

① 《马克思恩格斯文集》第 1 卷，人民出版社，2009，第 97 页。

（二）推进生态文明建设是需聚焦的时代课题

当今世界在加速发展的同时，不断恶化的生态环境问题横亘在世人面前，任何国家、任何政党、任何组织、任何个人都不能回避，也不应回避。因此，推进生态文明建设是一个需聚焦的时代课题。

其一，现实的紧迫性。自工业社会以来，人类发展取得了十分丰硕的成果，但传统的工业化进程产生的生态环境问题日益威胁着人类的生存与发展，这方面事实与数据颇多，无须赘述。就我国而言，新中国成立以来特别是改革开放以来我国经济社会发展成就举世瞩目，但生态环境问题已成为发展的桎梏。

中国特色社会主义进入新时代，我国社会的主要矛盾已转化为人民日益增长的美好生活需要和不平衡不充分的发展之间的矛盾，美好生活内在地包含着优美的生态环境，人民对美好生活越期待与憧憬，对优美生态环境的要求就越强烈。当下，我国发展已进入新阶段，实现共同富裕已成为时代强音，“生态文明理应纳入共同富裕框架，而且是实现共同富裕的驱动力量”①。而从全球而言，尽管各国的发展进程有快有慢，但追求良好的生态环境已基本成为一种共识。只是，发达资本主义国家曾饱受生态环境破坏之苦，已较早觉醒并采取了系列措施让国内生态环境得到改善；发展比较滞后的广大第三世界国家在悉心谋求发展速度的同时，也因环境问题的煎熬而将保护和改善生态环境提上日程。

可以这么认为，时代的车轮辗入 21 世纪，人类对生存与发展的生态关注日益强烈。这种强烈的生态关切，包含着对破坏生态环境的种种制度、理论、行径的批判，于“破”中找症结；也包含着改善生态环境意识的觉醒，包含着履行环保责任的行为自觉，于“立”中求生机。生态文明建设是破解生态环境难题，实现人与自然和谐共生的根本出路。

其二，理论与实践滞后性。由于恶化的生态环境已对人类的生存与发展构成严重威胁，因此自 20 世纪中叶以来，中外人士从不同的学科、不同的层面展开研究以期解决生态环境问题，可谓见仁见智。

在西方，1962 年，美国科普作家蕾切尔·卡森《寂静的春天》出版，该书聚焦农药对环境的污染问题，书的开篇“明天的寓言”中描述了生态环境恶化后将出现鸟儿死亡，春天毫无生机甚至是一片死静的“寂静”场景。《寂静的春天》是现代环境保护运动中具有里程碑意义的著作。1972 年和 1987 年，罗马俱乐部的研究报告《增长的极限》《人类处在转折点》

① 沈满洪：《生态文明视角下的共同富裕观》，《治理研究》2021 年第 5 期。

先后发表，生态环境问题逐步受到关注。此后，大量研究生态环境问题的著作及文章在欧美出现，涉及哲学、政治学、法学、经济学、社会学等多个学科领域，形成了“绿绿”“红绿”两种生态思潮。“绿绿”思潮又有“深绿”与“浅绿”之分。“深绿”思潮反对人类中心主义而坚持生态中心主义，主张人类臣服于自然而走向极端，最终无益于生态环境问题的解决。“浅绿”思潮反对生态中心主义，寄希望于技术创新、政策规约等手段对人类中心主义的缺陷予以修正，对资本主义国家国内生态环境治理产生了积极影响。但“浅绿”思潮企图在不触动资本主义制度的前提下，专注于资本增殖而对技术与政策进行种种“改良”，以期找到解决生态环境问题的办法，这显然无益于从根本上改善全球的生态环境。“红绿”思潮以生态社会主义特别是生态学马克思主义为代表，认为资本主义制度是生态危机的根源，主张将社会主义运动与生态运动结合起来实现生态社会主义，具有积极作用。但是，“红绿”思潮并没能全面分析生态危机的根源，所提出的生态社会主义“药方”在实践层面操作性不强，具有明显的局限性。关于这一点，笔者将在第一章第四节做具体分析。

在国内，针对全球日益严重的生态环境问题，学术界较早地提出了生态文明的构想。“建设生态文明”是“我们提出的具有原创性、时代性的概念和理论”①。自叶谦吉于 1984 年提出生态文明一词之后，学术界围绕着生态文明和生态文明建设展开了系列研究。

“人类经历了原始文明、农业文明、工业文明，生态文明是工业文明发展到一定阶段的产物，是实现人与自然和谐发展的新要求。”② 何谓生态文明？不同的学科有着不尽相同的界定，但人与自然和谐共生是生态文明的本质要求已成为共识。生态文明建设或者建设生态文明，则是通过厚植尊重自然的理念，遵从绿色发展的要求，优化人与自然之间的物质变换，最终实现人与自然和谐共生的过程。从人类向度而言，实现生态文明是一个艰难的过程，但努力推动生态文明建设是必须承担的当下责任。

中国共产党高度重视生态文明建设。2005 年，胡锦涛同志在中央人口资源环境座谈会上第一次公开使用“生态文明”，指出要“在全社会大力进行生态文明教育”。在党的十七大报告中，“建设生态文明”被列入全面建设小康社会的奋斗目标，并做出了初步的战略部署。党的十八大以来，以习近平同志为核心的党中央立足国内，放眼全球，立足当下，放眼长远，

① 习近平:《在哲学社会科学工作座谈会上的讲话》,《人民日报》2016 年 5 月 19 日，第 2 版。

② 中共中央文献研究室编:《习近平关于社会主义生态文明建设论述摘编》，中央文献出版社，2017，第 6 页。

深刻审思人与自然之间的关系，形成了习近平同志生态文明思想。推进生态文明建设是关系国家发展、人类未来的旷世工程，是践行以民为本、以人民为中心的民生工程。中国共产党将生态文明建设纳入最高行动纲领，这反映了全党推进生态文明建设的信心与决心，为我国生态文明建设提供了理论指导与实践遵循。

党中央对生态文明建设高度重视，理论界与实践界对生态文明建设的研究也十分积极。不过总体说来，迄今人们对生态文明建设的认知并非全面而精准，生态文明建设的理论与实践仍显滞后，这不是否认理论界已有的研究成果，更不是否认中国共产党带领全体人民为生态文明建设所作出的努力，而主要是基于如下两个方面的原因：

一方面，从时间序列而言，尽管人类自诞生以来就开始思考人与自然之间的关系，但真正意义上的生态文明建设理论研究与实践探索，均发生于生态环境问题出现之后。因此，从时间序列而言生态文明建设具有明显的滞后性。况且，即使全球遭遇了严重的生态环境问题，即使中国为生态文明建设作出了巨大的努力，但全球范围内生态文明建设远未成为共识。

另一方面，从实际效果而言，生态文明建设的理论与实践探究，总体上仍落后于发展的需要。自20世纪中叶以来，国内外理论与实践界对生态环境问题的关注度明显提高，形成了系列研究成果，进行了有益的实践探索，这也为本课题的研究奠定了很好的基础。不过，检索关于生态文明建设研究成果，整体而言已有的研究仍非深入、全面、系统。理论与实践的滞后性，既有曾经不甚重视的历史原因，更因为生态文明建设太复杂、太重要，相对于其复杂性和重要性而言，已有的研究终归是不完全、不充分、不系统的。进入新世纪特别是新时代以来，我国生态文明建设成绩斐然，但生态文明目标的实现仍任重而道远，生态文明建设的理论建构与实践探索仍是需要长久聚焦、不断深入的问题，对生态文明建设的研究怎么重视都不为过！也正因为如此，让笔者在已有不少专家学者研究生态文明建设的情况下，仍有着探索的勇气与责任。

二、研究构想

总体而言，拙著以“新时代”为历史方位，以生态文明建设“理论构建”与“现实践履”为主线，沿着从理论到实践，从宏观到微观，从一般到个别的思路展开研究。其一，立足但不囿于对习近平同志生态文明思想进行理解与分析。深入理解习近平同志生态文明思想是本研究的重要内容，因此，在研究的过程中会引用习近平同志的系列重要论述并进行阐释。

不过，生态文明建设是一个不断探索完善的过程，本研究力求准确把握习近平同志生态文明思想，学习借鉴理论界已有的研究成果，并尝试着站在巨人的肩膀上进行大胆的理论构建与实践探索。其二，需要说明的是，在“现实践履”部分，本研究主要以党的十八大以来生态文明建设“做得怎么样”和今后“应该怎样做”为视角。也就是说，在“现实践履”部分，本课题并不是将其完全定位于为生态文明建设出谋划策，而是既以一种“观察”的眼光，通过对比总结分析来发现过去和现在做得怎么样，也以“探究”的视角来思考未来应该怎样才能做得更好。

具体而言，本研究主要从理论渊源、理论前提、核心维度、基本要求、精准站位、战略支撑、科学路径、内生动力、价值目标、世界意义十个方面展开。其中，第1—4章着力于理论研究，第5—10章将理论与实践相融会，以理论指导实践，用实践来校验与支撑理论，以期有利于推进生态文明建设。具体的研究构想如下：

（一）中外生态理念：新时代生态文明建设的理论渊源

从中外丰富的思想宝库中梳理其生态理念，把握已有的生态智慧，这是新时代生态文明建设理论构建的起点。其一，立足原著，重点从强调“外部自然界的优先地位”，坚持用“实践”方式看待人与自然的关系，以及批判“物质变换”裂缝并不断寻求裂缝修复之策，解读马克思主义经典作家自然观中蕴涵的生态理念。其二，沿着由“点”及“面”、由“浅”及“深”从环境保护到生态文明建设的脉络，分析总结中国共产党主要领导人的生态环境治理理念和生态文明思想。其三，以“天人合一”为主，以“道法自然”“众生平等”为辅，分析总结我国优秀传统文化中的生态智慧。其四，对西方的生态思潮，特别是生态社会主义理论进行分析、批判性借鉴。

（二）明晰价值主体：新时代生态文明建设的理论前提

推进生态文明建设必须弄明白其价值主体是什么，这是一个基本的理论前提。理论界围绕着人与自然究竟谁是价值主体展开了系列讨论，甚至可以说是针锋相对的争论。本研究破除仅将人或者自然视为“唯一”主体的二元价值观，重新解读马克思提出的“主体是人，客体是自然”命题，重点阐释“人与自然是生命共同体”的新认知，提出并论证人与自然的共同命运才是最高的价值主体，分析尊重自然是对人与自然的共同命运的遵从，是确认价值主体之“道”。

（三）自然·精神·社会：新时代生态文明建设的核心维度

生态文明建设可以说千头万绪，本研究从理论与实践相结合的视角，提出其核心维度包括自然、精神、社会三个方面。其一，生态文明是良好的自然生态、健康的精神生态、合理的社会生态的统一，三者缺一不可。如果良好的精神生态和健康的社会生态缺位，生态文明不可能出现，不能将自然环境良好等同于生态文明。因此，推进生态文明建设，必须从自然、精神、社会三方面着力。其二，以重塑生态价值观和创新生态文明教育为突破口，对构建健康的精神生态提出建议。不过为避免重复，本研究将社会生态中的相关内容放在了生态文明体制改革中进行研究。

（四）廓清历史方位：新时代生态文明建设的基本要求

生态文明什么时候能够实现？此问题关注度高争论多！理论界与实践界存在着一种有代表性的观点，即认为工业化是破坏生态环境的罪魁祸首，生态文明是工业化及工业文明不可能交出的答卷。有的认为复归农业文明才能实现生态文明（简称“复归论”），有的认定生态文明是对工业文明的超越，是工业文明之后的人类文明新形态（简称“超越论”）。本章的研究重点，一是要分析“复归论”和“超越论”在理论上存在偏颇，在实践中会离散工业化与生态文明建设应有的合力，不利于工业文明、生态文明建设的有效推进；二是论证在优化工业化和工业文明中实现生态文明具有可行性、现实性。去工业化会扰乱中华民族伟大复兴的历史进程，协同推进新型工业化和生态文明建设是理性的选择。

（五）政治高度：新时代生态文明建设的精准站位

从党的根本宗旨、美丽强国新愿景、国际环境政治博弈三个方面，分析生态文明建设的政治高度。从“已然”而言，党中央的“两个重大”论断及其相关部署彰显了生态文明建设的政治高度。从“实然”“应然”来看，“美丽”强国新愿景要成为现实，既要加强顶层设计，也要明晰责任层层落实，本研究特别关注突破“最后一公里”的瓶颈；同时，当前全球生态环境治理成效并不明显，国与国之间的合作在政治博弈中艰难推进。本研究围绕着我国坚持共赢共享回击西方霸权、从“不变与善变”中担当责任和多场域多声部合唱提升生态话语权等方面深入思考，提出对策建议。

（六）“四个全面”：新时代生态文明建设的战略支撑

其一，通过历史与现实、进度与高度两个维度，分析生态文明建设与全面建成小康社会和全面建设社会主义现代化国家的关系。其二，生态文明建设应以全面深化改革为引擎。通过对比分析，着重阐释生态文明体制改革以理顺人与自然关系为要义，重点以“大部制”、环保“垂改”，以及生态文明先行示范区建设等为切入点，分析生态文明体制改革已取得的成就、存在的不足，以及今后的工作重点。本研究特别提出完善环保信用制度，强调“三类制度”“四方责任”形成合力。其三，生态文明建设应以全面依法治国为保障。本研究围绕着“最”严法治严在何处、成效怎样、差距在哪、需采取什么对策进行优化等问题展开。其四，生态文明建设要以全面从严治党为内核。本研究从个体、国家和人类三个向度，分析中国共产党为什么要担当起生态文明建设的重任，以及怎么样通过全面从严治党更好地担当起生态文明建设的重任。

（七）绿色发展：新时代生态文明建设的科学路径

其一，从生产和休闲两个场域，强调用理性而非盲目的绿色追求来推进生态文明建设，分析盲目绿色追求、简单回归自然的危害，提出理性绿色发展的对策。当前，普遍有闲的生活已成为常态，但休闲中的生态环境破坏还没有被全面认识与高度重视，因此，本研究在讨论绿色发展中引入了休闲问题。只有“让绿色成为普遍形态”，才能促进人与自然和谐共生。其二，深入研读经典著作，通过对比分析，论证生态生产力强调保护与改善生态环境并举，在“协调”中培育生产能力，这是对以征服与改造自然为手段，在“斗争”中彰显生产能力的传统生产力的精准纠偏；生态生产力强调资源、环境、生态并重，将生态环境作为潜在要素和内生变量纳入生产力范畴。坚持与发展生态生产力是绿色发展的根本所在。

（八）生态消费：新时代生态文明建设的内生动力

没有生态消费的驱动，生态文明不可能真正实现。本部分研究主要通过理论阐释与实证调研相结合的方式展开。其一，分析生态消费的全面、全程、全效的“三全”要求，以及生态消费力“四力”要素。生态消费是一种新的消费理念与模式，因此，本研究不但突出传统消费力“三力”要素在生态消费领域的特殊体现，更提出生态消费“内化力”并进行重点分析。其二，在调研的基础上，从“三全”“四力”角度分析我国民众的生态消费困境。其三，重点研究破解生态消费困境的对策。农村生态环境相对较好，但农民主动型生态消费较弱，农村生态文明建设存在着不少隐忧。因此，本研究在调研中将关注的重点放在农村，并尽力有针对性地提出一些对策建议。

（九）生态民生：新时代生态文明建设的价值目标

其一，通过历史梳理，分析民生问题生态转向的必要性、必然性，廓清几种关于生态文明建设价值目标的模糊认识，论证民生之“生”，是生存与生活的统一；阐明生态文明建设的首要价值目标是改善生态民生，论证将保障和改善生态民生作为价值目标，是对人与自然的共同命运这一价值主体的有效确认。其二，通过宏观层面绿线、红线、高压线相融，微观层面民意、民情、民心相生，以“刚”和“柔”为特色，从生态民生角度凸显中国共产党以人民为中心的真担当、真作为。

（十）国际视阈：新时代生态文明建设的世界意义

生态文明建设的国内意义已被充分论证，并在实践中得到了很好的体现。本部分聚焦生态文明建设的世界意义，力图弥补已有研究中尚存在的薄弱之处。其一，抓住原创性、时代性两个关键词，分析论证生态文明、建设生态文明是中国的原创性话语与理念，为世界贡献中国智慧；论证生态文明的实现具有艰巨性、层级性、现实性，从“时间”维度剖析生态视角的安生——乐生——自由全面发展，论证生态文明立起了人与自然和谐——和解的现实支点。其二，通过对比分析，论证生态帝国主义的形成、本质及危害，突出我国的生态文明建设以战略“定力”激发实践“活力”，让世界感知中国方案。其三，从人与自然生命共同体与人类命运共同体相融相生出发，从“空间”维度分析中国尽自己的努力承载着全球生态环境治理的责任。时空交融，体现科学性、开放性、包容性，回击西方的生态诘难。其四，从由“滞”到“治”、由“治”及“兴”论证中国式现代化内含着人与自然和谐共生的基本要求，生态文明建设让现代化进程中的人与自然和谐共生理念得以彰显。人与自然和谐共生的中国式现代化实现了对西方资本主义现代化模式的三重超越。

第一章　中外生态理念：新时代生态文明建设的理论渊源

马克思曾指出："人们自己创造自己的历史，但是他们并不是随心所欲地创造，并不是在他们自己选定的条件下创造，而是在直接碰到的、既定的、从过去承继下来的条件下创造。"[①]认识和处理人与自然的关系是古老而年轻的话题，古今中外探索者众。实现中华民族伟大复兴，良好的生态环境是其中必不可少的构成要素。新时代生态文明建设是直面发展中存在的生态环境问题的现实决策，有着坚实的现实基础。同时，新时代生态文明建设深受马克思主义经典作家的生态理念、中国共产党中央领导集体的生态智慧、中华优秀传统生态文化的生态意蕴所滋养与启迪，也需对西方的生态理念进行批判性吸收。

第一节　马克思主义经典作家的生态理念

马克思主义经典作家的生态理念是新时代生态文明建设的理论基石，这一判断既不是基于为解决当代问题而习惯性地进行原典追溯，更不是笔者对马克思主义经典作家的主观生态臆造，而是基于原著实事求是的分析。尽管马克思主义经典作家尚未形成自觉的生态文明理论，甚至在马克思主义经典著作中根本没有出现过"生态"一词。不过，经典著作中没有生态话语的直观表达并不等于其生态理念完全缺失，更不能因此给马克思主义经典作家扣上反生态的标签。仔细梳理马克思主义经典著作，发现其中不乏生态理念，这些科学的生态理念是新时代生态文明建设的重要理论基石。下面，笔者拟从三个方面进行阐释。

① 《马克思恩格斯文集》第2卷，人民出版社，2009，第470-471页。

一、强调"外部自然界的优先地位"蕴含的生态基石

强调"外部自然界的优先地位"是马克思主义自然观最基本的原则立场。马克思对"外部自然界的优先地位"的强调，既奠定了唯物主义的物质本体论基石，也具有重要的生态价值。

（一）完整理解外部自然界的优先地位

马克思在批判费尔巴哈用孤立抽象的观点看待人与自然的关系时，曾旗帜鲜明地论述并强调了外部自然界具有无可撼动的优先性。"这种活动、这种连续不断的感性劳动和创造、这种生产，正是整个现存的感性世界的基础，它哪怕只中断一年，费尔巴哈就会看到，不仅在自然界将发生巨大的变化，而且整个人类世界以及他自己的直观能力，甚至他本身的存在也会很快就没有了。当然，在这种情况下，外部自然界的优先地位仍然会保持着，而整个这一点当然不适用于原始的、通过自然发生的途径产生的人们。但是，这种区别只有在人被看作是某种与自然界不同的东西时才有意义。此外，先于人类历史而存在的那个自然界，不是费尔巴哈生活于其中的自然界；这是除去在澳洲新出现的一些珊瑚岛以外今天在任何地方都不再存在的、因而对于费尔巴哈来说也是不存在的自然界。"①

马克思的上述论述交代得非常清楚，他所指的"人"不是费尔巴哈所指的抽象的人，也不是通过自然进化而生成的原始人，而是始终处于一定社会关系之中从事着生产生活实践活动的现实的人。也就是说，自然界的优先地位是针对已经脱胎于自然与自然相区别，但又生活于自然之中并利用自然从事社会实践的现实的人而言的。列宁支持与坚持马克思的观点，肯定外部自然界的优先地位。他在费尔巴哈《宗教本质讲演录》一书摘要中写道，"人所认为先于自己的存在物……不外是自然界，而不是你们的上帝"，"我憎恨把人同自然界分割开来的唯心主义，我并不因自己依赖于自然界而感到可耻"②。

厘清了马克思上述论述中对"人"的界定之后，下面就要弄清楚马克思所强调的具有优先地位的"外部自然界"是特指那些完全没有打上任何人类活动痕迹的自在自然（也称天然自然），还是特指那些已经被人类利用和改造打下了人类活动印记的人化自然？抑或自在自然和人化自然两者兼而有之？下面，笔者还是立足于原著进行分析。

自在自然是没有留下人类活动印迹的自然，同时又是孕育了人类的自

---

① 《马克思恩格斯文集》第1卷，人民出版社，2009，第529-530页。

② 《列宁全集》第55卷，人民出版社，1986，第38-39页。

然。自在自然遵循其自身特有的规律而存在与演进，人类就是从自在自然中逐步进化而来的。恩格斯指出，“人本身是自然界的产物，是在自己所处的环境中并且和这个环境一起发展起来的”①。马克思也指出：“人直接地是自然存在物。”② 自在自然是人类的母体，其优先地位是不可置疑的，理论界对此也早有研究，不再赘述。不过，以往理论界对具有优先地位的外部自然界的研究基本聚焦于此，也很遗憾多局限于此。

在笔者看来，仅仅承认自在自然对人类具有优先地位是远远不够的。自在自然的优先地位是人类学研究的重点，是进化论的重大发现，但自在自然的优先地位不是马克思主义探讨的理论重点，更不是马克思主义自然观区别于一切旧唯物主义自然观的本质所在，留下了人类活动痕迹的人化自然才是马克思主义重点考察的对象。马克思指出：“不仅五官感觉，而且连所谓精神感觉、实践感觉，一句话，人的感觉、感觉的人性，都是由于它的对象的存在，由于人化的自然界，才产生出来的。”③ 只要有人类的生存与发展，自然界就处于不断被人化的过程之中。那么，被人化的自然是否具有优先地位？且看马克思的这段论述：“在实践上，人的普遍性正是表现为这样的普遍性，它把整个自然界——首先作为人的直接的生活资料，其次作为人的生命活动的对象（材料）和工具——变成人的无机身体。”④ 很明显，马克思这里所指自然界是与人类同“时空”、存在于人类周围的自然界，是自在自然与人化自然的统一。甚至为了防止人们在认识自在自然与人化自然的优先地位中顾此失彼，马克思在论述中用了“整个自然界”予以强调。而且，随着人类实践的深入，自在自然不断被人化自然所代替。人们“周围的感性世界决不是某种开天辟地以来就直接存在的、始终如一的东西，而是工业和社会状况的产物，是历史的产物，是世世代代活动的结果”⑤。但即使是已经打上了人类实践烙印的“现存感性世界”，“外部自然界的优先地位仍然会保持着”。

可见，具有优先地位的外部自然界是自在自然与人化自然的统一。人类起源于自然存在于自然，无论是作为类存在物的人类，还是作为个体存在物的无数鲜活的个体，永远存续于自然之中而无法生存于自然之外，始终无法割舍掉与自然的联系。马克思曾形象地指出人有两个身体，一个是

① 《马克思恩格斯文集》第 9 卷，人民出版社，2009，第 38-39 页。
② 《马克思恩格斯文集》第 1 卷，人民出版社，2009，第 209 页。
③ 《马克思恩格斯文集》第 1 卷，人民出版社，2009，第 191 页。
④ 《马克思恩格斯文集》第 1 卷，人民出版社，2009，第 161 页。
⑤ 《马克思恩格斯文集》第 1 卷，人民出版社，2009，第 528 页。

他的有机身体即血肉之躯，另一个是无机身体即外部自然界。“自然界是人为了不致死亡而必须与之处于持续不断的交互作用过程的、人的身体。”[①]随着现代科学技术的发展，人化自然的能力在不断提升，人化自然的范围在不断扩大，人类对自然界的依赖看似不断弱化，实质上只是依赖形式悄然发生变化而已。无论生产力多么发达，社会如何进步，离开了自然界的物质和能量供给，人类无法生存与发展。

（二）肯定外部自然界优先地位蕴含的生态基石

当前人类面临的各种生态环境问题，既有自在自然不适合人类生存的因素，但更主要是因为人类在利用自然的过程中不是尊重自然的优先地位，而是强调人自身的优先地位。一段时间以来，人们迷恋金钱迷失自我迷醉于控制自然，迷信“科学神”迷失“自然神”迷梦于“实验室是未来财富和幸福的庙堂”，迷惘于对自然价值的理性思考。重温马克思主义经典作家对外部自然界优先地位的相关论述，能为误入迷途的人们指点迷津。

其实，承认外部自然界的优先地位既是对人类“从何而来”的肯定，更是对人类“向何处去”的提醒。强调外部自然的优先地位，既不是要人们盲目敬畏自然臣服于自然，更不能肆意征服自然控制自然，而是在自然环境承载能力范围之内科学地利用自然。尽管人是自然界能动的主体，但人的活动始终受制于自然规律，所以人类必须从人的尊严和价值出发去理解和尊重自然，像珍爱自己的血肉之躯那样珍爱自然界这一无机身体，自然才能成为人类的理想家园。相反，如果人类只将自然作为生存之地财富之源而工具理性地承认其优先地位，甚至为了生活的富足而罔顾自然规律率性而为，自然就会以其特有的方式惩罚人类。诚然，由于毕生忙于无产阶级的解放事业，加之早期资本主义社会生态环境问题尚不严重，因此，马克思主义经典作家并没有对生态环境问题进行详细的论述。不过，强调尊重外部自然界的优先地位、尊重自然的价值与尊严、遵循自然规律，这是马克思主义一以贯之的原则立场，也是人与自然和谐发展的生态基石。

二、阐释“现实的自然界”实践命脉蕴含的生态内核

现实的自然界是属人的自然界，是被人的实践中介了的人化自然。马克思指出，“在人类历史中即在人类社会的形成过程中生成的自然界，是人的现实的自然界”[②]。人化自然的前提是“自然”，关键是“人化”，即人的实践对象化。承认“外部自然界的优先地位”是马克思主义自然观的理

① 《马克思恩格斯文集》第1卷，人民出版社，2009，第161页。
② 《马克思恩格斯文集》第1卷，人民出版社，2009，第193页。

论前提，但是，马克思主义实现自然观的哲学革命绝不仅仅是为了指出自然界的外在独立性，而是要强调自然的现实性、实践性。

（一）“现实的自然界”诉诸人的能动实践

如前所述，费尔巴哈肯定人从自然中来，主张人只能绝对地服从自然而不能能动地反作用于自然，认为如果自然加上人的因素便会失去其自身的本质。马克思据此认为，费尔巴哈以“感性直观”而不是“感性实践”的形式看待人、自然以及人与自然的关系，他把人理解成抽象的主体，把自然理解成抽象的客体，把自然看成独立于人的实践存在物，完全忽视了人的能动作用。马克思在《关于费尔巴哈的提纲》中指出：“从前的一切唯物主义（包括费尔巴哈的唯物主义）的主要缺点是：对对象、现实、感性，只是从客体的或者直观的形式去理解，而不是把它们当作人的感性活动，当作实践去理解，不是从主体方面去理解。”① “费尔巴哈不满意抽象的思维而喜欢直观；但是他把感性不是看作实践的、人的感性的活动。”② “费尔巴哈不满意抽象的思维而诉诸感性的直观；但是他把感性不是看作实践的、人的感性的活动。”③ “费尔巴哈对感性世界的‘理解’一方面仅仅局限于对这一世界的单纯的直观，另一方面仅仅局限于单纯的感觉。费尔巴哈设定的是‘人’，而不是‘现实的历史的人’。”④ 由于费尔巴哈只是“感性直观”地理解自然界，而不是“感性实践”地理解自然界，所以他谈论的自然界始终是抽象的自然界而不是现实的自然界。然而，“被抽象地理解的、自为的、被确定为与人分隔开来的自然界，对人来说也是无”⑤。这里的“无”，不是“无存在可能”，而是“无意义与价值”。因为，永远与人分隔、不与人发生任何关系的自然界确定为“无”；但曾经与人分隔、没有与人发生关系的自然界便是“有”，这就是先于人类而存在的自在自然。不过在马克思看来，撇开人类面前的现实自然界来侈谈人类诞生以前的自在自然是没有意义与价值的，讨论自在自然的目的是为了研究现实的自然、了现实的自然，是为了研究自然规律、了解自然规律，以便人类更好地利用自然，并最终实现人与自然的和解。

“人不仅仅是自然存在物，而且是人的自然存在物，就是说，是自为地存在着的存在物，因而是类存在物。他必须既在自己的存在中也在自己

① 《马克思恩格斯文集》第1卷，人民出版社，2009，第499页。
② 《马克思恩格斯文集》第1卷，人民出版社，2009，第501页。
③ 《马克思恩格斯文集》第1卷，人民出版社，2009，第505页。
④ 《马克思恩格斯文集》第1卷，人民出版社，2009，第527-528页。
⑤ 《马克思恩格斯文集》第1卷，人民出版社，2009，第220页。

的知识中确证并表现自身。因此，正像人的对象不是直接呈现出来的自然对象一样，直接地存在着的、客观地存在着的人的感觉，也不是人的感性、人的对象性。自然界，无论是客观的还是主观的，都不是直接同人的存在物相适应地存在着。"[①]"正是在改造对象世界的过程中，人才真正地证明自己是类存在物。这种生产是人的能动的类生活。通过这种生产，自然界才表现为他的作品和他的现实。"[②]马克思主义经典作家的系列论述表明，人不仅仅是自然存在物，而且是人的自然存在物。外部自然界具有优先地位，是客观存在的，自然界的客观性是其现实性的前提和基础，但客观自然界不是直接同人的存在物相适应地存在着，客观自然界更不等于现实的自然界。只有以实践为中介，通过人的实践认识和改造的自然界才是现实的自然界，只有现实的自然界才是真正的、人本学的自然界，因为，只有以实践为中介的现实自然界才能确证和表现人的本质力量。

换言之，只有在实践过程中打上人的本质力量烙印从而转变为人的类生活一部分的自然界才是现实的、有意义的自然界，而不是抽象的、无意义的自然界。马克思指出："通过工业——尽管以异化的形式——形成的自然界，是真正的、人本学的自然界。"[③]马克思肯定了通过工业所形成的自然界是属人的自然界，是真正的现实的自然界，尽管以异化的形式出现，但它仍然体现着人的本质力量，因为"全部社会生活在本质上是实践的"[④]。列宁也指出，实践"不仅具有普遍性的品格，而且还具有直接现实性的品格"[⑤]。诚然，费尔巴哈也曾提到实践，但他所指的实践是日常生活中经商牟利、吃喝玩乐等"卑污的犹太人的表现形式"[⑥]，与马克思所指的实践大相径庭。这说明，"直观的唯物主义，即不是把感性理解为实践活动的唯物主义，至多也只能达到对单个人和市民社会的直观"[⑦]。整个人类及以人的实践活动为中介的现实的自然界，终究不在抽象的人本学自然观视野之内。与感性直观唯物主义不同，马克思主义经典作家抓住实践这一有力武器，实现了自然观的哲学革命。马克思主义认为，将人与自然统一起来的既不是黑格尔所谓抽象的绝对理念，也不是费尔巴哈的直观自然界，而是现实的人的劳动实践。

---

① 《马克思恩格斯文集》第1卷，人民出版社，2009，第211页。
② 《马克思恩格斯文集》第1卷，人民出版社，2009，第162-163页。
③ 《马克思恩格斯文集》第1卷，人民出版社，2009，第193页。
④ 《马克思恩格斯文集》第1卷，人民出版社，2009，第501页。
⑤ 《列宁全集》第55卷，人民出版社，1990，第186页。
⑥ 《马克思恩格斯文集》第1卷，人民出版社，2009，第499页。
⑦ 《马克思恩格斯文集》第1卷，人民出版社，2009，第502页。

（二）现实的自然观蕴含着生态内核

有人认为，马克思主义经典作家在论证现实的自然界时，强调实践的作用凸显人的主体性，是典型的人类中心主义，是反生态的。其实，这是一种误解与误读！诚然，马克思主义现实自然观强调实践的中介作用，实践是人的实践，对实践的强调也就是对人的主体性的充分肯定。因为实践的介入，人成了认识、变革自然的主体，而自然成了主体之外并被主体指向、认识、变革的对象，但人的这种主动性的发挥是基于承认外部自然界的优先地位，承认自然是人的无机身体等前提的基础之上。也就是说，马克思主义不是站在与外部自然界对立的角度强调人的主体性，而是在尊重自然的价值、尊严、规律的基础上强调人的主体性，其终极指向是谋求人与自然和谐共生，实现人与自然的最终和解。反观人类中心主义，却始终认为人处于主导地位，自然只有绝对地服从于人的意志才有意义与价值。漠视自然张扬自我是人类中心主义的典型特征，与马克思主义现实自然观完全背道而驰！

其实，马克思主义现实自然观不仅没有陷入漠视自然的人类中心主义泥淖，恰恰相反，对实践地位与作用的合理肯定具有鲜明的生态取向，蕴含着以人为本的生态内核。马克思主义现实自然观告诉我们，远古时代的原始自然界和至今仍保持着原始风貌的自在自然并非我们所追求的生态文明，只有通过人的实践改造所形成的自然万物和谐共生的状态，才是真正的生态文明状态。也就是说，生态文明不是要尘封人类的脚步，或者始终将人类活动限定在狭小的范围而尽可能地保护自然的原始风貌；相反，外部自然界只有留下人类的足迹，实现人与自然和谐相处才称得上生态文明。诚然，自工业社会以来，由于人类过分张扬自身的主体性而忽视了自然的地位与价值，忽视了对自然的尊重与爱护，从而导致了严重的生态环境问题。然而，据此否认人的主体性与能动性，认为人只能是自然的看护者而非利用者和改造者，表面而言是对自然的爱护与尊重，实质上是对人与自然关系的曲解，对生态文明的曲解。生态文明并非倡导以自然为中心！生态中心主义者在批判人类破坏自然的同时，也逃避人类对改善生态环境应承担的责任，显然没有真正领会马克思主义现实自然观的真谛，不利于生态环境保护，也无益于人的发展和人类的进步。消极地保护自然，被动地爱护环境，那些已经被破坏的生态环境可能由于人类的“不作为”而难以得到修复，那些濒危的物种也会由于人类的“不作为”而消失……人类也可能因为种种“不作为”而生存受阻甚至趋于消亡，美其名曰的生态环境保护最终既保护不了自然也保护不了人类自身。其实，构建生态文明，既凸显人是生态环境保护的主体，也不回避人（包括当代人和后代人）是生态环境保护的受益者，做到既尊重自然，也尊重人，实现人与自然和谐共生。坚持以人为本，不只是彰显人是价值主体和价值旨归，而是既强调人的主体性、主动性，也强调人的受动性，强调自然对人的制约，还强调人类应承担起保护自然的责任，这是马克思主义现实自然观给人们的生态启示。

三、分析“物质变换”裂缝蕴含的生态理想

马克思主义经典作家的生态理念还体现在他们对资本主义物质变换裂缝的深刻分析之中。这种分析，既包括对物质变换裂缝的批判，也包括对弥合物质变换裂缝的思考。物质变换（也译为新陈代谢）概念主要来自德国有机化学家李尤斯图斯·冯·李比希，马克思吸收了这个生物学概念并首次将它运用到社会领域，从而创造性地提出了物质变换裂缝思想。笔者拟聚焦马克思主义经典作家的物质变换裂缝思想探求其生态理想。

（一）批判物质变换裂缝的生态理想隐性在场

马克思指出，“劳动就是为了满足人的需要而占有自然因素，是中介人和自然间的物质变换的活动”[①]。“劳动首先是人和自然之间的过程，是人以自身的活动来中介、调整和控制人和自然之间的物质变换的过程。”[②]劳动“首先”是人与自然之间的过程，这表明了物质变换的基础地位和根本作用。

其一，马克思主义经典作家以劳动为着力点，关注“人和土地之间的物质变换”，推而广之思索人与自然之间的物质变换及其裂缝问题。马克思指出，资本主义的“大土地所有制使农业人口减少到一个不断下降的最低限度，而同他们相对立，又造成一个不断增长的拥挤在大城市中的工业人口。由此产生了各种条件，这些条件在社会的以及由生活的自然规律所决定的物质变换的联系中造成了一个无法弥补的裂缝，于是就造成了地力的浪费，并且这种浪费通过商业而远及国外（李比希）”[③]。“资本主义生产使它汇集在各大中心的城市人口越来越占有优势，这样一来，它一方面聚集着社会的历史动力，另一方面又破坏着人和土地之间的物质变换，也就是使人以衣食形式消费掉的土地的组成部分不能回归土地，从而破坏土地

① 《马克思恩格斯全集》第32卷，人民出版社，1998，第44页。
② 《马克思恩格斯文集》第5卷，人民出版社，2009，第207-208页。
③ 《马克思恩格斯文集》第7卷，人民出版社，2009，第918-919页。

持久肥力的永恒的自然条件。”[①] 以上两段论述从资本主义的大工业、大农业入手，共同关注“人和土地之间物质变换”的“断裂”问题，这是马克思关于物质变换裂缝最经典也是最直接的论述。

列宁赞成马克思的观点，他指出，“人口集中于城市，使土地无人耕种，并且造成了不正常的新陈代谢……资本主义破坏了土地经营和土地肥力之间的平衡（由于城市同农村的分离），这是无庸置疑的”[②]。列宁还举例论证了在资本主义的剥削制度之下，既无天然肥料归还给土地，也无人造肥料给予土地必要的补充。帝国主义通过垄断手段将剥削发挥到极致，且不断地通过殖民掠夺方式将物质变换的裂缝扩大和转移到其他国家，造成全球范围内的物质变换裂缝问题。

在马克思主义经典作家看来，物质变换是人与自然相互作用的方式，合理的物质变换既能让人类从自然获得物质资源，又需要人类将可利用的“排泄物”系统地归还自然，有效地保持自然生态系统的动态平衡。不仅于此，马克思还对各种“排泄物”作了生产排泄物与消费排泄物的界定与区分，“我们所说的生产排泄物，是指工业和农业的废料；消费排泄物则部分地指人的自然的新陈代谢所产生的排泄物，部分地指消费品消费以后残留下来的东西”[③]。一方面，对于生产排泄物，马克思主张再转化、再利用，“即所谓的生产废料再转化为同一个产业部门或另一个产业部门的新的生产要素”[④]，“所谓的废料，几乎在每一种产业中都起着重要的作用”[⑤]。尽管生产排泄物不能直接“反哺”自然，更不可轻易“抛给”自然，但生产排泄物的再利用，这本身就是一种对自然资源的节约。相反，如果对生产排泄物不是合理地再利用而是直接“抛给”自然，则既是对生态环境的破坏，又间接地加大了对自然资源的消耗，容易造成人与自然之间更大的物质变换裂缝。另一方面，对于消费排泄物，马克思认为要合理地返还给自然以增加土地的肥力，“消费排泄物对农业来说最为重要”[⑥]。然而，由于人口不断向城市集中，部分消费排泄物不能有效返还自然，而资本家为了资本增殖又疯狂提高土地的产出，造成地力不断下降。

可见，合理的物质变换不能只是一个“自然—人”的单向度过程，而应该是一个“自然—人—自然”的循环过程。如果人类只注重向自然“索

① 《马克思恩格斯文集》第5卷，人民出版社，2009，第579-580页。
② 《列宁全集》第7卷，人民出版社，1986，第98页。
③ 《马克思恩格斯文集》第7卷，人民出版社，2009，第115页。
④ 《马克思恩格斯文集》第7卷，人民出版社，2009，第94页。
⑤ 《马克思恩格斯文集》第7卷，人民出版社，2009，第116页。
⑥ 《马克思恩格斯文集》第7卷，人民出版社，2009，第115页。

取”而无视“反哺”自然，物质变换的裂缝将不可避免地产生。在前资本主义社会，人类因为生产力水平低而屈从于自然，物质变换裂缝也就基本不存在。到了资本主义社会，一方面，大工业和大农业生产利用与消耗自然资源的能力显著提升；另一方面，为降低成本，资本家往往将生产排泄物和消费排泄物直接“抛给”自然，使物质变换呈现出“无法弥补的裂缝”，并且这种裂缝不断张裂，进而表现为人与人之间包括城乡之间的系列“断裂”。

其二，马克思主义经典作家从社会制度入手，进一步分析产生物质变换裂缝的根本原因。批判物质变换裂缝只是马克思主义经典作家批判资本主义生产方式的直观表达，物质变换裂缝的产生，其根本原因是资本主义不合理的生产方式。仅从“人和土地之间的物质变换”而言，“资本主义制度同合理的农业相矛盾，或者说，合理的农业同资本主义制度不相容”[①]。可见，将产生物质变换裂缝的原因粗暴地归结于生产的发展和技术的进步而贪恋原始的和谐是可笑的，而简单地归因于资本主义社会中城市和乡村之间的敌对与分离也只是隔靴搔痒。尽管资本主义制度及其资本主义生产方式在很大程度上促进了生产的发展和技术的进步，但是，“资本主义生产的目的是资本增殖，就是说，是占有剩余劳动，生产剩余价值，利润”[②]，资本家甚至不惜冒着“绞首的危险”为资本增殖扫清障碍。资本家是人化的资本，建立在生产资料私有制基础上的资本主义制度，通过对人与自然的双重剥削实现资本增殖，根本不可能考虑工人的前途与命运，根本无暇也不愿为弥合物质变换裂缝而努力。

马克思在《资本论》中用大量篇幅描述了工人恶劣的生产和生活环境，“人为的高温，充满原料碎屑的空气，震耳欲聋的喧嚣等等”[③]，只是工人工作环境的部分缩影。恶臭、肮脏、潮湿等极端条件严重残害了工人的身体器官，但“这些机器像四季更迭那样规则地发布自己的工业伤亡公报”[④]。恶劣的生产和生活条件是早期资本主义社会工人的基本境遇。

在资本主义制度下，资本家对自然力的掠取和对劳动力的剥削是同时进行的。“经对象化的劳动的产品大规模地、像自然力那样无偿地发生作用”[⑤]，请注意，马克思用的是“无偿”地发生作用，自然力被无偿占有，

---

① 《马克思恩格斯文集》第7卷，人民出版社，2009，第137页。
② 《马克思恩格斯文集》第7卷，人民出版社，2009，第280页。
③ 《马克思恩格斯文集》第5卷，人民出版社，2009，第490页。
④ 《马克思恩格斯文集》第5卷，人民出版社，2009，第490页。
⑤ 《马克思恩格斯文集》第5卷，人民出版社，2009，第445页。

凝聚了劳动者心血的劳动产品也被尽可能大规模地无偿占有，这种无偿占有能让资本家双重受益。因为，劳动产品和自然力的无偿占有可以节约成本，用这种节约的成本驱使更多的廉价劳动力投入生产，通过扩大生产规模和增强劳动强度等以实现资本增殖。

尽管在人与自然的物质变换过程中，人们很难计算出物质等量变换的具体参数，但自然资源的可持续利用是物质变换动态平衡的重要指标。美国学者福斯特曾指出，马克思有关物质变换裂缝的观点，使他“得出较为宽泛的生态可持续性概念”[①]。然而在笔者看来,在马克思主义经典作家的理论视域中，“可持续性”绝非只是一个隐喻的概念，而是一个有章可循的生态理想，这种生态理想蕴含在他的社会理想之中，集中体现在对产生物质变换裂缝根本原因的探寻与弥合裂缝的对策分析之中。这就需要进一步分析弥合物质变换裂缝的对策。

（二）弥合物质变换裂缝的生态理想间接表达

批判从来不是马克思主义的目的，批判是为了更好地建构，批判资本主义制度是为了建构合理的社会制度，批判物质变换裂缝是为了更好地弥合裂缝。马克思主义经典作家认为，资本主义社会中城市和乡村之间的敌对与分离是造成物质变换裂缝的直接原因，而生产资料的资本主义私有制是造成裂缝的根本原因！弥合物质变换的裂缝，就必须消灭资本主义剥削制度。

马克思指出：“从一个较高级的经济的社会形态的角度来看，个别人对土地的私有权，和一个人对另一个人的私有权一样，是十分荒谬的。甚至整个社会，一个民族，以至一切同时存在的社会加在一起，都不是土地的所有者。他们只是土地的占有者，土地的受益者，并且他们应当作为好家长把经过改良的土地传给后代。”[②] 马克思的这段话蕴含着三层含义：其一，以土地为代表的自然资源只能由社会全体成员共同占有。部分人的所有或占有自然资源，必然导致自然资源被工具性利用，造成人与自然之间的物质变换裂缝。而且，这里的全体社会成员，不能等同于“同时存在”的所有人，还应包括所有的前代人和后代人，是前代人、当代人和后代人的统一。前代人已成历史，所以这里的所有人也可以理解为当代人和后代人的统一。其二，所有人都必须倍加珍惜包括土地在内的自然资源。马克思用“好家长”来形容这份“把经过改良的土地传给后代”的责任。由此，

---

① [美]约翰·贝拉米·福斯特:《马克思的生态学——唯物主义与自然》，刘仁胜、肖峰译，高等教育出版社，2006，第182页。

② 《马克思恩格斯文集》第7卷，人民出版社，2009，第878页。

他认为土地是全人类的财富，当代人不能代替后代人，故即使所有的当代人加在一起也不能成为土地的所有者而只能是占有者、受益者，所有人都有责任呵护这份共有的资源。其三，从明辨土地的所有者、占有者、受益者不难看出，马克思实际上是从人的类生存、类生活层面，阐明了自然资源的不可替代性，蕴涵着人与自然共生共存的关系。

马克思批判造成物质变换裂缝的种种“近视”行为，体现出忧虑资源枯竭物质变换难以为继的“长远”眼光，蕴含着自然资源可持续利用的生态理想。而马克思明确主张土地的利用者把“土地改良后传给后代”，直接从代际关系层面思考人与土地之间的物质变换问题，更是简单明了地抓住了可持续发展的本质，也就是既满足当代人的需要，又不对后代人满足其需要的能力构成危害。

变革资本主义生产方式，剥夺剥夺者是修复物质变换裂缝的必然选择。“社会化的人，联合起来的生产者，将合理地调节他们和自然之间的物质变换，把它置于他们的共同控制之下，而不让它作为一种盲目的力量来统治自己；靠消耗最小的力量，在最无愧于和最适合于他们的人类本性的条件下来进行这种物质变换。”① 只有建立一种全新的社会制度——自由人的联合体，可持续的生产与发展才能最终形成。届时，社会调节着整个生产，联合起来的劳动者自由地、合理地调节人与自然之间的物质变换，从而真正实现人与自然的和解及人与自身的和解。马克思立足于当时的社会事实，对资本主义制度进行无情批判，对未来共产主义社会进行天才的设想，弥合物质变换裂缝，实现自然资源可持续利用的生态理想也就得到逐步澄明！只是这种可持续发展理念非显性在场，而是隐喻在文本之中。

社会主义社会是共产主义的第一阶段，社会主义制度的建立为修复物质变换裂痕，实现人与自然的和解提供了可能，但生态文明并不会在社会主义制度内自然而然地生成。也正因为如此，以习近平同志为核心的党中央立足于社会主义中国的现实国情深刻省思人与自然的关系，科学探寻弥合物质变换裂缝之策，以实现中华民族永续发展为己任，致力解决国内的生态问题并尽力引领全球合理解决生态危机，这是对马克思主义生态理念的落实、继承与发展。

“中国共产党为什么能，中国特色社会主义为什么好，归根到底是马克思主义行，是中国化时代化的马克思主义行。”② 马克思主义是科学的理

① 《马克思恩格斯文集》第7卷，人民出版社，2009，第928页。

② 习近平：《高举中国特色社会主义伟大旗帜 为全面建设社会主义现代化国家而团结奋斗》，《人民日报》2022年10月26日，第1版。

论体系，坚持马克思主义就必须不断学习马克思主义，不断从经典著作中汲取营养。习近平同志在纪念马克思诞辰200周年大会上发表重要讲话时强调，“马克思主义思想理论博大精深、常学常新。新时代，中国共产党人仍然要学习马克思，学习和实践马克思主义，不断从中汲取科学智慧和理论力量”[①]。习近平同志在讲话中列出了向马克思、马克思主义学习的9个具体方面，其中之一就是“要学习和实践马克思主义关于人与自然关系的思想”[②]。在马克思主义经典作家所处的年代，由于生态环境相对良好，他们虽然没有来得及预见与思考生态环境问题，但其强调外部自然界的优先地位，阐释现实的自然界的实践命脉，以及对物质变换裂缝的分析，等等，均蕴含着丰富的睿智的生态理念，是新时代生态文明建设的理论本源。

第二节　中国共产党日趋丰富的生态理念

中国共产党在领导人民进行革命、建设与改革的伟大实践中，面临着许多复杂而艰巨的问题，其中就包括如何处理好人与自然、经济社会发展与生态环境保护之间的关系问题。毋庸讳言，过去我们在处理人与自然关系问题时交了不少“学费”，有一些反面的教训，但不能因此就对中国共产党的生态智慧予以否认。习近平同志指出：“过去由于生产力水平低，为了多产粮食不得不毁林开荒、毁草开荒、填湖造地，现在温饱问题稳定解决了，保护生态环境就应该而且必须成为发展中的题中应有之义。”[③]在生产力十分落后的情况下，人们为了生存“不得不”对环境保护做一些割舍，但在这个过程中也进行了一些有益的探索。梳理中国共产党主要领导人在领导人民进行革命、建设与改革的实践中逐步形成与发展的生态环境治理理念，有助于新时代的生态文明建设。

一、“点”上发力重点突破的生态环境治理理念

从中国共产党成立到新中国成立后的一段时期，囿于当时的社会历史条件和认识水平等原因，党的中央领导集体并没有来得及系统思考人与自

---

① 习近平：《在纪念马克思诞辰200周年大会上的讲话》，《人民日报》2018年5月5日，第2版。

② 同上。

③ 《习近平谈治国理政》第2卷，外文出版社，2017，第392页。

然、经济社会发展与生态环境保护之间的关系，当然更没有系统明确的生态文明思想。查阅以毛泽东同志为核心的党的第一代中央领导集体的系列讲话、著作及其主持制定的所有政策文件，均看不到“生态”字样。不过，第一代中央领导集体虽无保护生态环境的鸿篇伟著，但在谋求独立自主、富国兴邦的艰难探索中，就如何对待自然特别是如何处理当时对人们生产与生活构成影响的一些特殊领域的生态环境问题进行了积极探索，并取得了较好成果。

首先，植树造林，绿化祖国。植树造林能涵养水源保持水土，毛泽东同志对植树造林的重要性有着较早的认识。即使在率领部队南征北战的征途之中，他亦鼓励人们多植树造林。1944 年他在延安大学的开学典礼上就指出，“陕北的山头都是光的，像个和尚头，我们要种树，使它长上头发”[①]。1946 年，关于植树造林、发展果木等内容被写进了《陕甘宁边区宪法原则》。新中国成立以后，毛泽东同志代表全党向全国人民发出了“植树造林，绿化祖国”的伟大号召。他在《征询对农业十七条的意见》中指出：“在十二年以内，基本消灭荒山荒地，在一切宅旁、树旁、路旁、水旁，以及荒地上荒山上，即在一切可能的地方，均要按规格种起树来，实行绿化。”[②]1958 年毛泽东同志提出：“要发展林业，林业是个很了不起的事业。”[③]1959 年他又发出了“实行大地园林化”的号召，并提出，“要使我们祖国的河山全部绿化起来，要达到园林化，到处都很美丽，自然面貌要改变过来”[④]。在“绿化祖国”的号召下，我国国土绿化率不断上升，对保护与改善生态环境发挥了非常重要的作用。

其次，兴修水利，治理水旱灾患。我国幅员辽阔地形地貌多样，水旱灾患自古以来就是威胁民生之重大“顽疾”，治理水旱灾患，改善生态环境是老百姓的夙愿。毛泽东同志一直重视兴修水利和治理水旱灾患，新中国成立之初，尽管国家经济基础薄弱，民众生活非常艰难，百端待举，百废待兴，但水利工作是当时的重点工作之一。如当时就组织了大量的人力、物力、财力治理黄河、淮河、海河等，尽力消除水患水灾为民造福。毛泽东同志于 1950 年在关于根治淮河的批语中指出：“除目前防救外，须考虑根治方法，现在开始准备，秋起即组织大规模导淮工程，期以一年完成导

① 《毛泽东文集》第 3 卷，人民出版社，1996，第 153 页。

② 《毛泽东文集》第 6 卷，人民出版社，1999，第 262 页。

③ 中共中央文献研究室、国家林业局编：《毛泽东论林业》新编本，中央文献出版社，2003，第 57 页。

④ 中共中央文献研究室、国家林业局编：《毛泽东论林业》新编本，中央文献出版社，2003，第 51 页。

淮，免去明年水患。”[①] 仅 1950 年 7—9 月，他先后 4 次联系周恩来同志协调与安排治理淮河水患事宜。1955 年他又提出，“同流域规划相结合，大量地兴修小型水利，保证在七年内基本上消灭普通的水灾旱灾”[②]。正是在以毛泽东同志为核心的党中央关注与指导之下，一批大型项目如葛洲坝水利枢纽、三门峡水库、红旗渠、引黄济卫、荆江分洪工程等纷纷建成，至于小型的水库、堤坝、沟塘等更是遍布大江南北。时至今日，这些水利工程仍发挥着重要作用。以农村的水利工程为例，笔者在调研中得知，当时农村在农闲时节兴修水利工程几乎是全员上阵，大大小小的水库沟塘基本是农民依地形地势而修，靠肩扛手提而成。当下农村的很多水利工程，就是对当年的水利设施进行维护修缮、改进扩建而成。

第三，治理污染，保护环境。20 世纪中叶以来，由于西方资本主义国家在工业化进程中大肆地破坏生态环境而导致生态灾难频发，人类的生存与发展受到严重威胁，人们的环境保护意识也逐渐觉醒。1972 年，第一次人类环境会议召开，会议通过了《联合国人类环境会议宣言》，我国派团参加了此次会议。国内外的生态环境状况让党和国家逐步意识到环境保护的重要性，认识到发展生产、搞工业化不能以破坏环境为代价。1973 年，我国召开了第一次全国环境保护工作会议，审议通过了新中国第一个环境保护文件——《关于保护和改善环境的若干规定（试行草案）》。此次会议让我国环境保护事业迈出了关键性的一步，将我国环境保护工作推上了一个新台阶。在这之后，我国逐步制定了各种环境保护的规章制度，并成立了各级环境保护机构，许多环境保护工作得到有序展开，成效有目共睹。

第四，勤俭节约，反对浪费。艰苦朴素、勤俭节约是毛泽东同志的一贯作风，他的一件睡衣密密麻麻地打着 73 个补丁，其朴素作风让人为之动容。在领导中国革命与建设的过程中，毛泽东同志一直强调节约资源，反对铺张浪费。他认为，节约不仅是一种美德，同时节约本身也是一种增产。他教导全党，即使革命已经取得胜利，仍不能骄傲自满，更不能贪图享乐，“务必使同志们继续地保持谦虚、谨慎、不骄、不躁的作风，务必使同志们继续地保持艰苦奋斗的作风”[③]。毛泽东同志认为，厉行节约、艰苦奋斗不是只适应于困难时期，而是全党和全国人民必须长期坚持、全面执行的行为准则。

---

① 《毛泽东文集》第 6 卷，人民出版社，1999，第 85 页。
② 《毛泽东文集》第 6 卷，人民出版社，1999，第 509 页。
③ 《毛泽东选集》第 4 卷，人民出版社，1991，第 1438—1439 页。

二、"点""面"结合注重协调的生态环境治理理念

改革开放以来，经济建设是中心工作。以邓小平同志为核心的党中央尽管没有明确提出生态文明概念，但其生态理念蕴含在协调好人口、资源与经济发展的相互关系，以及依靠科技、制度、法律保护生态环境等方面。如果说党的第一代中央领导集体主要在"点"上发力重视生态环境保护，那么以邓小平同志为核心的第二代中央领导集体就从变化的国内外环境出发，开始了由"点"及"面"，将"点""面"相结合开展生态环境保护与治理工作。当然，因为生态环境保护工作艰难而复杂，也因为我国的工作重心在于全力发展经济，当时的生态环境保护于"点"上而言全力深入不够，于"面"上而言全面铺开不足，且探索之中充满曲折，甚至也有一些失败的教训。不过，"点"与"面"结合的方式已经将生态环境保护与治理工作从整体上往前推进了一步，也为新时代生态文明建设奠定了一定的基础。

首先，坚持不懈抓"痛点"。对于一些持续影响生态环境或与生态环境密切相关但我国又存在明显短板的领域，邓小平同志坚持常抓不懈。以植树造林保护森林资源为例，1978 年，党中央国务院决定建设三北防护林，邓小平同志为之题词为"绿色长城"。针对四川等地由于过度毁林开荒而发生特大水灾，邓小平同志指出，"宁可进口一点木材，也要少砍一点树"[①]。为了动员更多的人力物力参与植树造林工作，邓小平同志倡导"全民义务植树"并率先垂范。1982 年召开的五届全国人大四次会议通过了《关于开展全国义务植树运动的决议》，并将每年的 3 月 12 日定为植树节。1982 年邓小平同志参加全军植树造林总结表彰大会并欣然题词，"植树造林，绿化祖国，造福后代"[②]。他指出，全民义务植树"这件事，要坚持二十年，一年比一年好，一年比一年扎实。为了保证实效，应有切实可行的检查和奖惩制度"[③]。邓小平同志不但认识到植树造林的重要性，而且明确指出植树造林非一朝一夕之功，必须始终坚持，常抓不懈，子子孙孙都不能停歇。正是在邓小平同志的倡导与坚持之下，义务植树活动在全国全面铺开并取得了不错的成绩。诚然，邓小平同志注重"点"上保护与治理生态环境的领域还有很多，植树造林只是其中的一个缩影，但通过植树

---

① 中共中央文献研究室编：《新时期环境保护重要文献选编》，中共中央文献出版社，2001，第 3 页。

② 《邓小平文选》第 3 卷，人民出版社，1993，第 21 页。

③ 同上。

造林这一“点”上的谋划与坚持，可以管中窥豹洞悉党中央曾为改善生态环境所作出的努力。

针对“痛点”的解决，邓小平同志还创新了工作思路，非常重视科学技术在保护生态环境中的重要作用。他曾指出，“解决农村能源，保护生态环境等，都要靠科学”[①]。科学技术是第一生产力，这是邓小平同志的深刻认识，保护生态环境也必须依靠科学，依靠技术。第一次全国环境保护工作会议就制定了全国环境科学技术规划，计划三年内基本查清我国环境污染状况，并谋求在综合治理技术上取得突破。

其次，想方设法促“全面”。立足全局与长远全面推进生态环境保护与治理工作具有开创性，更具有挑战性，以邓小平同志为核心的党中央在这方面进行了大胆的尝试，其主要体现在：一方面，以法制保“全面”。1978 年和 1982 年颁布的《宪法》分别明确规定，“国家保护环境和自然资源，防治污染和其他公害”，“国家保护和改善生活环境和生态环境，防治污染和其他公害”。通过《宪法》保护生态环境既体现权威性，也彰显了良好的生态环境的极其重要性，这既是法制的进步，也是生态环境保护工作的进步。在 1978 年的中央工作会议上，邓小平同志强调要加强立法工作，除了要求集中力量制定《刑法》《民法》《诉讼法》等系列法律外，他还明确提出要制定《森林法》《草原法》《环境保护法》[②]等法律。1979 年《环境保护法（试行）》颁布，之后《森林法》《草原法》《水法》等法律相继出台，开启了用法制保护生态环境的新征程。从此，我国的环境保护工作逐渐步入了有法可依、依法而治的轨道。另一方面，以基本国策促“全面”。在第二次全国环境保护工作会议上，环境保护被列为我国现代化建设进程中必须坚持的一项基本国策。西方两党制或多党制国家，政党为了赢得选民的支持而刻意区分政见突显优势，国家治理政策会随着执政党的轮换而出现大的变更甚至发生颠覆性改变。我国是中国共产党领导的社会主义国家，党始终坚持人民至上的政治承诺，我国的基本国策一经确定就不会随着领导人的变更而改变。将保护生态环境确立为基本国策，这是保证生态环境保护工作“全面”性的又一层面的体现。

改革开放以来，党和人民迫切希望实现从站起来到富起来甚至强起来的飞跃，饱受贫困折磨的中国人民在社会主义建设的征程中迸发出高度的热情、激情与创造力，我国经济社会发展驶入了快车道。毋庸置疑，在追求经济社会发展的过程中对生态环境保护的力度存在着明显不足，一些生

① 邓小平：《建设有中国特色的社会主义（增订本）》，人民出版社，1987，第 12 页。

② 《邓小平文选》第 2 卷，人民出版社，1994，第 146-147 页。

态环境保护理念没能得到很好的落实，政策与措施没能积极跟进与实施。不过，对过往的发展不能做过多的苛求，人类总是在不断修正一些过失中前行，总是在不断总结经验中发展，总是在挑战未知中创新跃升。以邓小平同志为核心的党的第二代中央领导集体为我国发展殚精竭虑，卓越功勋彪炳史册，其环境保护理念为新时代推进生态文明建设提供了理论滋养。

三、以可持续发展为核心诉求的生态环境治理理念

改革开放以来，经济社会快速发展对资源与环境的承载能力要求明显提高，但我国原本就比较脆弱的生态环境因长期没有得到系统保护与治理，已难以适应发展的需要。以江泽民同志为核心的党的第三代中央领导集体在继续推进我国经济社会发展的过程中，传承与创新了党的环境保护与治理理念。具体的环境保护工作如植树造林、兴修水利、环境立法等都稳步推进并有新的突破。如启动退耕还林工程，相继出台了《关于进一步做好退耕还林还草试点工作的若干意见》《关于进一步完善退耕还林政策措施的若干意见》《退耕还林条例》等文件。不仅如此，党中央还根据变化了的国内国际情况，在环境治理与保护中引入生态理念，着手推进生态环境保护工作，“点”上更深入，“面”上更周全，所有工作均围绕着“可持续发展”这一核心理念展开，形成了富有创新性、开拓性的生态环境治理理念。

首先，以可持续发展为核心诉求。1987 年，联合国世界环境和发展委员会首次提出“可持续发展战略”，强调人类在利用自然时要考虑子孙同志后代的利益。在党的十四届五中全会中，江泽民同志第一次提到可持续发展战略，并在第四次全国环境保护会议上强调要“把贯彻实施可持续发展战略始终作为一件大事来抓”①。在党的十五大报告中，江泽民同志明确提出了实施“科教兴国战略和可持续发展战略”。将可持续发展作为中国共产党治国理政的重要战略之一，能让各项工作的开展更有前瞻性、全局性。实行可持续发展战略，其核心是要处理好人口、资源与环境的关系。江泽民同志指出：“在现代化建设中，必须把实现可持续发展作为一个重大战略。”②“实现可持续发展，核心的问题是实现经济社会和人口资源环境

① 《江泽民文选》第 1 卷，人民出版社，2006，第 532 页。

② 中共中央文献研究室编：《江泽民论有中国特色社会主义（专题摘编）》，中央文献出版社，2002，第 279 页。

的协调发展。"[①]可持续发展战略的认识和落实是一个需要不断深入的过程，江泽民同志将可持续发展上升到"重大战略"的高度，这反映出党中央已清醒地认识到可持续发展的重要性，认识到生态环境保护工作的重要性，确立了生态环境保护工作在我国经济社会发展中的战略地位。

其次，以"资源环境生产力"为主线。持续不断地推进生产力的发展是社会发展的前提与动力。江泽民同志在继承马克思主义生产力理念的基础之上，首次将保护环境纳入生产力范畴，开创性地提出"保护环境的实质就是保护生产力，这方面的工作要继续加强"[②]，这是江泽民同志首次将保护环境上升到生产力的高度。随着环境保护工作的推进，理论探索也不断深入，此后，江泽民同志对如何保护与发展生产力又有了更进一步的认识。他指出："破坏资源环境就是破坏生产力，保护资源环境就是保护生产力，改善资源环境就是发展生产力。"[③]从生产力视角来思考环境保护问题，并将环境与资源一起纳入生产力范畴，这是对马克思主义生产力理论的继承与发展，也奠定了新时代推进生态文明建设的生态生产力基础。关于这一问题，笔者将在后面的章节中专门进行论述。

第三，以系统科学的辩证思维推进生态环境治理。党的第三代中央领导集体探索推进可持续发展战略，从思维层面而言主要源于其系统科学的辩证思维。也就是说，随着改革开放后生产的快速发展，人们利用与改造自然的广度与深度空前，生态环境问题逐步暴露出来，系统性的生态风险增加，简单、局部的环境治理已不足以解决日益严重的生态环境问题。正是在这样的背景之下，党中央系统思索人与自然之间的关系，统筹安排各项工作，兼顾各种利益，注重协调发展。其系统科学的环境治理辩证思维主要体现在以下几个方面：一是坚持局部与整体的辩证统一。反对只顾眼前利益、局部利益而破坏自然、破坏社会整体利益。如在三峡工程建设中，江泽民同志就强调"保护好流域的生态环境极为重要"，"要统筹兼顾，着眼长远，科学规划，采取切实可行的措施，努力实现经济社会和生态环境协调发展"[④]。二是坚持经济发展与生态良好的辩证统一。江泽民同志重视经济发展和生态良好的辩证关系，他指出，"任何地方的经济发展都要注重提高质量和效益，注重优化结构，都要坚持以生态环境良好循环为基

① 中共中央文献研究室编《江泽民论有中国特色社会主义（专题摘编）》，中央文献出版社，2002，第283页。

② 《江泽民文选》第1卷，人民出版社，2006，第534页。

③ 中共中央文献研究室编：《江泽民论有中国特色社会主义（专题摘编）》，中央文献出版社，2002，第282页。

④ 《江泽民文选》第2卷，人民出版社，2006，第69页。

础，这样的发展才是健康的、可持续的”[1]。良好的生态环境是衡量经济是否健康发展的重要标志，如果只注重经济发展而忽视生态环境保护，这样的发展不健康，也不可持续。三是坚持人与自然协调发展。江泽民同志指出：“要促进人和自然的协调与和谐，使人们在优美的生态环境中工作和生活。”[2]在党的十六大报告中，江泽民同志更是将“促进人与自然的和谐，推动整个社会走上生产发展、生活富裕、生态良好的文明发展道路”[3]作为全面建设小康社会的目标之一。

诚然，党的第三代中央领导集体并未提出明确的生态文明建设主张，没有就保护生态环境、协调人与自然之间的关系作出全面周详的部署。在这一时期，我国生态环境恶化的势头整体上并没得到根本扭转。不过也应该看到，作为全球最大的发展中国家，要解决 10 多亿人口的温饱问题并在此基础上谋求较快较好的发展不是一件轻松的事情，实现生产方式的根本性转变极其艰难，扭转生态环境恶化的趋势同样不可能一蹴而就。党的第三代中央领导集体围绕着可持续发展战略而形成的生态环境保护理念，既是对历史经验的总结与创新，也为新时代生态文明建设奠定了一定的基础。

四、科学发展观引领下的生态文明理念

进入新世纪，我国发展也进入了新阶段。面对资源环境日益趋紧的严峻形势，以胡锦涛同志为总书记的党中央审慎思索，将保护与改善生态环境提升到了生态文明建设的高度。胡锦涛同志在 2005 年的中央人口资源环境座谈会上首次公开使用“生态文明”一词，此后，他围绕着如何处理好人与自然、生态环境保护与经济社会发展之间的关系等一系列问题，提出了科学发展观。在党的十七大报告中，胡锦涛同志首次将保护和改善生态环境提到了生态文明的新高度，将“建设生态文明”列入全面建设小康社会的奋斗目标，并作出战略部署。党的十八大报告首次将生态文明建设列入“五位一体”总布局之中，这是中国共产党治国理政思想的一个重大创新。以胡锦涛同志为总书记的党中央的生态文明理念是新时代生态文明建设的直接理论来源，其主要内容可以概括为如下几个方面：

首先，观念层面：树立“尊重自然”的生态文明理念。胡锦涛同志在党的十八大报告中明确提出，“必须树立尊重自然、顺应自然、保护自然

① 《江泽民文选》第 1 卷，人民出版社，2006，第 533 页。
② 《江泽民文选》第 3 卷，人民出版社，2006，第 295 页。
③ 《江泽民文选》第 3 卷，人民出版社，2006，第 544 页。

的生态文明理念”[①]。与过去很长一段时期高扬人的主体性能动性强调对自然的征服与改造相比，“尊重自然”无疑是关于人与自然关系的新认识，是对马克思主义自然观的继承与发展。“尊重自然”并非坚持以自然为中心，而是以人所特有的方式赋予自然以人道主义，从而在自然的承载能力之内有限地利用自然。胡锦涛同志强调要“加强生态文明宣传教育，增强全民节约意识、环保意识、生态意识，形成合理消费的社会风尚，营造爱护生态环境的良好风气”[②]。长期以来，我国没有重视生态环境教育，民众的生态意识不强，与生态文明建设的要求相距甚远。加强生态文明的宣传教育，让民众科学认识人与自然之间的关系，了解生态环境保护知识，认识生态文明建设的重要性，民众才会形成尊重自然的意识，自觉投身于生态文明建设的实践之中。

其次，经济层面：转变经济发展方式。生态文明是生态与文明的复合体，以文明来表征生态，体现生态的属人特性；以生态来规约文明，彰显了文明的自然属性，人类文明无论怎样发展，都始终需要良好的生态基础。如前所述，生态文明并非随着人类的诞生而自然而然地形成，它是有着丰富内涵的社会历史范畴，是有着特定诉求的发展目标。有一点必须明确，生态文明的属人属性决定了实现生态文明也需要一定的经济基础，生态文明建设与经济发展应该协同推进，既不能因为经济发展而肆意耗费资源，破坏环境，最终导致生态失衡，也不能因为生态文明建设而让经济发展裹足不前。改革开放以来，我国经济增长迅速，但粗放型的经济增长方式使生态环境付出了巨大的代价。资源消耗大，能源利用率低，生态环境破坏严重，转变经济发展方式是推进生态文明建设必不可少的举措。胡锦涛同志指出：“彻底转变粗放型的经济增长方式，使经济增长建立在提高人口素质、高效利用资源、减少环境污染、注重质量效益的基础上。”[③]“建设生态文明，基本形成节约能源资源和保护生态环境的产业结构、增长方式、消费模式。”[④]如此等等，不一而足。只有转变经济发展方式，彻底改变资源消耗型的生产方式，改变物质消费至上的生活方式，实现绿色循环低碳发展，才能构建生态文明的经济基础。

最后，制度层面：加强生态文明制度建设。与毛泽东同志、邓小平同

---

① 《胡锦涛文选》第3卷，人民出版社，2016，第644页。

② 《胡锦涛文选》第3卷，人民出版社，2016，第646页。

③ 中共中央文献研究室编：《十六大以来重要文献选编（中）》，中央文献出版社，2006，第816页。

④ 《胡锦涛文选》第2卷，人民出版社，2016，第628页。

志、江泽民同志用制度规约人们的行为以保护环境不同，胡锦涛同志将制度规约从“环境保护”上升到“生态文明”建设的高度。他在党的十七大报告中指出：“要完善有利于节约能源资源和保护生态环境的法律和政策，加快形成可持续发展体制机制。”[①] 党的十八大报告不仅明确提出“加强生态文明制度建设”[②]，还就建立与完善耕地保护制度、水资源管理制度、环境保护制度、资源有偿使用制度和生态补偿制度等做了具体安排。生态文明建设不仅需要政策的引导，更需要法律制度的刚性约束，生态文明建设的根本保障是实现制度的生态化，生态的制度化。不过，生态环境保护制度的建立与健全是一个复杂的探索过程，我国在过去很长一段时间中法制化进程相对滞后，法律盲区较多，“守法成本高、违法成本低”的问题在生态环境治理领域更是异常突出。完善法制手段，强化规约机制是生态文明建设必不可少的环节。以胡锦涛同志为总书记的党中央以制度建设为突破口推进生态文明建设是契合发展要求的重要举措，尽管很多具体工作处于起步阶段，但在实践中的有益探索无疑为新时代构建生态文明制度体系奠定了基础。

五、立足于生命共同体的生态文明思想

党的十八大以来，以习近平同志为核心的党中央站在坚持和发展中国特色社会主义，实现中华民族伟大复兴的战略高度，立足于构建人与自然和谐共生的生命共同体的总要求，提出了一系列生态文明建设的新理念、新战略、新举措，形成了习近平生态文明思想。习近平生态文明思想是新时代生态文明建设的根本遵循和行动指南，本书将在第二到十章从不同维度对相关内容进行阐释，本章仅就其主要内容进行梳理与介绍。总体而言，习近平生态文明集中体现为“十个坚持”，即：坚持党对生态文明建设的全面领导，坚持生态兴则文明兴，坚持人与自然和谐共生，坚持绿水青山就是金山银山，坚持良好生态环境是最普惠的民生福祉，坚持绿色发展是发展观的深刻革命，坚持统筹山水林田湖草沙系统治理，坚持用最严格制度最严密法治保护生态环境，坚持把建设美丽中国转化为全体人民自觉行动，坚持共谋全球生态文明建设之路[③]。这“十个坚持”主要围绕着以下三大方面的问题系统展开：

---

① 《胡锦涛文选》第 2 卷，人民出版社，2016，第 631 页。

② 《胡锦涛文选》第 3 卷，人民出版社，2016，第 646 页。

③ 中共中央宣传部，中华人民共和国生态环境部：《习近平生态文明思想学习纲要》，学习出版社、人民出版社，2022，第 2 页。

为什么要建设生态文明？这是一个颇具哲理的理论问题，也是一个具有现实挑战性的实践课题。习近平同志在地方工作时，就非常关注生态环境问题。党的十八大以来，习近平同志站在全局和战略的高度深刻指出："建设生态文明是中华民族永续发展的千年大计。"①"生态文明建设关乎人类未来，建设绿色家园是人类的共同梦想。"②"生态兴则文明兴，生态衰则文明衰。"③习近平同志的系列论述深刻表明：其一，建设生态文明是破解我国经济社会发展难题，实现中华民族永续发展的必由之路。解决发展过程中遇到的生态环境瓶颈，依靠局部的治理与保护已不足以解决问题，只有建设生态文明方能为中华民族的永续发展提供物质前提；其二，建设生态文明是改善全球生态环境，维系人类生存与发展的必要条件。人类共处一个地球，地球是人类共同的家园，蝴蝶效应在生态环境领域异常突出，局部的生态环境破坏可能殃及全球，全局的系统治理才能营造真正美好的人类栖居之所；其三，建设生态文明是顺应人类文明进程的必然要求。自人猿揖别，多少人类文明因环境良好资源丰富而勃兴，又有多少人类文明因生态环境破坏而尘封消失，实现人类文明薪火相传，必须推动生态文明建设，营造良好的生态环境。

建设什么样的生态文明？这是习近平同志反复思考的问题，也是民众最关心的问题之一。在习近平同志看来，我们要建设的生态文明，其本质特征是人与自然和谐共生，这种和谐共生的人与自然关系是个体、国家和人类向度的统一。其一，从个体向度而言，生态文明建设以实现"美好生活"为指向。新时代人们对美好生活的新期待，就内在地包含着优美的生态环境，因此，我们"要提供更多优质生态产品以满足人民日益增长的优美生态环境的需要"④。其二，从国家向度而言，生态文明建设以"美丽中国"为指向。党的十九大报告就"加快生态文明体制改革，建设美丽中国"进行了专题论述，蓝天白云、青山绿水是美丽中国的亮丽名片。其三，从人类向度而言，生态文明建设以"清洁美丽的世界"为指向。也就是说，我们推进生态文明建设是立足国内，放眼全球，直面人类共同面临的生态环境问题。习近平同志在国内外不同场合反复表达着对"清洁美丽的世界"的期待，我国以实际行动展现大国担当，为全球生态环境的改善作出不懈

① 《习近平谈治国理政》第3卷，外文出版社，2020，第19页。

② 习近平：《推动我国生态文明建设迈上新台阶》，《求是》2019年第3期。

③ 中共中央文献研究室：《习近平关于社会主义生态文明建设论述摘编》，中央文献出版社，2017，第6页。

④ 《习近平谈治国理政》第3卷，外文出版社，2020，第39页。

努力。美好生活、美丽中国、清洁美丽的世界相融相生，共同绘就人与自然和谐共生的美好图景。

怎样建设生态文明？这是习近平同志特别关注的领域。我们在生态环境方面欠账太多，生态文明建设必须在党的全面领导下凝聚各方力量，既要做到重点突破，更要在优化体制强化体系中下足功夫。其一，聚焦重点，突破难点，首要任务是打好污染防治攻坚战，修复已被破坏的生态环境。习近平同志强调："打好污染防治攻坚战时间紧、任务重、难度大，是一场大仗、硬仗、苦仗，必须加强党的领导。"[①] 大气污染、水污染、土壤污染等老大难问题，老百姓反映最强烈，损害面最大，治理最艰难，打好污染防治攻坚战是党中央在生态文明建设中抓重点、强弱项、补短板的具体体现。其二，着力优化体制、强化体系，构建生态文明建设的长效机制。生态文明建设既要实现重点领域精准发力，解决当下迫切需要解决的难题，更要立足长远推进生态文明体制改革，加快构建生态文明建设目标责任体系，建立健全生态文明制度体系、生态经济体系、生态文化体系、生态安全体系等。只有通过理顺体制，强化体系，打通堵点，强健筋骨，才能坚定高效地推进生态文明建设。

总之，以毛泽东同志、邓小平同志、江泽民同志、胡锦涛同志、习近平同志为主要代表的中国共产党人，在领导全体人民进行革命、建设与改革的征程中，均不同程度地关注了人与自然之间的关系问题，并围绕着生态环境治理进行了系列探索与实践。这一系列的生态环境治理工作基本呈现出由点及面、由近及远、由浅及深、由环境保护到生态文明建设的过程。生态环境在经济社会发展和人们生产生活中的重要性被逐步认识，与之相对应的生态环境治理措施也不断丰富，生态文明实践逐步展开。睿智的理念与有益的实践，均很好地滋养着新时代的生态文明建设。

第三节　我国传统文化中朴素的生态意蕴

"不忘本来"，方能行稳致远。"我们的先人早就认识到了生态环境的重要性。孔子说：'子钓而不纲、弋不射宿。'意思是不用大网打鱼，不射夜宿之鸟。荀子说：'草木荣华滋硕之时，则斧斤不入山林，不夭其生，不绝其长也；鼋鼍、鱼鳖、鳅鳝孕别之时，罔罟、毒药不入泽，不夭其生，

① 《习近平在全国生态环境保护大会上强调：坚决打好污染防治攻坚战，推动生态文明建设迈上新台阶》，《光明日报》2018 年 5 月 20 日，第 1 版。

不绝其长也。'《吕氏春秋》中说：'竭泽而渔，岂不获得？而明年无鱼；焚薮而田，岂不获得？而明年无兽。'这些关于对自然要取之以时、取之有度的思想，有十分重要的现实意义。"[①]中华民族五千多年的文明史，也是一部认识自然、利用自然的历史，在这部宏大的历史巨著中不乏生态智慧。回溯中华民族的优秀传统文化，儒家秉承"天人合一"，道家主张"道法自然"，佛家强调"众生平等"，等等，均为新时代生态文明建设提供了很好的文化基础。因此，不少学者在分析生态文明建设的理论渊源时，均提到中华优秀传统文化。不过，理论界惯用的方法是将儒道佛三家的生态智慧逐一分析，分别论述。在笔者看来，儒道佛三家的生态智慧虽各有千秋，但其核心理念为"和"与"合"，即使是"道法自然""众生平等"的主张也浸润着"和""合"理念。

一、"天人合一"：人与自然关系的高度凝练

关于人与自然的关系，在中国传统文化中，主要是倡导"和谐"。中国传统文化中的和谐，既包括人与自然的和谐，也包括人与社会的和谐，还包括人与人的和谐，以及人与自身的和谐。而这种"和谐"，最重要的凝结点则是"天人合一"。"中华文化有一个基本内核，超越时空，贯穿始终，它就是'天人合一'。""中华传统文化的深层内涵，总是在追求、执着于自然宇宙与社会人生、自然与人工的亲和、合一境界。"[②]随着生态环境问题越来越突出，这种"天人合一"的理念越来越显示出它非凡的生态价值，成为孕育生态文明思想的"土壤"。

"天人合一"，最原始的意思为自然与人一体，后来慢慢地演化、扩展到自然环境与人类社会的和谐发展。"天人合一"的观念最初主要是起源于原始人在生存实践中对大自然的严重依赖，先民们在这种靠天吃饭的生存模式下，认识到世上万物之间普遍存在着某种难以识察的客观规律，并逐渐形成了一种与自然相互依存的文化心态。《淮南子·泰族训》记载："天之与人有以相通也……万物有以相连，精祲有以相荡。"[③]可见，中国传统文化发展过程中，"天人合一"的观念源远流长，不管是儒家思想还是道家思想，它们在本体论层次上都承认或者主张"天人合一"。

儒家主要是强调人与自然之间的和谐，主张人的生命与宇宙万物从根

---

① 中共中央文献研究室编：《习近平关于社会主义生态文明建设论述摘编》，中央文献出版社，2017，第11-12页。

② 朱立元：《天人合一：中华审美文化之魂》，上海文艺出版社，1998，前言。

③ ［汉］刘安著，［汉］高诱注：《诸子集成（七）·淮南子》，中华书局，1954。

本上来说应该是协调统一的，人应该始终与自然保持和谐相处的关系，而不是征服自然、与自然对立。人是自然演化的产物，同时又是自然的一部分。从某种意义上说，“人道”是“天道”的反映，故而“与天地合其德，与日月合其明，与四时合其序，与鬼神合其吉”①。基于当时的社会历史条件，儒家提出并形成了具备自身特色的自然保护理论。孟子提出“尽其心者，知其性也，知其性则知天矣”②，“万物皆备于我矣，反身而诚，乐莫大焉”③，主张将自己的性情与万物的本性进行有机联系，以谋求“物我同一”的境界。孟子和荀子都强调即使是对林木水产的捕伐，也要按照自然时令进行。如孟子主张“斧斤以时入山林”④，荀子则主张“洿池渊沼川泽，谨其时禁”；“春耕、夏耘、秋收、冬藏四者不失时，故五谷不绝而百姓有余食也；洿池、渊沼、川泽谨其时禁，故鱼鳖优多而百姓有余用也；斩伐养长不失其时，故山林不童而百姓有余材也。”⑤《吕氏春秋·审时》也多次强调要“得时”“不违农时”。《礼记·月令》详细地列举了一年中各个不同的时节应怎么样正确地保护林木和鸟兽，才能更有利于林木生长和鸟兽繁衍。孟春之月“乃修祭典。命祀山林川泽。牺牲毋用牝。禁止伐木。毋覆巢。毋杀孩虫、胎夭、飞鸟。毋麛毋卵。”⑥张云飞先生将儒家思想中的生态保护意识概括为山林资源、动物资源、水资源、土地资源保护⑦等几个方面。

道家的“天人合一”理念主要表现为向往回归自然。“人法地，地法天，天法道，道法自然”⑧，老子注重从万物诞育生存总根源上揭示人与自然的“普遍共生”；“人与天，一也”；“有人，天也；有天，亦天也。”⑨庄子则主张在遵循自然规律的基础上求得精神自由。庄子还提出“天地与我并生，而万物与我为一”⑩的学说，认为人一方面离不开天地，另一方面也离不开万事万物，一切行为都应该与天地自然保持和谐关系。不仅如此，庄子还特别强调“顺物自然”，甚至将这一理念提升到“治国”的高度。

---

① [唐]李鼎祚：《周易集解》，上海古籍出版社，1989，第19页。
② [清]焦循：《诸子集成（一）·孟子正义》，中华书局，1954。
③ 同上。
④ 同上。
⑤ [清]王先谦：《诸子集成（二）·荀子集解》，中华书局，1954。
⑥ [元]陈澔注：《礼记》，上海古籍出版社，1987。
⑦ 张云飞：《天人合一：儒学与生态环境》，四川人民出版社，1995，第71-89页。
⑧ [晋]王弼：《诸子集成（三）·老子注》，中华书局，1954。
⑨ [清]王先谦：《诸子集成（三）·庄子集解》，中华书局，1954。
⑩ 同上。

“顺物自然而无容私焉，而天下治矣。”[①]“天倪”论则揭示了“万物皆种也，以不同相形禅，始卒若环”[②]的生物环链理念。另外，庄子倡导的“至德之世”[③]，深刻揭示了对于人与自然和谐关系的毁坏，必然会导致严重的生态危机，而且还极力主张建立“同与禽兽居，族与万物并”[④]的和谐社会。重人贵生，这是道家、道教学说中最重要的思想，从《老子》所强调的“摄生”“贵生”“自爱”和“长生久视”，《庄子》所说的“保生”“全生”“尽年”“尊生”，《吕氏春秋》所说的“贵生重己”，到《太平经》主张的“乐生”“重生”等，自始至终都贯穿着“重人贵生”的思想意识。对于自然生命要充满敬畏，而不能进行无辜伤害。

北宋时期，著名哲学家张载提出了“民胞物与”的鲜明观点。他说：“故天地之塞，吾其体；天地之帅，吾其性。民吾同胞，物吾与也。”[⑤]这就是所谓以天地之体为身体，以天地之性为本性，所有民众都是同胞，而一切万物都应该被看成朋友。这也就是参天地、赞化育、兼爱万类、成就众生生态观的表现，“是‘天人合一’思想的环境伦理在义务论上的具体体现，它符合生态圈中万物共生和生态平衡的生态学规律”[⑥]。除此之外，宋代周敦颐“圣人与天地合其德”[⑦]的命题，陆九渊“宇宙便是吾心，吾心即是宇宙”[⑧]的思想，明代王守仁“明明德者，立其天地万物一体之体也”[⑨]的观念，等等，也都体现出中国古代哲学中最素朴又最具深刻性的“天人合一”思想。

印度佛教传入中国后，不断与中国本土文化相融合，形成了具有中国特色的佛教宗派，禅宗是中国佛教中影响最为深远的宗派。应该说，佛教禅宗皈依佛门，它汲取了道家回归自然的主张追求万物皆空的涅槃境界，“于世出世间”之中蕴含着“天人合一”的追求。禅宗认为自然没有自性，只有佛性。僧问：“如何是道？”师曰：“大好山。”曰：“学人问道，师何言好山？”师曰：“汝只识好山，何曾达道？”[⑩]在禅宗看来，大自然的一切都是佛的真理和智慧的显现。“天下名山僧占多”，禅宗往往选择远离尘

---

① [清]王先谦：《诸子集成（三）·庄子集解》，中华书局，1954。
② 同上。
③ 同上
④ 同上。
⑤ [晋]张载：《张载集》，中华书局，1978。
⑥ 胡伟希：《儒家生态学基本观念的现代阐释》，《孔子研究》2000年第1期。
⑦ [宋]周敦颐：《周敦颐集》，岳麓书社，2002，第8页。
⑧ [宋]陆九渊：《陆九渊集·杂著》，中华书局，1980，第273页。
⑨ [明]王守仁：《王阳明全集（下）·大学问》，上海古籍出版社，1992，第968页。
⑩ [宋]普济：《五灯会元》，中华书局，1984。

世的僻静山林建造寺庙园林，这是它亲近自然的又一体现。但综观道家和禅宗的自然观，相同的表象却蕴涵着不同的实质内容。道家自然观定格于“实”（有），认为心外之物是客观实体，遁迹山林是为了超然世外，但“心”“物”二元意味着紧张、对立，因此，即使隐居山林的文人士大夫也难以做到对现实生活的彻底释怀。禅宗的自然观定位于“空”（无），认为一切事物都不是实体性存在，人与万物都是缘起性空。人无须与一个预先设立的无限道体达于同一而能够直接进入绝对自由永恒的真如境界，衍生于此的一切对峙也就烟消云散。坚信“众生平等”，即使循迹山林也超然洒脱，这实际上也是一种“天人合一”的心境与意境。

二、“天人合一”：蕴含着朴素的生态意识

源远流长的“天人合一”思想，既是一种传统的宇宙观、伦理观，同时也是一种典型的生态观。天人合一，将“天”与“人”看作一个整体，强调“天道”与“人道”的统一，追求天、地、人整体上的和谐。当然也不得不承认，自古至今绵亘数千年的“天人合一”思想，在其长期演化发展的过程中，一方面具备积极、深刻的思想内涵，另一方面也不可避免地存在某些消极、芜杂的成分。不过可以肯定的是，“天人合一”思想对人与自然关系的深刻体悟蕴含着朴素的生态意识。综合而辩证地来看，“天人合一”的现代生态价值主要反映在三个方面：

首先，“天人合一”主张人是自然界的重要组成部分，肯定天人同源、天人同性，主张人和自然是有机统一体，高度赞同宇宙生命一体化。孟子《尽心》有云：“亲亲而仁民，仁民而爱物。”① 这是倡导人们把爱心从家庭这个“小我”扩展到社会的“大我”，继而再进一步扩展到自然万物，从而使得“仁爱”也就具备了生态道德的内涵。的确，生态危机之所以不断出现，就是因为人类在很多时候把自然看作自己的对立面，忽视了人和自然的整体性。而在“天人合一”思想看来，必须运用整体的观点去观察思考自然万物，人是不能独立于自然之外的。这一思想对于当前的生态文明建设显然是很有启示意义的。

其次，“天人合一”倡导人类要有兼爱宇宙万物之心，强调自然存在物之间彼此联系、息息相关。正如张载《正蒙·诚明》所说的：“性者，万物之一源，非有我之得私也。惟大人为能尽其道，是故立必俱立，知必周知，爱必兼爱，成不独成。”② 人想要自己能够好好地生存，就必须同时

---

① [清]焦循:《诸子集成（一）·孟子正义》，中华书局，1954。

② [晋]张载:《张载集》，中华书局，1978。

让自然万物得以好好生存；人如果真正关爱自己，就必须同时关爱自然万物。这是一种在平等视角下仁爱万物的思想，对于今天尊重与保护外部自然界中的非人存在物具有启发意义。

再次，“天人合一”强调天人和谐有序的感应关系，主张自觉地维护自然界和社会中的和谐秩序，尽可能地减少或消除与生态环境的对抗。人与自然不仅要做到和谐统一，“天人合一”还主张人与自然协同进化，要以“赞天地之化育”为使命。《中庸》云：“唯天下至诚，为能尽其性。能尽其性，则能尽人之性；能尽人之性，则能尽物之性；能尽物之性，则可以赞天地之化育；可以赞天地之化育，则可以与天地参矣。”[①] 如若达到了“至诚”之境，这便是自然化育万物，看似无形却有形，也就是所谓的“参赞”。只要以“诚”待物，那么就可以尽物之性。要尽可能地依据事物的本性去成就它，而不是违背本性去伤害它，要尽可能地促成其生长发育，而绝不是想办法破坏它。人类社会的正常发展应该是和谐的，必然也是有序的。经济社会的发展不能不考虑自然资源的长期供给能力，不能不权衡生态环境的承受能力，不能为了眼前的、局部的利益而无所顾忌地损害未来的、全局的利益。保持与自然界的物质、能量和信息交换处于一种动态平衡之中，这是必须始终坚持的原则。

总之，中华民族的优秀传统文化博大精深，“天人合一”思想就是其中的瑰宝之一。中国共产党自成立之日起，始终是中华优秀传统文化的忠实传承者和弘扬者。“不忘本来、吸收外来、面向未来”，中国共产党治国理政的理念深深植根于中华优秀传统文化之中。推进生态文明建设是中国共产党切合时代之需的科学理念和战略决策，它浸润着源远流长的民族文化基因，厚植于中华优秀传统文化的土壤，充分汲取中华优秀传统文化中的“天人合一”等生态养分。

第四节　西方生态社会主义的生态理念

新时代生态文明建设是一个开放包容、开拓创新的系统工程，既要注重吸收马克思主义经典作家的生态理念和中华优秀传统文化中的生态智慧；也要继承与发展中国共产党在革命、建设和改革的历史进程中所形成的保护与改善生态环境的主张；还要有广阔的胸襟和开放的视野，对西方

① 杨洪、王刚注译：《中庸》，甘肃民族出版社，1997，第54页。

的生态理念特别是生态社会主义的生态理念进行批判性借鉴。

西方资本主义国家在工业化进程中日益暴露出严重的生态环境问题，特别是随着资本的侵略扩张和发达资本主义国家恶意将生态环境治理成本转移到发展中国家，到20世纪中叶生态环境问题已逐渐演变成一个世界性难题，恶化的生态环境严重威胁着人类的生存与发展。正是在这一背景下，一些西方有识之士开始关注生态环境问题。从蕾切尔·卡逊的《寂静的春天》的呐喊，到罗马俱乐部《增长的极限》《人类处在转折点》的理性分析，生态环境问题成为一些人关注的焦点之一，越来越多不同学科背景、不同政治派别的人反思生态环境恶化的根源并思考治理对策，逐渐形成了“绿绿”“红绿”两种生态思潮。

“绿绿”思潮有“深绿”和“浅绿”之分。“深绿”思潮反对人类中心主义而主张生态中心主义，认为人只是生态系统的一个被动组成部分，只能消极地适应自然界。也就是说，“深绿”派主张人类臣服于自然，希望牺牲人类的利益来无条件地保护生态环境，这无疑违背了人与自然和谐相处的初衷，走向了生态保护的极端。“浅绿”思潮反对生态中心主义，寄希望于技术创新、政策规约等手段对人类中心主义的缺陷予以修正。“浅绿”思潮对资本主义国家国内生态环境治理产生了积极影响，但专注于资本增殖的种种“改良”无法从根本上解决生态环境问题。

“红绿”思潮即生态社会主义思潮，发轫于20世纪70年代的西方绿色运动，是具有广泛影响的社会主义思潮，生态学马克思主义是其中的典型代表。当然，生态社会主义与生态学马克思主义者不能简单地等同。“在生态社会主义阵营中，除了一些马克思主义者之外，还有一些其他的生态理论家。”[①]“广义的生态社会主义研究可以概括为三个密切关联的组成部分：生态马克思主义、生态社会主义（狭义）和‘红绿’政治运动理论。”[②]区分生态社会主义和生态学马克思主义不是本研究的目的，本研究以广义的生态社会主义理论为视角展开分析。生态社会主义针对资本主义的新变化和生态环境恶化的社会现实，提出了许多值得反思的理论和实践问题。

一、对“绿色资本主义”的批判

“绿色资本主义”，即在不改变资本主义制度的前提下实现绿色发展。

① 陈学明、王凤才：《西方马克思主义前沿问题二十讲》，复旦大学出版社，1988，第287页。

② 郇庆治：《西方生态社会主义研究述评》，《马克思主义与现实》2005年第4期。

生态社会主义理论家对“绿色资本主义”进行了深入的剖析，尽管不同的人思考问题的角度不尽相同，但得出的结论是一致的，即所谓的“绿色资本主义”是根本不可能实现的空想。生态社会主义者对“绿色资本主义”的批判主要体现在如下两个方面：

其一，从寻找生态危机的根源中对“绿色资本主义”进行批判。生态社会主义者普遍认为寻找生态危机的根源不能回避资本主义制度而空谈技术、消费等具体问题，而应该首先叩问制度本身。生态危机的根源存在于资本主义制度本身，“绿色资本主义”只是不切实际无法实现的空中楼阁。这主要体现为：在生产领域，资本以追逐利润最大化为内在逻辑，于是疯狂地征服自然、侵占与耗费资源；在消费领域，与追逐利润最大化的生产相适应的资本主义异化消费造成大量资源被消耗甚至浪费；资本主义通过侵略扩张转移环境治理成本的生态帝国主义行径，使生态危机殃及全球。詹姆斯·奥康纳指出，资本主义社会存在着经济危机与生态危机的“双重危机”，他还进一步阐明了资本主义的“第二重矛盾理论”，认为资本主义社会中除了存在生产力与生产关系这一对基本矛盾之外，还存在着“资本主义生产关系（及生产力）与资本主义的生产条件”[①]之间的矛盾。戴维·佩珀则指出，“从全球角度说，自由放任的资本主义正在产生诸如全球变暖、生物多样性减少、水资源短缺和造成严重污染的大量废弃物等不利后果”[②]。

其二，从寻求解决生态危机的办法中对“绿色资本主义”进行批判。如何解决生态危机问题，这是摆在人类面前的难题，生态社会主义者从不同角度给出了不一样的答案。其中，生态学马克思主义者普遍认为，资本主义制度是生态危机的根源，要消除生态危机就必须对资本主义制度进行变革，建立更为合理的社会制度。赫伯特·马尔库塞指出，“要将科学技术从为剥削服务的毁灭性滥用中解放出来”[③]。在马尔库塞看来，如果科学技术为剥削服务，这违背了科学技术应有的初衷，必须恢复科学技术服务大众、造福人类的本来面目。戴维·佩珀认为：“由于‘全球化’正在带来经济、社会和环境威胁，社会主义和共产主义理论与实践变得比以前任

① [美]詹姆斯·奥康纳:《自然的理由：生态学马克思主义研究》，唐正东、臧佩洪译，南京大学出版社，2003，第257页。

② [英]戴维·佩珀:《生态社会主义：从深生态学到社会正义》，刘颖译，山东大学出版社，2012，中译本前言。

③ [美]马尔库塞:《工业社会与新左派》，任立译，商务印书馆，1982，第192页。

何时候都更需要。”[①] 詹姆斯·奥康纳则认为：“世界资本主义的矛盾本身已经为一种生态学社会主义趋势创造了条件。”[②] 在生态社会主义者看来，在保持资本主义制度的前提下实行生态—工业革命无济于事，只有在实行制度变革的前提下实行生态—社会革命才能真正解决问题。

生态社会主义者对“绿色资本主义”的批判，有其明显的进步性与历史的局限性。一方面，就其进步性而言，生态社会主义者正视生态环境问题，并正确揭示了生态危机的根源。资本主义制度是建立在对人与自然双重掠夺的基础之上的，资本唯利是图的本性决定了它始终以工具理性来看待自然，始终将自然作为获得剩余价值的物质基础，因而从本质上而言，以资本为基础的资本主义制度是反自然、反生态的。这种把生态环境问题的原因追溯到根本制度层面的见解，抓住了问题的实质。同时，生态社会主义者看到了异化消费的弊端，认识到理性消费对保护生态环境的重要性，具有一定的积极意义。另一方面，就其历史的局限性而言，生态社会主义者对造成生态危机的资本主义制度症结分析不足，对马克思主义理论存在着一定的认识误区。如生态社会主义者在对资本主义“双重危机”进行分析时，认为生态危机是首要危机，经济危机是次要的从属危机。显然，这种将人与自然之间的矛盾取代人与人（无产阶级与资产阶级）之间矛盾的做法，偏离了对资本主义主要矛盾的正确认识，也曲解了马克思主义的理论本意。正因为于此，生态社会主义者对“绿色资本主义”的批判不全面，也不彻底。

二、对“生态社会主义”的设想

生态社会主义者认为要解决生态环境问题，就必须实行生态主义与社会主义的融合，以建立一种理想的生态社会主义社会。在生态社会主义者看来，一方面，生态社会主义有别于资本主义，属于社会主义范畴。另一方面，生态社会主义也有别于马克思恩格斯所设想的社会主义，是一种以生态理想来改良的社会主义。生态社会主义者甚至也对苏联东欧的社会主义实践进行了生态反思，认为苏联东欧社会主义国家的“计划”模式仍然奉行经济理性至上，遵循不惜一切代价进行工业化的思路，同样不能解决生态环境问题。基于对解决生态问题的期许，生态社会主义者对他们理想

① [英]戴维·佩珀:《生态社会主义：从深生态学到社会正义》，刘颖译，山东大学出版社，2012，第2页。

② [美]詹姆斯·奥康纳:《自然的理由：生态学马克思主义研究》，唐正东、臧佩洪译，南京大学出版社，2003，第430页。

中的生态社会主义社会提出了一些具体设想。

其一，经济层面的设想。早期的生态社会主义者普遍接受“小即美”的舒马赫主义，倡导“稳态经济”发展模式，其代表人物为加拿大的本·阿格尔。他们主张改变生产集中化和生产规模无限扩大的资本主义生产方式，实行分散化、小规模的生产经营模式以抑制资本的扩张本性。不过，20 世纪 90 年代以来，生态社会主义者基本认为依靠抑制生产规模以解决生态危机既不现实也不符合社会主义的制度特征。社会主义社会应保持经济适度增长，当然这种增长不以追逐利润为根本目的。在经济体制上生态社会主义者主张实行集中与分散相结合、计划与市场相结合的“混合型”经济体制，做到经济增长既能满足人的生存与发展的需要，又能实现对生态环境的保护。

其二，政治层面的设想。生态社会主义者主张维护社会公正，反对权力过分集中，建议将主要权力交给基层组织，实行分散化治理和基层自治。不过，对于社会变革的方式存在着两种不同的观点，以戴维·佩珀为代表的大多数生态社会主义者坚持“非暴力”原则，以约尔·克沃尔为代表的少数生态社会主义者则认为，必须通过暴力革命，如用某种形式的阶级斗争（如罢工等）建立生态社会主义社会。在国际关系问题上，生态社会主义者提出应从全球生态平衡的角度认识国际关系，处理全球发展不平衡、不平等的问题。

此外，生态社会主义者还从文化、教育等方面对社会主义提出了一些设想。如提倡生态教育、环境道德教育以不断提高人们的生态觉悟，号召人们自觉地处理好人与自然的关系；反对异化消费，倡导人们崇尚绿色健康简约的生活道德等。

西方生态社会主义特别是生态学马克思主义者总体而言有着明确的问题意识与责任意识，他们深知资本主义不可能解决生态环境问题，主张进行社会变革以建立一个“红”与“绿”相融合的生态社会主义社会，并为之提出了一些具体的办法，为人们认识和解决生态环境问题提供了新的视角。只不过，生态社会主义特别是生态学马克思主义者把生态问题看得高于一切，试图以人与自然之间的矛盾来取代人与人之间的矛盾来分析和解问题，主张用生态危机批判取代对经济危机的批判，基本秉承“非暴力”的原则，希望通过罢工、教育等比较温和的方式，在不改变资本主义私有制的前提下对社会制度进行改良，等等，都具有一定的局限性。西方发达资本主义国家饱受生态环境破坏之苦，乐于遵循“非暴力”原则通过改良社会制度对国内生态环境进行改善，并且也取得了一系列成效，不过，仅仅通过对资本主义制度的种种改良不可能从根本上解决生态环境问题。可见，生态社会主义者的生态批判理论不够彻底，对生态社会主义社会的构想亦存在明显不足。特别是当前全球社会主义运动处于低潮，但改善全球生态环境却是一个迫在眉睫的现实课题，生态马克思主义者提出了一系列主张，但并没有真正找到解决当下问题的有效办法。正如福斯特所言："无论是'生态社会主义者'想把绿色理论移接马克思，还是把马克思移接绿色理论，都不会产生现在所需要的有机合成物。"[①] 没有对马克思主义理论的深入理解，而是将其与绿色理论简单"移接"，不可能生成全面科学绿色的生态社会主义理论。

总体而言，生态社会主义理论体系尚未成熟，政治主张亦存在明显的矛盾、缺陷与不足。不过，生态社会主义者将马克思主义、生态理念以及对资本主义的批判结合起来，其"红"与"绿"相交融的生态主张，说明生态环境问题的解决与社会主义之间存在着必然的联系，这为推动马克思主义的发展提供了新视野，为推进当代社会主义运动提供了新的理论支点。同时，生态社会主义者基于生态理性而对盲目、无限扩大的生产规模的批判，对消费主义裹挟之下的物化消费的批判，以及对生态教育等方面的重视，等等，都能给生态文明建设提供一些有益的启示。新时代的生态文明建设是庞大的系统工程，既要汲取历史的教训，也应博采众长充分吸收中外理论宝库中有益的生态理念。尽管生态社会主义生成于西方，但批判地借鉴其理论主张对新时代生态文明建设仍有裨益。

---

① [美] 约翰·贝拉米·福斯特：《马克思的生态学：唯物主义与自然》，刘仁胜、肖峰等译，高等教育出版社，2006，前言。

第二章　明晰价值主体：新时代生态文明建设的理论前提

人与自然究竟谁为价值主体，这是理论界反复讨论、研究但至今仍无定论的问题。综观已有的研究成果，学者们或者肯定人是价值主体，或者叩问人能否成为价值主体，或者质疑人是否是唯一价值主体，观点迥异，甚至针锋相对！不明辨清楚价值主体问题，实际上就无从恰当地处理人与自然之间的关系，当然无法构建生态文明。以习近平同志为核心的党中央在推动生态文明建设的过程中，反复强调“人与自然是生命共同体”，追求人与自然和谐共生。共生、共存、共荣的生命共同体是否意味着是对以人为本的否定？本章在深入解读“生命共同体”理念的基础之上，重新厘定价值主体。笔者认为，仅认定人或者自然是价值主体有失偏颇，人与自然的共同命运才是最高的价值主体。不过，“人与自然共同命运”作为价值主体并非对以人为本的否定。而只有在尊重自然中利用自然，人与自然的共同命运这一最高价值主体地位才能得到有效落实。

第一节　“生命共同体”的多重维度

“人与自然是生命共同体”[①],这是习近平同志对人与自然关系作出的新论断。理论界对生命共同体的研究成果较多。已有的研究或者从理论渊源进行追溯，或者从实践维度进行分析，或者从方法论维度进行思辨。在笔者看来，生命共同体是有着丰富内涵的科学理念。自然内部相互依存的生命共同体是基石，人与自然共生共荣的生命共同体是核心，人与人携手共赢的生命共同体是保障。人与自然之间的问题最终需要通过人与人之间携手前行才能解决，构建人类命运共同体是实现生命共同体的有力举措。就

① 《习近平谈治国理政》第3卷，外文出版社，2020，第39页。

人与自然生命共同体而言，生存共同体体现其直观性，生活共同体体现其丰富性，文明共同体体现其全面性，生存、生活、文明共同体逐层跃升，生成真正的生命共同体。

一、自然内部、人与自然、人与人：三重生命共同体相融

综观习近平同志对生态文明建设的系列论述，他有关生命共同体的直接论述着墨不多，但生命共同体作为一种重要理念其实始终贯穿于习近平同志生态文明思想之中。习近平同志在地方工作期间，就非常积极地思考如何处理人与自然之间的关系，并提出了许多建设性的意见，进行了十分有益的探索。不过，真正提出生命共同体范畴是党的十八届三中全会在《关于〈中共中央关于全面深化改革若干重大问题的决定〉的说明》中，习近平同志针对我国生态环境治理中存在的整体性不足、协调性不强、前瞻性不够、多头管理、"九龙治水"的种种弊端，创新性地提出"山水林田湖是一个生命共同体，人的命脉在田，田的命脉在水，水的命脉在山，山的命脉在土，土的命脉在树。"[①]只有进行系统治理，综合治理，生态环境才能得到根本改善。表面而言，习近平同志此时提到的生命共同体只有"山水林田湖"等"自然"要素而无"人"的踪迹，只是外在于人的自然界内部各要素组成的生命共同体；从实质来看，以"人的命脉在田"为关联的生命共同体，已阐明了人与自然之间的紧密联系。2017年，习近平同志在中央全面深化改革领导小组第37次会议上谈及建立国家《公园体制总体方案》时指出，"坚持山水林田湖草是一个生命共同体"，"草"并入让生命共同体内涵更丰富。党的十九大报告中习近平同志进一步从原则高度提出："人与自然是生命共同体，人类必须尊重自然、顺应自然、保护自然。"[②]至此，生命共同体理念实现了形而上的跃升。随着生态文明建设的持续推进，生命共同体理念也得到了进一步的丰富与发展。习近平同志后来又进一步关注"沙""冰"等具体生态系统的治理与利用，并特别提出"坚持山水林田湖草沙冰一体化保护和系统治理"[③]。在党的二十大报告中明确提出"我们要推进美丽中国建设，坚持山水林田湖草沙一体化保

---

① 中共中央文献研究室编：《习近平关于全面深化改革论述摘编》，中央文献出版社，2014，第109页。

② 《习近平谈治国理政》第3卷，外文出版社，2020，第39页。

③ 《全面贯彻新时代党的治藏方略 谱写雪域高原长治久安和高质量发展新篇章》，《人民日报》2021年7月24日，第1版。

护和系统治理”[①]。不过，细心的人们会发现，在党的二十大报告中，“沙”融入了“一体化”之中，“冰”却被置身于“一体化”之外。但在笔者看来，这一变化并不意味着“冰”在一体化保护和治理中地位的弱化，更不意味着“冰”在生命共同体之中地位被忽视，只是“沙”显性融入了“一体化”，“冰”等其他要素则隐性融入了“一体化”。也就是说，“沙”在党的二十大报告中既是实指也是虚指，是沙漠、冰川、湿地、荒漠等等生命共同体构成要素的代表。只有一体化保护与系统治理统筹推进，才能实现人与自然和谐共生。“人与自然是生命共同体”是迄今对人与自然关系阐释最深刻、表述最直观的新理念。

人与自然的关系既相互依赖又相互斗争，是多样性的对立统一。从历时性来看，人与自然经历了同构进化——分离异化——谋求和谐共生的历史进程，是一个在曲折中相互促进共同发展的过程。从共时性来看，人与自然同属一个生态系统，尽管有着不尽相同的需求，但“生命和物质世界并非存在于‘孤立地隔间’之中，相反，‘在有机生物与环境之间存在着一种非常特殊的统一体’”[②]。这是一种特殊的统一体，既彼此相互依赖，缺一不可，但同时相互区别，无法合二为一。习近平同志对人与自然的关系进行了精准、辩证的概括，即“人与自然是生命共同体”。生命共同体由“生命”和“共同体”两个相互联系不可分割的部分组成。“生命”不局限于山水林田湖草沙等，而是涵盖了自然界一切生命，既包括人类，也包括一切非人的动物、植物、微生物等所有自然存在物。了解与认识生命共同体，笔者拟先从自然物之间、人与自然之间、人与人之间的关系入手，考察这三者的内部关系以及三者之间的关系，厘清生命共同体最基础、最本源的含义。

（一）自然内部相互依存的生命共同体是基石

习近平同志提出生命共同体的论断，首先指出的就是自然生态系统内部各要素之间是相互联系、相互影响、相互制衡的有机整体。山水林田湖草沙等要素表面而言相对独立相互区别自成体系，实则相互联系相互依存“命脉”相连。在自然内部各要素构成的生命共同体中，山水林田湖草沙等只是具有代表性的单元，自然内部相互依存相互制衡的生命共同体包含着整个大自然中所有非人存在物。尽管现代科技日新月异，人类认知自然

① 习近平：《高举中国特色社会主义伟大旗帜 为全面建设社会主义现代化国家而团结奋斗》，《人民日报》2022 年 10 月 26 日，第 1 版。

② [美] 约翰·贝拉米·福斯特：《马克思的生态学：唯物主义与自然》，刘仁胜、肖峰等译，高等教育出版社，2006，第 19 页。

的能力显著提升，但外部自然界仍是一个复杂多元、有着许多未知之谜的客观存在物。已有的研究证明，自然生态系统中所有非人存在物，包括动物、植物、微生物、山石、水土、空气、阳光等都是生命共同体中不可或缺的要素，共同织就成林林总总的生态链生态网，维系着自然生态系统内部的平衡。如果外部自然界中的任何类群出现问题，自然生态平衡就会被打破，可能会导致生态环境问题甚至会产生一系列生态灾难。

强调自然内部各要素之间是相互依存的生命共同体，这是认识人与自然生命共同体的理论前提与实践基石。试想，如果自然内部各种非人存在物之间根本无章法可依，无规律可循，只是无数独立的个体和类群松散组合、随意堆砌、简单排列，那就意味着即使人类粗暴对待自然也不会产生系统性的生态灾难甚至生态危机，而只可能产生个别、偶然、局部的不良影响。正因为自然内部各种非人存在物均是整个生态系统的无数节点，彼此唇齿相依构成命运与共的生命共同体，人类只有遵从自然规律谨慎行事，才能保护赖以生存与发展的基石。相反，如果人类率性而为引起自然内部生命共同体出现撕裂，导致生态系统的动态平衡被破坏，最终必定祸害甚至危及人与自然的生命共同体。

（二）人与自然共生共荣的生命共同体是核心

对人与自然的共生共荣的生命共同体的核心地位，可从如下三个方面来说明：其一，“人与自然的关系是人类社会最基本的关系”。[①]“最基本”三个字言简意赅地说明，尽管现实生活中人们会结合成复杂多样的社会关系，但人与自然的关系是构筑所有社会关系和社会存在的基石；其二，“人因自然而生，人与自然是一种共生关系”[②]。“共生”说明人类生成于自然、生长于自然，自然“孕”“养”了人类，强调自然之于人类的重要性无可替代；其三，“人与自然是生命共同体”[③]。生命共同体说明人与自然命运相依、休戚与共。需要说明的是，生命共同体不是自然向人的单向运动，而是人与自然的双向互动以生成。因此在理解生命共同体时，既要强调自然之于人类的意义与价值，同时也要承认人类对于自然的积极意义；人类依赖于自然而生，同时也积极作用于自然而成。人类之于自然不是可有可无的存在，人类作用于自然更不能用“守成”甚至“破坏”来概括而忽视

① 中共中央宣传部：《习近平总书记系列重要讲话读本》，学习出版社、人民出版社，2016，第231页。

② 中共中央文献研究室编：《习近平关于社会主义生态文明建设论述摘编》，中央文献出版社，2017，第11页。

③ 《习近平谈治国理政》第3卷，外文出版社，2020，第39页。

其修复改善自然的努力。其实，完全缺乏人类的有序与有效参与，实际上自然也难以实现良性运行。从最基本——共生——生命共同体，反映出习近平同志对人与自然关系的认识逐步深化的过程。

共生共荣是生命共同体的核心表征与诉求。在这种共生共荣的关系中，共生是前提，共荣是根本，共生只是生命共同体的浅层表述，共荣才是深层的发展诉求。从动态走向和未来理想场景来看，只要人类汲取曾经破坏自然的教训并积极开展生态环境治理和生态文明建设，人与自然将是协同前进、和谐相处、同发展共繁荣的关系。如果人类善待自然，自然也将善待人类。当然，“荣”的对立面就是“损”，人“损”自然，自然必定“损”人，自然生态环境恶化必然损及人类，人类损害自然最终无疑也是损伤自身。古今中外太多的教训警示着人类，要想实现自身的发展必须善待自然。

人与自然之间的共生共荣关系不能寄希望于自然的馈赠，而是需要通过人类的主观努力以规范约束自己的行为。习近平同志提出“人与自然是生命共同体”，这是对马克思人与自然关系的继承与发展，是对现实教训的研判和对发展规律的总结。人来源于自然，受制于自然，并以自身的能动活动改造自然。人是最活跃最能动的要素，同时又是最受自然界影响的要素。人类存在于生命共同体之中，就要爱护共同体的每一个要素，否则，只能最终导致人与自然关系的恶化。“人与自然是生命共同体”，明确了善待自然就是善待人类自身的科学理念。

（三）人与人携手共赢的生命共同体是保障

人与自然之间和谐共生的生命共同体，需要人与人之间平等互利、携手共赢的生命共同体予以确认与维护，解决人与自然之间的问题需要从改善人与人之间的关系入手。只有实现了人与人和谐相处，才能实现人与自然和谐共生；只有实现了人与人的最终和解，才能实现人与自然的最终和解。当今世界，尽管不同群体、民族、种族有着相对固定的生活区间，不同的阶级、地区、国家有着不尽相同的利益诉求，但人们之间联系的广度、交流的深度空前，局限于单一地理空间的人与自然之间简单的物质变换、人与人之间简单的物质交换、社会文化交流已基本成为历史。人类共住一个地球村，人们之间的联系复杂、多元、紧密，因此，实现人与自然的和谐共生，需要人与人的携手合作。

正因为于此，习近平提出了人类命运共同体与生命共同体两个“共同体”。一方面，生命共同体是命运共同体维系的基石。缺乏生命共同体的理论认知与实践自觉，人类命运共同体也会因为没有基本的生态支撑而难真正命运与共。另一方面，命运共同体能为生命共同体护航。缺乏命运共同体的理论认知与实践，人与人、国与国之间陷入争夺自然资源、推卸治理责任等利益纷争，会导致人与自然相背相离。

总之，只有人与人携手共赢才能实现人与自然和谐共生，相反，如果只为狭隘的地区或国家利益而蝇营狗苟，甚至以邻为壑尔虞我诈巧取豪夺，最终必然为自己的自私自利买单。我国倡导构建人类命运共同体，并以实际行动为全球发展贡献智慧与力量，彰显了中国担当和中国自信。一方面，中国倡导并推动构建的人类命运共同体内含着“清洁美丽世界”的生态要求，能为生命共同体的有效生成提供直接保障。另一方面，中国倡导并推动构建的人类命运共同体摒弃弱肉强食的零和博弈思维，倡导“共商、共建、共享”的治理理念，能为生命共同体提供良好的外部环境支撑。

二、生存共同体、生活共同体、文明共同体：三重生命共同体逐层跃升

自然内部的生命共同体、人与人的生命共同体是人与自然生命共同体的基础与保障，是理解生命共同体的重要维度。不过，生命共同体的最终落脚点既不在于自然内部各要素相互依存，也不同于命运共同体所强调的人与人之间命运与共，而是“人与自然是生命共同体”。在笔者看来，生命共同体之“生”，是生存，也是生活，只强调生存之需矮化了人之本质，只重视生活之道又虚化了人之本能。而由生存—生活—文明的跃升，说明生命共同体逐步生成。

（一）生存共同体——体现人与自然生命共同体的直观性

人与自然是一种共生关系。自然先于人类存在，人类的生存离不开自然。“自然界，就它自身不是人的身体而言，是人的无机的身体。人靠自然界生活。”[①] 人与自然之间是不可分割的有机整体，自然是人的无机身体。福斯特认为，“有机的意味着从属于器官，无机的指超越了人类（或动物）器官的自然”[②]。因此，自然是为人的有机身体提供能量与资源的无机身体，人与自然具有天然的“一体性”。习近平同志将这种“一体性”概括为：“人因自然而生，人与自然是一种共生关系，对自然的伤害最终会伤及人类自身。”[③] 外部自然界是人类的生命之源，这是“共生”关系最本源最基

① 《马克思恩格斯文集》第 1 卷，人民出版社，2009，第 161 页。

② John Bellamy Foster,Brett Clark and Richard York.*The Ecological Rift: Capitalism's War on the Earth*,New York:Monthly Review Press,2010,p.278.

③ 中共中央文献研究室编:《习近平关于社会主义生态文明建设论述摘编》，中央文献出版社，2017，第 11 页。

础也最直观的内容。从发生学角度所理解的生命共同体，是一种“天然”共同体。源于自然的人类与自然是一种共存关系，可以从如下两个方面来理解：

其一，人依赖于自然而生存，这是被广泛认知但至今仍有人幻想着予以突破的客观事实。“全部人类历史的第一个前提无疑是有生命的个人的存在。”① 求生存是人的本能，但如何生存却考验人的智慧与能力，不过，无论人类以何种方式生存，均不可能撇开与自然之间的关系。作为“类”存在物的人，起源于自然，受制于自然；作为“个体”存在物的人，生存于自然，复归于自然。“人本身是自然界的产物，是在自己所处的环境中并且和这个环境一起发展起来的”②。无论人类如何发展，社会如何进步，人类始终无法减少与自然的联系。

当人猿相揖别，人与自然就对立统一地存在着。人类为了生存的需要，一刻不停地与自然发生着物质和能量的变换，人不能离开自然而存在。与动物简单地适应自然不同，人是通过社会实践特别是生产实践利用自然以完成物质与能量的变换。劳动确认人的自然属性，为人类生存获得物质生活资料；劳动更确认人的社会本质，但离开自然，劳动无法展开，人类无法生存，这是不争的事实。曾经，有人希望依靠科技的力量建造适宜于人类生存的“生物圈 2 号”，但费尽周折最终以失败告终。现代科技有益于人类更好地生存，通过现代科技再现某些自然场景是真，但再造整个自然生态系统是假；无畏的破坏让地球毁灭可能是真，但“流浪地球”（带着地球去流浪）是假。人类终归不能离开自然而存在，这是“共存”关系的重点。

其二，非人存在物在一定程度上依赖于人类而生存，这是被很多人忽视或不承认的客观事实。可以这么认为，理解与把握“共存”关系，强调人依赖于自然不难，但理解非人存在物也存在着对人的依赖不易。因为表面而言，缺乏人类印迹的自然照样能日月轮回，春华秋实，甚至有了人类的活动之后一些地方的生态环境被破坏，非人存在物的生存被惊扰与限制。于是，不少人认为人类对自然最好的尊重就是尽量少利用自然，对非人存在物最大的爱护就是尽量与之保持距离，总觉得人不能离开自然而生存，但自然离开了人会运转得更好。其实，上述观点存在着认知的不足甚至主观的偏见。仔细探究整个自然史就会发现，自在自然并非人类与非人存在物的理想栖居之所，自然本身也有一个进化生成优化提升的过程。人类承

① 《马克思恩格斯文集》第 1 卷，人民出版社，2009，第 519 页。

② 《马克思恩格斯文集》第 9 卷，人民出版社，2009，第 38-39 页。

担着让自然更适合于人与非人生物生存的责任。

自人类诞生以来，非人存在物就不可能是完全自在的存在，其生存需要人类在“作为”与“不作为”之间找到平衡的支点。“作为”，即人类在认识自然规律的基础上积极主动地开展实践活动以维护生态平衡。2016年，世界自然保护联盟宣布，由于中国的努力，大熊猫的受威胁程度从濒危变为易危。没有人类的保护，不少濒危物种将会逐步灭绝。人类要保护与拯救大熊猫等种群稀少的物种，但同时也要部分而非全部地消灭老鼠、蚊子、苍蝇等生物。怎样善“作为”而非乱“作为”，则有赖于对生态平衡的科学认识。“不作为”则有两种情形：一种为主动“不作为”，即人类在认识自然规律基础上的高度自律自觉，如通过休耕、休渔等让自然在休养生息中维持动态平衡；另一种是被动“不作为”，即对未知领域不盲目作为。如人类有遨游太空的梦想，但面对着未知的太空之谜人类需以十分审慎的态度与方式展开探索，这种审慎的态度在某种意义上就要求“不作为”。无论人类是“作为”还是“不作为”都说明一个问题，即非人存在物也在一定程度上依赖于人类而存在，只是相对于人对自然的依赖而言，非人存在物对人的依赖表现得不明显、不强烈而已。

分析了生存共同体中人与自然双向互动，下面笔者简单地总结一下这种双向生成的生存共同体维系生存或存在的基础。无论是作为“类”存在还是作为个体存在，人之生存基本诉诸物质需求的满足，通过人与自然之间的物质变换以维系生命的存在；非人存在物的存在则除物质外，完全无其他需求。可见，物质需要及其满足是人的生存和非人存在物存续的共同基础，物质根基是维持生存共同体的纽带，人与自然的生命共同体也通过物质根基进行着最直观的表达。

（二）生活共同体——体现人与自然生命共同体的丰富性

求生存是人的本能，会生活才是人之为人的实现。生存体现共性，既是人与人的共性，甚至还是人与非人存在物的共性；生活彰显个性，生活样态能反映不同的人不一样的人生轨迹，同时会生活还是人区别于动物的显著特征。与生存共同体所体现的人与自然之间简单的双向依存性不同，生活共同体以人们对美好生活的追求为指向彰显人与自然之间联系的丰富性。

其一，以“物质”的多样性体现生命共同体的丰富性。“求生存”以延续生命为目标，人与自然之间的关系基本以物质变换的多寡进行直观表达；“会生活”是发展与享受的统一，物质需求的满足只是多样性生活中一个不可或缺的组成部分。即使仅从物质的角度进行衡量，“会生活”表明人与自然之间的物质变换不是简单地以数量来衡量，而是数量与质量的统一。一般而言，美好生活中的物质需求讲究品质过硬、品种丰富、品位出众。衣要舒适美观新潮有个性，食要健康营养美味有品相，住要舒适温馨，行要安全便捷……当下，林林总总的物质需求与供给反映在一定程度上表征着日益充盈的美好生活。不过，无论社会如何发展，任何物质资料的供应都不能离开自然而生成，美好生活中物质供需的多样性，能直观反映人与自然联系的丰富性。

其二，以“文化”的多彩性体现生命共同体的丰富性。“会生活”的人不应只有物质的刚需，还需要有文化的追求，文化追求是衡量人们生活品位的重要尺度。表面而言，文化作为精神成果与自然无紧密的关联，以文化为视角难以为生命共同体找到合适的注脚，但从深层的表象来看，文化与自然也存在或直接或间接的联系。马克思早就指出：“从理论领域来说，植物、动物、石头、空气、光等等，一方面作为自然科学的对象，一方面作为艺术的对象，都是人的意识的一部分，是人的精神的无机界，是人必须事先进行加工以便享用和消化的精神食粮；同样，从实践领域来说，这些东西也是人的生活和人的活动的一部分。”[①] 可见，自然界不但是人类物质食粮的源泉，而且是人的精神食粮的素材与载体，马克思将之称为“精神的无机界”以区别于物质的“无机身体”。社会越发展，文化之于生活的意义越举足轻重，享受丰富的文化生活更能彰显人的生活品质。与物质的多样性直接反映生命共同体的丰富性不同，文化视角下人与自然生命共同体表现要相对间接一些：一方面，文化产品需要一定的物质载体来呈现，能在一定程度上反映人与自然之间的联系。也就是说，尽管文化产品并非以自然资源为加工对象，甚至随着数字技术的发展，文化载体虚拟化逞强、物质化示弱。不过，再虚拟的空间也搭建在一定的物质基础之上，再先进的数字技术也无法完全代替文化的器物表达方式。文化的物质载体呈现出数量弱化、质量进化的特征，不改变人与自然联系的本质。另一方面，不少文化产品以自然为素材，这既包括自然科学对广袤神秘的自然研究探索，也包括社会科学对人与自然关系的记载、思考、加工与传播。研究自然思索人与自然的关系，这是生命共同体另一层面的体现。社会的进步催生出丰富的文化产品和精彩的文化生活，折射出人与自然生命共同体关系更全面、丰富。

其三，以“生态”的刚需性体现生命共同体的丰富性。从生活的视角

① 《马克思恩格斯文集》第1卷，人民出版社，2009，第161页。

讨论生态刚需，不是否定生态对维持生存的意义，而是强调人们在追求美好生活进程中生态意识的觉醒，反映人们的生态需求由生态安全向生态良好升级。可以这么认为，良好生态环境不仅是美好生活的构成部分，甚至生态环境的好坏在很大程度上决定着人们的生活质量的高低。习近平同志指出："绿水青山是人民幸福生活的重要内容，是金钱不能代替的。"[①]生态意识的觉醒体现出会生活的人们逐步走出物质的禁锢，更注重生活的品质。生活视角的生态刚需既直观又深刻地体现了人与自然生命共同体的丰富性。

（三）文明共同体——体现人与自然生命共同体的全面性

生存也好，生活也罢，多立足于个体着眼于人类来思考人与自然之间的关系。文明共同体主要从整个人类的视角来思考人与自然的关系，更宏观、系统、多元，更能更全面地反映人与自然之间的关系。

文明是相对于蒙昧、野蛮而言的，人类历史实际上是一部不断追求、创造与生成文明的历史。恩格斯曾深刻指出："文明是实践的事情，是社会的素质。"[②]"全部社会生活在本质上是实践的。"[③]也就是说，实践是人类文明产生的前提，文明是社会实践的积极成果，人类在不断实践中推动着文明的演进与跃升。但无论人类以何种方式开展社会实践，都与自然发生着或直接或间接的联系。可见，实践彰显人的能力，但实践活动根植于自然；文明表征着社会的进步，但文明不能离开自然而生成。

外部自然界是人类文明形成与发展的根基，如果良好的生态环境遭到破坏，人类的文明进程就可能出现波折。习近平同志指出："生态兴则文明兴，生态衰则文明衰。"[④]在历史的长河之中，多少人类文明因为良好生态环境特别是丰富生态资源的滋养而勃兴，又有多少人类文明因生态环境毁损资源枯竭而尘封消失。无数的历史教训警示着人们，人类文明就像一面镜子，全面观照着人与自然的关系。生态文明从整个"类"发展的高度系统审思人与自然的关系，以期实现人与自然的和谐与和解，也从人类文明视角反映出人与自然生命共同体的系统性、全面性。

---

① 中共中央文献研究室编：《习近平关于全面建成小康社会论述摘编》，中央文献出版社，2016，第163页。

② 《马克思恩格斯全集》第3卷，人民出版社，2002，第536页。

③ 《马克思恩格斯文集》第1卷，人民出版社，2009，第501页。

④ 中共中央文献研究室编：《习近平关于社会主义生态文明建设论述摘编》，中央文献出版社，2017，第6页。

第二节 “生命共同体”蕴含价值主体新认知

理论界关于生命共同体的研究涉及了价值维度，但已有的研究基本是从价值旨归、价值意义来论证。不过在笔者看来，“人与自然是生命共同体”[①]的新理念，其首要的根本的价值意义在于明晰了价值主体，即人与自然的共同命运是最高的价值主体，这为回击“人类中心”或“生态中心”的价值主张提供了有力的武器，为推进生态文明建设明确了最基本的理论前提。

一、人与自然的共同命运：价值主体新理念

“人与自然是生命共同体”内涵丰富，自然内部、人与自然、人与人三重生命共同体相融，生存、生活、文明共同体逐层跃升，这些均充分说明了人与自然之间的辩证统一关系。更为重要的是，生命共同体理念蕴含着价值主体新认知。

（一）价值主体再认识

人与自然究竟谁为主体，谁为客体，一直是理论界讨论的话题。对价值主体进行再认识，首先要重新认识马克思关于主、客体的论断。100多年前马克思曾明确指出，“主体是人，客体是自然”[②]。于是一些人据此认为人是唯一的价值主体，自然只是满足人的需要的价值客体。在笔者看来，此种观点是孤立地看待马克思在特定场景下的个别论断而作出的错误理解。人是一种自主自觉自为的存在，外部自然界则是一种完全自在的无意识存在。虽然外部自然界因拥有丰富的资源而成为人类的无机身体，不过，人类需要通过能动的实践作用于自然才能满足自身的生存与发展需要。同时，人类作为唯一能动的价值主体，在利用自然的同时还有改善自然以适合于人与非人存在物生存与发展的责任。因此，马克思将人与自然主客二分，是在承认“人是自然界的一部分”，是“能动”与“受动”辩证统一基础之上的主客二分。也就是说，马克思此语境中将人与自然相“区别”以突出人的能动性，是建立在其他场景中强调人与自然相“统一”以彰显人对自然的依赖性基础之上，是对人与自然关系的正解认知。

不过，马克思的正确认知没能被充分理解与普遍遵从，一些人割裂人与自然的关系，特别是人类中心主义和生态中心主义偏执一端，将人与自

① 《习近平谈治国理政》第3卷，外文出版社，2020，第39页。
② 《马克思恩格斯文集》第8卷，人民出版社，2009，第9页。

然尖锐对立。人类中心主义认为只有人才能成为价值主体，自然是无从表达主体性的客观存在，只是人类利用与改造的客体。表面而言，人类中心主义肯定人的主体性、能动性，是对马克思主义的坚持；但从实质来看，人类中心主义否认了人与自然的"统一性"而强化了"对立性"，忽略了人依赖于自然的"受动性"而强化了人利用自然的"能动性"，是对马克思主义的背离。生态中心主义在反对人类中心主义价值主张的同时滑向了另一极端，它站在人类的对立面否认人的主体地位，强调自然至上自然的主体地位无可替代。在生态中心主义者看来，自然缔造了人类也主宰着人类，人类只有臣服于自然而匍匐前行，只能做自然的守护者而非改造者才能实现人与自然和谐相处。显然，生态中心主义完全否认了人的主观能动性而将人类与非人存在物直接类同，这是对人之为人本质的根本否定，是对马克思主义关于人与自然关系的根本否定。

党的十八大以来，以习近平同志为核心的党中央反复强调"人与自然是生命共同体"[①]。理论界的研究成果从不同层面阐明了生命共同体理念的意义与价值，但几乎没有涉及价值主客体这一基本问题。在笔者看来，"人与自然是生命共同体"非常直观地揭示了人与自然的关系，其首要意义在于蕴含着价值主体的新认知，即人是能动的价值主体却不是唯一的价值主体，人与自然的共同命运才是最高的价值主体，将人与自然对立的主客二分是对生命共同体的否认与背离。尽管自然无从主动表达需求，无法把握自身命运，但自然以其丰富的资源与良好的生态环境满足人类与非人存在物需要的同时，也对人类的妄为与过为给予无情的"惩罚"；人类以其实践活动作用于自然，让自然更适合于人和非人存在物的生存与发展。人与自然各展其长，相融相生，生命共同体就能有效生成。

人与自然的共同命运是最高价值主体，这是生态文明建设的理论前提。将人与自然的共同命运作为最高价值主体，能有效地协调人类发展与生态环境保护之间的矛盾，并使人们意识到生态环境保护与人类利益本质上是一致的，保护生态环境实质上就是保护人类自身。有了人与自然的共同命运是最高价值主体的新认知，智慧的人类就可能实现从"要我环保"到"我要环保"理念的转变，从而自觉自为地保护生态环境构建生态文明。基于人与自然的共同命运是最高价值主体的新认知，既不需要臆想自然的神秘性而盲目敬畏自然，也不需要彰显人类的主体性而疯狂征服与控制自然；既为人类尊重自然找到了着力的根源，也为人的"类本质"找到了着

---

① 《习近平谈治国理政》第3卷，外文出版社，2020，第39页。

陆的地基。可见，价值主体新认知能纠偏人类中心主义和生态中心主义主客二分的价值误区，是对马克思主义的继承与发展。

（二）澄明与价值主体相关的几个问题

或许有人会问，价值主体应该能够彰显自身的主体性和主动性，人与自然的共同命运是最高的价值主体，意味着自然是“共同命运”这一价值主体的组成部分，但自然根本不能主动表达自身的需求，更无从把握自身的命运，其主体地位怎么呈现？同时，主体总是与客体相区别而存在，那么人与自然的共同命运这一最高价值主体所对应的客体是什么？人抑或自然？笔者拟从如下几个方面就上述问题作出回答。

其一，自然主体地位的特殊表达与肯定。一方面，自然主体地位的特殊表达。自然是外在于人的客观存在，始终有其存在价值，但外部自然界确实无作为主体的价值诉求，当然更无从把握自身的命运。不过，自然是最神奇的造物主，它以其独特的方式“创造”了大量的资源等哺育着人类，同时也以自然灾害等独特方式“惩罚”着人类。在笔者看来，这种基于自然规律的无声“创造”与“惩罚”可以看作自然主体性的自在表达。另一方面，人类在“体认”与“赋予”自然主体性中肯定自然的主体地位。习近平同志在提出生命共同体的同时，强调人类必须尊重自然。尊重自然不只是对自然规律的尊重，更不是对自然工具理性地尊重，而是以人所特有的方式从整个生命共同体的高度“体认”自然的主体性，“赋予”自然以人道主义，形成尊重自然的自觉。关于这一点，笔者将在本章的第三节，做详细论述。

其二，人与自然能互为价值主体与客体。马克思曾指出：“人双重地存在着：从主体上说作为他自身而存在着，从客体上说又存在于自己生存的这些自然无机条件之中。”[①] 尽管马克思这里所指的“自然无机条件”不是专指外部自然界，甚至在当时的语境中不直接包括外部自然界。“对活的个体来说，生产的自然条件之一，就是他属于某一自然形成的社会，部落等等”[②]。不过，外部自然界是“自然形成的社会，部落等等”的原初物质形态，因此于外部自然界而言，人类在一定程度上也是客体。自然作为价值客体，通过提供丰富的资源与良好的生态环境满足人的需要，同时也满足非人存在物的需要，最终满足人与自然的共同的命运这一最高价值主体的需要；人作为价值客体，以能动的实践活动作用于自然使其更适合于人与非人存在物的“需要”，让自然为人及非人存在物提供更丰富的资源、

① 《马克思恩格斯文集》第8卷，人民出版社，2009，第142页。

② 同上。

更适宜的生态环境。人与自然之所以能互为价值主体与客体，是因为人与自然有共同的、最高的价值主体，即人与自然的共同命运。

其三，人或者自然的价值主体地位统一于最高价值主体。人与自然的共同命运作为最高的价值主体，并不排斥人或者自然是价值主体。不过，无论肯定人是价值主体，还是人类“赋予”自然价值主体地位，有一点是肯定的，就是不能将人的主体地位与自然的主体地位对立起来。如果将两者对立就陷入了人类中心主义或生态中心主义的窠臼，反之，如果承认两者均为价值主体，但因为两者命运与共，故两个主体不是对立而是相互协调和谐共存，就是对人与自然的共同命运这一最高价值主体的肯定。

其四，最高价值主体所对应的客体有确定的指向。主体与客体相区别而存在，承认人与自然的共同命运是最高的价值主体，似乎价值客体是一个无从指向的空集。其实不然！人与自然的共同的命运所对应的客体，不是无人无物的空集，也不是人和自然的并集，而是人与自然的交集，严格地说，是人类活动与自然万物组成的复合系统作为价值客体，满足人与自然的共同命运这一最高价值主体的需要。

“人与自然是生命共同体”，人与自然的共同命运是最高的价值主体，为构建生态文明确立了基本的理论前提。人们在讨论生态文明时，总习惯于将其与工业文明进行比较。其实，生态文明不同于传统工业文明（注：笔者在工业文明之前加上了“传统”二字，是因为不主张将生态文明与工业文明简单对立，关于这一点将在第四章进行详细论述），其主要区别在于所认同的价值主体与价值取向不同。传统的工业文明认为人是唯一的价值主体，奉行人类中心主义价值取向，自然只是人类改造、利用的对象，是客体，人与自然被工具理性地对立起来。农业文明时期，由于生产力水平不高，人类对自然心存敬畏，主客二分不如传统工业文明时期明显。但总体而言，无论是农业文明还是传统工业文明时期，自然终归只是对象性存在。如果非要从“共同体”的视角考察，农业文明时期人类为生存而奔波，视自然为生存共同体；传统工业文明时期人类为财富而拼搏，视自然为生产共同体。因此，在农业文明特别是传统工业文明视域下，人与自然只是“虚假的共同体”。为走出人类中心主义所建构的“虚假的共同体”深渊，极端生态狂热人士抛出了生态中心主义主张，让人匍匐于自然之下，这是另一种极端的人与自然对立。以人与自然的共同命运作为最高价值主体所建构的生态文明，是对传统工业文明、农业文明工具理性地建构的“虚假”利益共同体的否定。

人与自然处于同一生态系统，不可分割，人类利用自然所产生的生态后果很难以民族、种族、国家、疆域进行区分。人与自然、人与人应和谐共生。因此，中国共产党在推进生态文明建设的同时，倡导构建人类命运共同体。生态文明建设所追求的共同体既是真正生命共同体，也是真正的人类命运共同体，为人类科学、审慎、有限地利用自然提供了基本的价值遵循。廓清价值主体，构建真正的生命共同体，是生态文明建设的理论前提。

二、人与自然的共同命运并不否认以人为本

将人与自然的共同命运作为最高价值主体,这是对价值主体的新认知。那么,“共同命运”是不是对以人为本的否定?如何看待“共同命运”中人的地位与作用?这些都是理论上必须回答的问题。以习近平同志为核心的党中央在推进生态文明建设的过程中，目前并没有将人与自然的共同命运作为价值主体的直接表述，当然也就没有关于上述问题的直接回答。下面，笔者试着就上述问题作出梳理与回答。

（一）以人为本并不等于人类中心主义

一般而言，以人为本是以人为主体，以人为动力，以人为目的。生态文明建设所强调的以人为本，实际上强调人既是生态文明建设的主体，承担着生态文明建设的责任；也是生态文明建设的目的，享受生态文明建设的成果。可见，以人为本并不是以人为中心，并不片面强调人类利益至上，而是真正体现人的责任与价值，体现对人的主体性的重视。

如前所述，人类中心主义与生态中心主义在价值主体问题上偏执一端，所持的解决生态环境问题对策尖锐对立。其实，人类中心主义是导致生态环境问题的罪魁祸首，但生态中心主义并非解决生态环境问题的科学理念。然而，当下一些人在寻求生态环境问题解决之道时仍受生态中心主义的影响，他们反对以人为本而坚持要以生态为本。在这些人看来，承认以人为本就意味着必须坚持以人为中心，坚持以人为本就是坚持改头换面的人类中心主义。其实，将以人为本等同于坚持以人为中心的人类中心主义，是对以人为本的误解误读。

其一，人类中心主义与以人为本的价值观起码存在两个方面的明显区别。一方面，人类中心主义坚持“一元”论价值观，以人为本坚持“二元”论价值观。人类中心主义只肯定人类的价值主体地位而否认非人存在物的主体性。在人类中心主义者看来，存在于外部自然界的非人存在物只是满足人类需要的价值客体。以人为本在强调人的价值主体地位的同时，并不否认非人存在物的主体性，而是强调尊重自然以维护动态平衡。另一方面，

人类中心主义只关注眼前利益、当代人的利益，其价值观是“近视”的。而以人为本强调既要考虑当代人的利益，也要放眼长远考虑子孙后代的利益。以人为本的“人”是当代人与后代人的统一，其价值属性具有整体性、长远性。

显然，以人为本坚持人与自然的和谐相处，共同发展，是不同于人类中心主义的。以人为本实质是强调人在自然中主体性作用的发挥，这同时又对人性提出了更高的要求，也就是说，“要对工业革命时期的人性进行改造，不断完善人性、提高人性，以消解工业文明与当代现实中的人与自然关系的伦理冲突，为人与自然关系合理定位”[①]。以人为本的生态观抛弃了人类中心主义的不合理之处，汲取了它的合理的方面，在此基础上还增添了新的内涵。比如，它对人类正当利益的关心、对人类合理需要的维护、对人类价值的信仰以及对人的主体性和伟大创造力的理解；它主张人们用相对的、有条件的、可变的观点看待人与自然的关系，主张以尊重自然规律和自然价值为基础来规范人类的实践行为。为了人类的长远利益与整体利益，“应该实现以人为本价值观在解决人与自然矛盾中的现代转化”[②]。作为实践主体的人必须注重保护生态环境，走上一条人与自然和谐共生的发展道路。

其二，提出构建生态文明命题，从一定程度上来说也是坚持以人为本的体现。生态文明建设从学术话语到上升到治国理政的高度，均是因为恶化的生态环境已对人类的生存与发展造成威胁。相反，虽然人类是智慧的动物，对人类自身的行为有着较好的预见性、计划性和责任心，但如果自然足够包容人类的任何行为，那么人类就不会也没有必要大动干戈进行生态文明建设。

生态文明建设所要求的以人为本是坚持权利与责任的统一。人类既要享受生态文明建设的成果，更应主动承担起保护生态环境构建生态文明的责任，人始终在生态文明建设中居于主体地位，发挥着主动作用。缺乏人类活动与生态保护责任的自然生态环境，并不是人与自然生物理想的生存状态，更不是生态文明所追求的文明状态。特别是在当前生态环境已被严重破坏的情况下，虽然大自然有着强大的恢复与调节功能，尽管生态文明建设强调自然恢复为主，但仅仅依靠自然的自我调节很难实现生态平衡，人类需切实担负起保护与治理生态环境的责任。可见，承认以人为本并不

① 秦书生、王镜宇：《论以人为本的生态观》，《理论探讨》2005 年第 5 期。

② 徐春：《以人为本与人类中心主义辨析》，《北京大学学报（哲学社会科学版）》2004 年第 6 期。

意味着人与自然的对立而有碍于生态文明建设，相反，只有承认以人为本才能发挥人的主观能动性将生态环境保护纳入人的视野。当然，保护生态环境构建生态文明也不能只强调人类的责任而忽视应该享受的权益。如果在生态环境保护中只关注野生环境、濒危物种等而忽略了对人的生态权益的关注，忽视了对人的生存环境的关心，这样的生态文明建设就难以获得民众的支持与参与，最终会流于形式而难于落实。因为人既是理性的存在物，也是有利益诉求的存在物，生态环境保护要获得民众发自内心的支持，就必须关注与尊重民众的利益诉求。

（二）人与自然的共同命运融入“人本”高于“人本”

生态环境保护和生态文明建设要坚持以人为本，这是基于现实的合理考量。架空了人的权益与责任的生态环境保护只可能是一种高高在上的空谈，忽略了人本的生态文明只是一种不切实际的乌托邦。其实，尽管以人为本有着科学的内涵，但也不得不承认，在处理人与自然的关系问题上，以人为本却经常被人误读误解。所谓“本”，在哲学意义上，有“本源”与“根本”两种释义。显然，以人为本的“本”是着眼于价值论而非本体论，应当取“根本”之义。“本”实际上就是一个在抉择中的判断基础。当遇到不同的事物或同一事物的不同方面发生冲突而出现鱼和熊掌不可兼得的矛盾之时，就需要进行权衡并适时进行恰当的取舍，但究竟如何取舍需要有一个合理的标准。“本”，就是这个标准。于是，一些人从字面对以人为本进行解读之时，容易忽视人保护环境的根本义务，忽视人应承担起保护环境的主体地位与主导作用，而强化其利用自然为己服务的目的意义。而在实践过程中，缺乏规约的以人为本则不可避免地会产生功利主义的局限。

将人与自然的共同命运作为最高价值主体，一方面，将“人本”内含于“共同命运”之中，能有效发挥人的能动性、创造性，发挥人类保护生态环境的主动地位与主导作用。另一方面，“共同命运”又内含着“自然”的利益、诉求以及其对人类的规约，尽管自然无从能动地表达，但这种利益、诉求与规约其实无处不在。因此，将人与自然的共同命运作为最高价值主体，又能有效弥补对以人为本的字面曲解，以及实践操作中高扬人的“目的性”而弱化人保护自然的责任意识等功利主义局限。

第三节　尊重自然：确认“共同命运”之“道”

如前所述，“人与自然是生命共同体”的新理念，蕴含着人与自然的共同命运是最高价值主体的新认知。那么，如何确认价值主体？特别是自然的主体地位如何呈现与确认？这是理论研究必须弄明白的问题。20世纪中叶，当人类面临日益严重的生态环境问题时，很多不同国家和地区、不同工作领域、不同学科背景的人，发出了保护自然、爱护环境的呐喊。尊重自然作为一种弱伦理话语开始在学界出现。不过，在普遍尊崇技术理性的现代社会，尊重自然的声音回应者少，或者可以说对尊重自然的学理性讨论居多，但实践中遵从者极少。

将尊重自然的理念上升到治国理政的高度，则是中国共产党的智慧与自觉。以胡锦涛同志为总书记的党中央率先提出尊重自然的主张，发出了尊重自然的号召。党的十八大就明确提出，“必须树立尊重自然、顺应自然、保护自然的生态文明理念”①。自20世纪中叶人类努力探寻解决生态环境问题的对策以来，我们对顺应与保护自然的提法并不陌生，但将尊重自然与顺应自然、保护自然并提，并且作为党的执政理念在党的全国代表大会的报告中出现还属首次，这是中国共产党对于人与自然关系认识的一次跃升。党的十八大以来，习近平同志反复强调要尊重自然，保护环境，留住绿水青山。“人与自然是生命共同体，人类必须尊重自然、顺应自然、保护自然。”②“要倡导尊重自然、爱护自然的绿色价值观念，让天蓝地绿水清深入人心，形成深刻的人文情怀。”③“我们要深怀对自然的敬畏之心，尊重自然、顺应自然、保护自然，构建人与自然和谐共生的地球家园。”④类似的重要讲话和论述还有很多，在此不一一枚举。从习近平同志的这一系列重要讲话和论述可以看出，党中央已充分认识到尊重自然的重要性。遵从人与自然的共同命运最高价值主体地位，人类作为唯一能动的主体，必须在基于尊重自然的基础之上才能更好地顺应自然、保护自然。本节拟以尊重自然为视角，来讨论确认人与自然的共同命运价值主体地位之道。

---

① 《胡锦涛文选》第3卷，人民出版社，2016，第644页。

② 《习近平谈治国理政》第3卷，外文出版社，2020，第39页。

③ 《习近平谈治国理政》第3卷，外文出版社，2020，第375页。

④ 习近平：《共同构建地球生命共同体》，《人民日报》2021年10月13日，第2版。

一、尊重自然是必然之"道"

在中国传统哲学中，"形而上者谓之道，形而下者谓之器。""道"是无形的，抽象的，形而上的，含有准则、规律、精神、道理等意义；"器"是有形的，具体的，形而下的，表现为器物、工具、技术、行为、制度等。一般而言，"道"多注重理性，"器"更强调智慧。"道"与"器"的关系，实质而言是比较抽象的道理与相对具体的事物、行为之间的关系。没有形而上的思辨理性之"道"的指导，"器"难行稳致远；缺乏形而下的智慧实践之"器"的支撑，"道"只是书院之辨。只有"道"与"器"相融，才能从根本上解决遇到的问题。

要确认人类命运共同体，守护人与自然的共同命运，必须实现"道"与"器"的有效结合，而其中的前提是要树立"尊重自然"之"道"。"人与自然是生命共同体，人类必须尊重自然、顺应自然、保护自然。"[①]如前所述，"人与自然是生命共同体"的论断，是用最精练的语言非常直观地阐明了人与自然之间的复杂关系，既是基于客观规律的事实判断，同时也隐含着人与自然的共同命运是最高价值主体的价值判断。"人类必须尊重自然、顺应自然、保护自然"则蕴含着一大哲理，即构建生命共同体必须处理好"道"与"器"的关系。以尊重自然之"道"融合顺应自然、保护自然之"器"，方能构建生命共同体。如果缺乏尊重自然的理性很难形成顺应与保护自然的自觉，仅因外在的他律而顺应自然难免"弱视"，出于狭隘的功利而保护自然可能"近视"。缺乏尊重自然的理性，人与自然也终将难以实现和谐与和解。回溯人类历史的长河，考察生命共同体的嬗变会发现，迄今人与自然的关系经历了从协同进化——分离异化——谋求和谐共生的曲折发展过程，而是否具有尊重自然的理性对能否生成有效的生命共同体起着非常重要的作用。

（一）以慑服敬畏自然理念为主导，生命共同体原初达成

人类脱胎于自然相对区别于自然并试图全面认识自然，一部人类文明史也是一部人类认识与利用自然的历史。在人类文明的早期，由于对外部自然界的认知能力非常有限，人类只能努力适应自然，并尝试着在有限的空间利用与开发自然。原始人以采集与渔猎为生，完全依存于自然。奴隶社会和封建社会，人类利用自然的能力逐步提高，但农牧渔业仍是最主要的劳动形式。当时的人们基本受制于自然臣服于自然，只能面朝黄土背

---

① 《习近平谈治国理政》第3卷，外文出版社，2020，第39页。

朝天为生存而劳作，很难仰望星空为美好生活而断想。正如马克思所言，“自然界起初是作为一种完全异己的、有无限威力的和不可制服的力量与人们对立的，人们同自然界的关系完全像动物同自然界的关系一样，人们就像牲畜一样慑服于自然界”[①]。“在自然形成的生产工具的情况下，各个人受自然界的支配”[②]。人是一种自在自为的存在，能够通过自身的实践活动有目的有意识地利用自然。不过，在生产力水平低下的前资本主义社会，自然对人类具有绝对的“权威”，人类慑服于自然的强大“创造力”与“惩罚力”，从而以一种敬畏之心膜拜自然以寻求自然的庇佑，少有利用自然并在一定范围内对自然进行局部改变的能力，生命共同体也因为人类对自然的敬畏和自然规律的遵从而在一种自发意义上原初达成。下面，笔者拟从两方面解读这种天然的生命共同体：

一方面，从人的“类”意识而言，人类多出于求生存的本能而朦胧地意识到人与自然是生命共同体。前资本主义社会的人们囿于认知能力与水平，既有利用自然的强烈愿望又不得不承认外部自然强大于人类的客观事实。于是，人们对自然的认知处于矛盾甚至挣扎之中，既认识到离开了自然的滋养人类根本无法生存，认为外部自然界是衣食父母“厚爱”着人类；又因为对自然规律认知有限而在利用自然的过程中受到太多的限制，认为自然是对立于人类的外在存在总“约束”着人类。在寻求破解自然 之谜却又无力获得破解之道的同时，人们接受自然的“厚爱”多了一份忐忑，冲破自然的“约束”始终充满着茫然。于是权衡之中甚至自觉不自觉地将自然绝对化、神圣化，期盼着通过祷告膜拜以获得自然的庇佑。由是观之，在前资本主义社会，因为人类“有限”的认知，因而对自然有着“无限”的畏惧，因“惧”而“敬”，将自然“神化”，并在此基础上确认人与自然之间共生共存的生命共同体关系。我国儒家倡导的“天人合一”，道家主张的“道法自然”，佛家强调“众生平等”等理念，均在一定程度上反映了这种朴素的生命共同体理念，在人的“类”意识中天然的生命共同体就原初达成。

另一方面，从人的“类”实践而言，当时的人们基本恪守自然规律。《荀子·王制》有言：“春耕、夏耘、秋收、冬藏四者不失时，故五谷不绝而百姓有余食也；污池、渊沼、川泽谨其时禁，故鱼鳖优多而百姓有余用也；斩伐养长不失其时，故山林不童而百姓有余材也。”如此等等，都是人类谨从自然规律的经验总结。在原始文明和农业文明时期，人类有限地

① 《马克思恩格斯文集》第1卷，人民出版社，2009，第534页。

② 《马克思恩格斯文集》第1卷，人民出版社，2009，第555页。

利用自然基本不存在对自然的大规模开发，同时，人类生产和生活的排泄物返还于自然也能被自然代谢掉，总体而言，人与自然之间基本不存在物质变换的裂缝。可见，当时的人们在利用自然的过程中，人与自然总体上保持着朴素的和谐关系，天然的生命共同体在客观实践上原初达成。

诚然，在前资本主义社会，生命共同体在“类”意识与“类”实践中原初达成，并不意味着人与自然和谐共生的理想场景在当时已很好地实现。尽管当时的人们慑服与敬畏自然，但在其利用自然的过程中仍然造成了一定的生态破坏，只不过这种破坏只在有限的范围发生，基本没有超出自然的承载能力。

（二）以征服控制自然理念为主导，生命共同体相背相离

随着认知水平的提高和利用自然能力的增强，人类控制自然征服自然的欲望不断膨胀并在资本主义制度下达到极致。在以物的依赖关系为基础的资本主义社会，人们对自然地位与价值缺乏科学理性的思考，将控制自然的能力等同于人类主体性的确认，将物质财富的占有和消费能力等同于人生价值的确认。人们痴迷于对金钱和物质的向往与追求，希冀借助科学技术的力量以突破自然规律的约束。资本逐利仿佛是天经地义，人类掘取与破坏自然也因此变得心安理得，整个社会拜金主义、享乐主义盛行。于是，人们在生产中向自然开战，肆意侵占自然资源，破坏生态环境；生活中偏好物质至上，寻求感官的愉悦。人类对自然的控制与破坏有多强，自然对人类的“惩罚”与“报复”就会有多重。不断丰腴的物质财富与日益严重的生态灾害形成鲜明的对比，人与自然的关系也因此被异化成虚假的生命共同体。

“祛魅”自然“神魅”科学，表面而言源于科学技术的快速发展。日益先进的科学技术所释放的“体力”甚至“智力”（人工智能）使人类对自然的认识日趋深入、深刻、全面，而原本独立完整强大难于驾驭的外部自然界，在日渐智能先进的科学技术面前表面上变得越来越温驯。不少人为技术的进步狂欢而有意无意地忘却自然规律的强大作用力，甚至有人断言，“如果马克思在 1940 年还活着的话，他不会再研究经济学或资本主义结构，而是研究技术”①。于是，人类在理念与行动上都不愿意归依和遵从于自然，于人类而言自然只是有用的对象性存在。前资本主义社会人与自然之间的朴素生命共同体被解构，取而代之的是资本主义社会工具化的生命共同体。受物欲所累的人最终被全面异化：人与自己的劳动产品相异化，

① [美]卡尔·米切姆：《技术哲学概论》，殷登祥、曹南燕等译，天津科学技术出版社，1999，第 35 页。

人与自己的劳动相异化，人与自己的“类”本质相异化，人与人相异化。资本主义社会人与人的关系被异化，导致人与自然的关系也被全面异化。人类享受着物质产品丰腴之乐，也不断遭受着生态环境破败之苦。然而，偏执的工具理性裹挟着狂欢的技术理性，人与自然之间的关系就陷入了征服——报复——再征服——再报复的恶性循环。马克思早就指出，“自然界无穷无尽的领域全都被科学征服，不再给造物主留下一点立足之地”[①]。“人靠科学和创造性天才征服了自然力,那么自然力也对人进行报复”[②]。不过,仅仅依靠技术原罪不是全面省思人与自然生命共同体断裂的正确方式,简单地寄希望于技术进步以彻底解决生态环境问题也只是痴心妄想。

（三）以敬畏尊重自然理念为主导，生命共同体有效确认

在人类文明的早期由于认知能力有限，人类对自然总体“无知”因而基本“有畏”，或者可以说是因“畏”而“敬”，害怕自然的惩罚因而对自然顶礼膜拜。不过，随着生产力水平的不断提高，人类寄希望于科学技术以征服自然，对自然“祛魅”伴生着对科学“神魅”，甚至对自然的“祛魅”越成功，对科学的“神魅”就越严重。于是人类对待自然的态度也因自以为是的“有知”而变得“无畏”和“无敬”，肆意征服与控制自然成为常态。当下，敬畏自然理念的回归能让生态理性得到较好的彰显，不过，这个回归的过程注定曲折，甚至充满争议。

如2005年年初，《环球》杂志发表了对何祚庥院士的专访《人类无须敬畏大自然》，由此引爆了一场人类“是否”应该敬畏大自然的大讨论，专家、学者、环保人士、普通民众积极参与，支持者与反对者激烈交锋。“科学主义（反敬畏派）的不等式是：科学＞人类＞自然；反科学主义（敬畏派）的不等式是：自然＞人类＞科学。这两个不等式清晰地表述了双方的分歧。”[③]整体而言，由于生态环境保护意识不强，敬畏自然的正当性受到广泛质疑，被认为有违实践理性与科学精神，是对人类认识能力的否认。

到底是否需要敬畏自然？习近平同志给出了明确答案！2017年，习近平同志在中国共产党与世界政党高层对话会上发表主旨演讲时指出，“我们应该坚持人与自然共生共存的理念，像对待生命一样对待生态环境，

① 《马克思恩格斯文集》第9卷，人民出版社，2009，第462页。

② 《马克思恩格斯文集》第3卷，人民出版社，2009，第336页。

③ 田松、刘芙:《从生态伦理学视角看“敬畏自然之争”》,《云南师范大学学报（哲学社会科学版）》2009年第11期。

对自然心存敬畏”[1]。在纪念马克思诞辰200周年大会上他进一步明确指出：“人与自然是生命共同体，人类必须敬畏自然、尊重自然、顺应自然、保护自然。”[2]2021年，《生物多样性公约》第十五次缔约方大会在云南召开，习近平同志在领导人峰会上发表主旨讲话时再次强调：“我们要深怀对自然的敬畏之心，尊重自然、顺应自然、保护自然，构建人与自然和谐共生的地球家园。”[3]敬畏自然的理念重回人们的视野，这可能出乎一些人的意料，却是继强调尊重自然之后，对自然地位与作用认识的又一次深化。可以这么认为，敬畏自然是尊重自然的前提，顺应自然、保护自然是尊重自然的表征。与历史进程中出现的人类对自然“无知”而“有畏”，或者是“有知”而“无畏”不同，着眼于构建人与自然和谐共生的生命共同体而敬畏自然，是“有知”进而“有畏”，因“敬”而“畏”。只有对自然保持敬畏之心，才能有理性的尊重自然之情，也才会有自觉的顺应保护自然之行，生命共同体才能有效生成，人类才能较好地获得自然的馈赠而安然生存、永续发展。重提敬畏自然，这是对过往的人与自然关系处理方式的省思，也是尊重自然的体现。

一部人类文明史，其实也是一部人与自然的关系史。在历史长河之中，人类对自然的态度发生了很大的变化，基本形成了慑服敬畏自然、征服控制自然、敬畏尊重自然三种理念，与此相对应，人与自然的生命共同体已经或将要经历原初的达成——相背相离——有效生成的过程。从征服自然——顺应自然——尊重自然，表面而言是一种历史的复归，实质上是一种理性的超越。这种超越，是对人的类本质的新认识，是对自然地位与作用的新认识。“人与自然是生命共同体”，生命共同体的维护仅靠发挥人的主观能动性是远远不够的，甚至可以认为，在经历了高扬人类主体地位盲目征服自然的痛楚之后，现在最紧要最迫切的事情是树立对自然地位与作用的科学认知，摆正人类对自然的态度。过去很长一段时间，人们仅将自然作为价值客体，对人类自身尊重过多要求过少，对自然要求过多索取过多，结果自然往往走向人的对立面，报复人类。当人们的生态意识慢慢觉醒之后，逐步认识到顺应与保护自然的重要性，但如果缺乏自觉尊重自然的自主意识，保护自然最终很难全面实现。树立尊重自然的生态文明理念，

① 习近平：《携手建设更加美好的世界——在中国共产党与世界政党高层对话会上的主旨讲话》，人民出版社，2017，第6页。

② 习近平：《在纪念马克思诞辰200周年大会上的讲话》，《人民日报》2018年5月5日，第2版。

③ 习近平：《共同构建地球生命共同体》，《人民日报》2021年10月13日，第2版。

这不是敬畏自然的无奈，而是认知自然、利用自然的自觉，是对生命共同体的有效确认，是对人与自然共同命运这一最高价值主体的有效确认。

当然，培养对自然的敬畏之心尊重之情保护之行，形成真实的生命共同体是一个漫长的过程，消灭私有制建立共产主义制度是生成真实生命共同体的社会制度基础。在共产主义社会，“人们第一次成为自然界的自觉的和真正的主人，因为他们已经成为自身的社会结合的主人了。”[①] 共产主义社会既无“人的依赖”关系，也无“物的依赖”关系，每个人得到自由而全面的发展，人与自然的关系上升为理性自觉的真正生命共同体。

二、尊重自然的优先地位

尊重自然乃构建生命共同体之“道”。因为“道”所固有的形而上的抽象性，同时外部自然界完全无法通过主观诉求以体现其地位与价值，于是不少人觉得尊重自然只不过是人类彰显自身能动性的一种抽象意念表达，根本不存在实质性的可循之迹和可遵之章。在笔者看来，将尊重自然抽象化是典型的误解误读。其实，尊重自然不是单纯感性直观的情感表达，更不是根本无从落实的空头支票，而是对自然地位与价值的理性思考，是基于历史的经验教训而对现实自然界实践向度的新考量，是对马克思主义的继承、丰富与发展。

尊重自然，首先就体现在尊重外部自然的优先地位。如前所述，马克思反复强调在认识与利用自然之时，必须始终承认“外部自然界的优先地位”。诚然，随着人类认识与利用自然能力的不断提升，外部自然界在不断被人化的过程中已发生了翻天覆地的变化，当下的自然界就其呈现的样态而言已非马克思恩格斯当年所生活的自然界。于是，基于对人的“类”能力与“类”本质的高度自信，现实生活中经常有人对自在自然的优先地位提出“文本”与“现实”的双重质疑，对人化自然的优先地位提出“现实”与“未来”的双向否定。因此，强调对外部自然的尊重，首先要廓清上述两个问题。

（一）自在自然的优先地位并非已成“历史”

从发生学的“历史”视角来看，人类来源于自然，自然先于人类而存在，这种最原初意义上的外部自然界的优先地位已被科学研究证明而无人质疑，然而，一些人对自在自然优先地位的认识多集中于此，也局限于此。从发展学的“现在”和“未来”视角而言，一些人对自在自然是否仍为真

① 《马克思恩格斯文集》第9卷，人民出版社，2009，第300页。

实的存在表示怀疑，既怀疑在马克思主义经典“文本”之中，是否存在着与人类同时存在的自在自然；也怀疑人类已在广阔领域留下烙印的外部自然界中，自在自然是否仍将“现实”地存在着。对自在自然存在的真实性进行质疑，其实也就是对自在自然优先地位进行否定。

马克思确实曾经指出：“先于人类历史而存在的那个自然界，不是费尔巴哈生活于其中的自然界；这是除去在澳洲新出现的一些珊瑚岛以外今天在任何地方都不再存在的、因而对于费尔巴哈来说也是不存在的自然界。”[①] 这是否意味着在“文本”之中，马克思肯定人化自然的能力和强调人化自然的重要性，因而他早就认为如果自然界中不再出现像“澳洲新出现的一些珊瑚岛”这样的新领域，那么自在自然已成为历史！自在自然的优先地位已经不复存在！其实，否认“新出现的一些珊瑚岛”等新领域之外自在自然仍是一种客观存在，完全是对“文本”断章取义的误读！马克思这段话的重点是批判费尔巴哈不用实践的眼光理性地看待外部自然界的全部变化，而用“放眼望去”的直观眼光僵化地看待外部自然界的片面真实。因而，费尔巴哈承认自然的先在性，但他却同时否认自然不断被人化的客观事实。因此，马克思指出“新出现的一些珊瑚岛”等新领域之外无自在自然，不是认为自在自然已成历史，而是为了批判费尔巴哈对人化自然的否定。其实，马克思对外部自然界的认识，是以强调人类能动性却同时承认人类实践能力有限性为前提的。“自然不仅仅是一个社会范畴。从自然的形式、内容、范围以及对象性来看，自然决不可能完全被消溶到对它进行占有的历史过程里去。”[②] 尽管人类历史不断向前发展，人类改造自然的广度和深度不断取得突破，但迄今人类远未穷尽也不可能穷尽对自然的认识。自在自然的范围虽然在不断缩小但不可能消融于历史的长河之中，它至今仍然并将始终按照自己的本质和规律存在和发展着。其实，人类栖居的地球尚有诸多未解之谜，而存在地球之外的广袤宇宙更是有着无穷的奥秘。可见，在“文本”中，与人类同时存在的自在自然是一种客观的真实；在“现实”中，与人类同时存在的自在自然同样是一种客观的真实。因此，人类的任何活动与创造都必须始终承认并尊重自在自然的优先地位。

（二）人化自然在“铺垫”和“规约”中体现其优先地位

人化自然的特点是人类以实践为中介作用于自然，自然不断被留下人

① 《马克思恩格斯文集》第1卷，人民出版社，2009，第530页。

② [德]A. 施密特：《马克思的自然概念》，欧力同、吴仲昉译，商务印书馆，1988，第67页。

类的印迹。人类作用于自然的力度强弱有别，自然留下的人类印迹深浅不一。不过，人“化”自然的过程产生了自然被人“化”的结果，而且有些人化的自然如亭台楼宇、桥梁隧道等等基本是人造之物，是人类利用自然资源再造的身外之物。这种人化自然特别是人造自然是人的本质力量对象化，但即便如此，作为对象性存在的人化自然仍是外部自然界的一部分，于人类而言“现在”和“将来”都具有优先地位。

人化自然的优先地位可以从“铺垫”和“规约”两方面理解。人类实践多以对象化、物化为劳动产品呈现出来。除了衣食等被较短的时间内消费掉的部分劳动产品之外，很多劳动产品会以特定的样态或形式留存较长的时间，成为外部自然界的一个组成部分。因为人类的实践活动总体而言是循环往复不断上升的过程，相对于上一阶段的人类实践而言人化自然是结果，但相对于下一个阶段的实践而言人化自然又是前提。以水利工程为例，无论是历经几千年的都江堰，还是当下宏伟的三峡工程，抑或是人们修葺过的沟渠水塘等等，都是经过人类利用和改造过的人化自然。但这些人化自然都无一例外地融入大自然之中，对于尔后人们的活动而言同样具有优先地位：一方面，成为外部自然界一部分的人化自然能为人类的后续实践活动提供客观物质基础，在“铺垫”后续劳动中体现其优先地位。另一方面，融入外部自然界的人化自然作为客观的物质存在又有其自身的运动规律，会在“规约”人类的后续劳动中体现其优先性地位。因为，“人并没有创造物质本身。甚至人创造物质的这种或那种生产能力，也只是在物质本身预先存在的条件下才能进行”[①]。人化自然同样具有优先地位的客观事实也警醒着人们，必须时刻慎重地对待“人化”自然的过程，避免被“人化”的自然站在人的对立面。

由是观之，具有优先地位的外部自然界是自在自然和人化自然的结合，它贯穿于人类形成与发展的全过程。企图打破和僭越外部自然界的优先地位，将人、人的实践、科学技术等放到优先地位，必将遭到自然界的惩罚。尊重外部自然界的优先地位，并不等于否认人的主观能动性而承认和主张人的实践活动绝对地受制于自然，否则，外部自然界的优先地位就成了一种盲目的必然性和最高的存在原则，人只是臣服于自然的奴隶。

三、赋予与尊重自然主体地位

尊重自然，不仅仅要尊重自然的优先地位，还应该赋予并尊重自然主

---

① 《马克思恩格斯文集》第 1 卷，人民出版社，2009，第 161 页。

体地位。不过，写下这个标题着实担心因阐释不当而扛上生态中心主义的大旗，歪曲尊重自然的初衷，误解尊重自然的本意。但仔细梳理生态中心主义的种种主张后，笔者对自己大胆提出赋予与体认自然的主体地位聊表欣慰。

（一）赋予与体认自然主体地位

如前所述，自然无主动性诉求，但其主体性有着特殊的表达，因此，尊重自然其实是人类站在整个生命共同体的高度，以人所拥有的方式“体认”自然的主体性，或者可以说，是人以自身所有的认知方式，“赋予”自然以“人道主义”，“赋予”自然主体地位，从而履行尊重自然的义务，形成尊重自然的自觉。当然，人类赋予自然主体地位，不是居高临下的恩典与施舍，而是人类在能动的实践中尊重自然独特的“创造”能力，承认自然独特的“惩罚”能力；人类赋予自然主体地位，也不同于因对自然无知而心生“畏惧”，而是人类在科学评价自身认知能力的基础上，对自然地位与作用的理性把握。

其一，赋予与体认自然主体地位不等于生态中心主义。生态中心主义认为，自然是目的与中心，是绝对的价值主体，当自然与人类的利益发生冲突时，自然的利益始终摆在第一位，人类要放弃甚至牺牲自身的利益以维护自然生态平衡。也就是说，生态中心主义偏执一端，将人与自然的利益摆在一个不可调和的位置，这与笔者所提倡的赋予与体认自然的主体地位的理念相距甚远。关于生态中心主义的现实影响，笔者将在第七章“荒野自然观的影响力仍不容小觑”中作进一步说明。

倡导赋予与体认自然的地位，这并不否认人的主体地位，当然也不会贬低人的存在价值，更不是将人与自然放入一种你死我活的格斗场之中，而是主张人类在体认自然的主体地位中实现人与自然和谐共存，就像生活中作为不同主体的人在相互确认中共同发展共同提高一样。相反，赋予与体认自然的主体地位，恰好是对人与自然的共同命运这一最高价值主体的充盈与支撑。人类主体与自然主体相互交融，形成生命共同体。人和自然的主体地位统摄于人与自然的共同命运这一最高价值主体之下。

其二，只有赋予并尊重自然的主体地位，而不是将自然看作单一的客体，才能形成尊重自然的自觉，才能在主客体的相互体认中寻找人与自然平衡的支点。“人与自然是生命共同体”，人的主体地位、自然的主体地位均是人与自然的共同命运这一最高价值主体不可或缺的构成部分。也就是说，承认人与自然的共同命运是最高的价值主体，并不否认人的主体地位，也不能忽视自然的主体地位。统摄于人与自然的共同命运这一最高价值主体的人的主体地位和自然的主体地位，能够在对立中实现统一。以往，人们对人的主体地位强调得多，对自然的主体地位强调得少甚至基本忽视了自然的主体地位。其实，只有赋予自然主体地位，人类才会以生命共同体中的一员规约自己的行为，才能形成尊重自然的自觉并尽力履行顺应自然、保护自然的责任，生态文明才有可能成为现实。

赋予并尊重自然的主体地位，既要赋予并尊重具有无限“创造”与“惩罚”能力的整个外部自然主体地位，更要赋予并尊重各种具体的非人存在物的主体地位。外部自然界是一系列具体事物组成的有机整体，绕开各种具体的非人存在物也强调尊重自然的主体地位只是一种不切实际的空谈。当然，人“类”作为唯一能动的主体，拥有高于各种非人存在物的主动性、创造性，但不能因为这种层次的差别就否认非人存在物主体地位。2021 年，15 头野生亚洲象游走于云南省西双版纳的自然保护区之外，意外成了国内外关注的“明星”。野生象群离开自然保护区后攻击性强、破坏性大，我国投入大量的人力、物力、财力，确保人、象安全，引导象群安全“回家”。随着我国对野生动物保护力度的增强，我国亚洲象野外种群数量得到逐渐恢复，从 20 世纪 80 年代的 180 头增加到目前 300 头左右。野象种群增加，象群意外走红，这其实也是人们尊重自然主体地位，爱护野生动物的真实写照。

最后需要说明的是，赋予并尊重林林总总的各种具体非人存在物的主体性，并不意味着地上的蚂蚁不能踩，树上的果子不能摘，动物的皮肉不能吃。而是从生命共同体的高度，以“类”存在与“类”发展的视角，赋予自然及自然中各种非人存在物的“类”主体地位，进而维护人与非人存在物的“类”平衡，维护人类与整个外部自然界的动态平衡、和谐共生。

（二）在尊重自然规律中体认自然主体地位

尊重自然规律，这是一个老生常谈的问题，也是一个常谈常新的问题。如前所述，尊重自然应该尊重外部自然界的优先地位，赋予与体认自然主体地位。其实，外部自然的优先地位与主体地位，主要体现在自然规律对人类行为的规约。一般而言，尊重自然多指对规律的尊重与遵循，尊重自然最终要落实在尊重自然规律。不过，看似简单的道理却远未形成人们的共识，当前人们对尊重自然规律的重要性已有认识，但仍有部分人习惯于将自己的意志凌驾于自然规律之上，率性而为，随性而行。因此，尊重自然规律至少应注意以下两个问题：

其一，强化尊重自然规律的意识，形成尊重自然规律的共识。人类历史在一定的程度上是理解和应用自然规律的过程。人既是能动的主体，也是受自然规律制约的受动主体。“事实上，我们一天天地学会更正确地理解自然规律，学会认识我们对自然界习常过程的干预所造成的较近或较远的后果。”①“自然规律是根本不能取消的。在不同的历史条件下能够发生变化的，只是这些规律借以实现的形式。”②自人类诞生以来，自然就是人类的栖居之所。无数的事实已反复证明，尊重自然规律是一种刚性要求而不是软的约束。人“化”自然的过程产生“人化自然”的结果，但人“化”自然只能是恪守自然规律之“化”，僭越自然规律就会受到自然的惩罚，人类因违背自然规律已付出了无数剧痛的代价。因此，人“化”自然必须首先强化规律意识，让所有人形成尊重自然的规律共识是人“化”自然的前提。

其二，善于发现规律并遵循规律。自然规律是客观的存在，需要人类去发现与遵循。也就是说，人们不仅要知道尊重自然规律很重要，还必须在面对具体的事物、具体问题时，弄清楚具体的自然规律是什么，在没有弄清楚规律之前，绝不可贸然行事。自然界纷繁复杂，很多东西似乎无章可循，实际上是人类没有发现隐藏于其后的规律，自然规律无处不在，需要人类去探索、去发现。发现并遵循自然规律，这是自然科学与社会科学需共同面对的课题。恩格斯指出：“辩证法不过是关于自然界、人类社会和思维的运动和发展的普遍规律的科学。”③习近平同志指出：“要加深对自然规律的认识，自觉以对规律的认识指导行动。”④自然规律的探寻是一个艰难的过程，尽管人类的足迹已遍布地球并走出地球，走向广袤的太空，但自然仍有着无穷的奥秘等待着人类去发现。其实，认识自然规律不只是认识自然本身，还包括对人与自然生命共同体规律的认识。习近平同志指出：“要深化对人与自然生命共同体的规律性认识，全面加快生态文明建设。”⑤站在生命共同体的高度，秉承发现规律的科学精神，尊重规律的基本原则，人类才能更好地利用自然，人与自然才能真正实现和谐共生。

最后需要说明的是，以尊重自然之“道”融合顺应自然、保护自然之“器”，方能构建和谐共生的生命共同体，方能确认人与自然的共同命运这一最高价值主体，方能有效地开展生态文明建设。尊重自然是确认“共同命运”之“道”，当然也是生态文明建设之“道”，推进生态文明建设不是

---

① 《马克思恩格斯文集》第9卷，人民出版社，2009，第560页。

② 《马克思恩格斯文集》第10卷，人民出版社，2009，第289页。

③ 《马克思恩格斯文集》第9卷，人民出版社，2009，第149页。

④ 中共中央文献研究室编：《习近平关于社会主义生态文明建设论述摘编》，中央文献出版社，2017，第34页。

⑤ 《习近平谈治国理政》第4卷，外文出版社，2022年，第355页。

为了一己一国之私，而是以构建真正的生命共同体为旨归。因此，顺应自然、保护自然之“器”，体现在生态文明建设的具体战略、方法、举措之中，也是笔者在后面章节中深入研究的问题。

第三章　自然·精神·社会：新时代生态文明建设的核心维度

生态文明是一个多维开放的范畴，既包括人与自然和谐相处所呈现的良好自然生态景象，也包括人们善待自然的价值观念、思维方式，以及相关的制度、措施。构建良好自然生态、健康精神生态和合理社会生态是生态文明建设的三个核心维度。

第一节　良好自然生态：生态文明建设之直观诉求

生态文明的提出，源于对传统工业化及工业文明所造成的生态环境破坏的反思。生态文明首先指向的是自然生态文明，即生态文明首先表征为良好的自然生态环境。建设生态文明，其直观诉求就是要改善生态环境，恢复生态平衡。

一、生态文明应有的外在基质

人来源于自然受制于自然并以自身能动的实践活动认识与利用自然。自然是人的无机身体，人类必须以自己的实际行动关爱自然，保护自然。良好的自然生态环境，是人类生存与发展的前提与基础。因此，提及生态文明，其首要的直接的诉求就是自然生态环境良好。良好的自然生态是生态文明的直观表达，也是生态文明建设必须交出的最直观答卷。

其实，自人类诞生以来，良好的生态环境就是人们心中永远的期盼，只不过不同的时期，人们对良好生态环境的理解不尽相同，追求方式也存在着明显的差别。原始文明时期人们祈求自然温顺以庇护人类的生存，农业文明时期人们多祈求风调雨顺以实现五谷丰登、国泰民安！进入工业社会以来，人类利用自然的能力显著增强，良好的自然生态环境能以自然生产力的方式促进社会生产力的稳步提高，富饶的自然是财富的源泉。从这个意义上讲，曾经人们对良好生态环境的理解多以资源丰富为视角，少考虑生态平衡和环境美好的因素。随着资源被大量使用和生态环境不断恶化，人们对良好生态环境的期待更强烈，且此时人们对良好生态环境的理解更全面、深刻与透彻，资源丰富、生态平衡、环境美好等，共同成为良好生态环境的构成要素。

生态文明建设是时代的强音，在物质生活日渐丰富的新时代，民众迫切希望被破坏的生态环境能得到根本的改观。党的十八大以来，以习近平同志为核心的党中央回应民众的关切，反复表达了对生态环境被破坏的担忧，以及通过生态文明建设改善生态环境的强烈期盼和坚强决心。为了更直观地说明问题，下面可以从两个方面来研读习近平同志的系列重要讲话。一方面，习近平同志在各种会议所发表的重要讲话中，针对不同对象从不同层面和不同切入点反复强调良好自然生态环境的重要性。“如果经济发展了，但生态破坏了、环境恶化了，大家整天生活在雾霾中，吃不到安全的食品，喝不到洁净的水，呼吸不到新鲜的空气，居住不到宜居的环境，那样的小康、那样的现代化不是人民希望的。”①“城市建设要以自然为美，把好山好水好风光融入城市……要大力开展生态修复，让城市再现绿水青山。”②习近平同志在党的二十大报告中总结十年来我国生态文明建设的成就时指出：“我们的祖国天更蓝、山更绿、水更清。”③另一方面，习近平同志在全国各地考察时，生态环境是其关注的重点内容之一，他经常结合不同地方的具体情况强调良好生态环境的重要性。“要持续改善生态环境质量，落实生态环境保护责任制，坚决打好蓝天、碧水、净土保卫战。”④“要以实施乡村建设行动为抓手，改善农村人居环境，建设宜居宜业美丽乡村。”⑤以上系列重要讲话，既注重从宏观层面整体布局，又结合城市与农村的特点，结合不同地方的实情进行分类安排，突出全面性、整体性、长远性、针对性。而满足人民群众的生态需求是这一系列重要讲话的主题，

① 中共中央文献研究室编：《习近平关于社会主义生态文明建设论述摘编》，中央文献出版社，2017，第36页。

② 中共中央文献研究室编：《习近平关于社会主义生态文明建设论述摘编》，中央文献出版社，2017，第67页。

③ 习近平：《高举中国特色社会主义伟大旗帜 为全面建设社会主义现代化国家而团结奋斗》，《人民日报》2022年10月26日，第1版。

④ 《在推动高质量发展上闯出新路子 谱写新时代中国特色社会主义湖南新篇章》，《人民日报》2020年9月19日，第1版。

⑤ 《在服务和融入新发展格局上展现更大作为 奋力谱写全面建设社会主义现代化国家福建篇章》，《人民日报》2021年3月26日，第1版。

当然也是推进生态文明建设的直接动因。

蓝天白云、青山绿水、清新的空气……都是良好生态环境的表现形式。人是一个个鲜活的个体，总是置身于特定的生态环境之中，并不停地与之发生物质变换。自然生态环境是能触摸的外部存在，是生态文明的客观载体。在破败的自然面前奢谈物质的美好、精神的富足、制度的完善、文明的尽善尽美，总显得苍白无力，与人们日益增长的美好生活需要相距甚远。对“老百姓”而言，感官的体验是最真实的存在，也是最有说服力的文明形式。曾经，很多民众每天起床后的第一件事是寻找蓝天白云，关注PM2.5数值，这是一种对生态环境恶化的担心，对自身健康的关心，对良好生态环境的强烈期盼，因此，生态文明首先必然表征为良好的生态环境，生态环境是否良好是检验生态文明建设成效的最直观标尺。当然，生态文明视域下的良好自然生态不同于原始文明时的“蓝色文明”，有别于农业文明时的“黄色文明”，更迥异于传统工业化和工业文明所呈现的“黑色文明”，而是人与自然自觉和谐相处所呈现的“绿色文明”。

需要指出的是，生态文明所追求的良好自然生态体现整体性，彰显全局性。其一，“地上”与“地下”相统一。蓝天白云、青山绿水是地上看得见的美好环境，是“面”，土壤结构合理、地下管网清洁畅通等等，是“里”。“里”与“面”必须合一，不可偏废一方。其二，城镇与乡村相统一。有人认为，城镇是生态环境恶化的重灾区，改善生态环境的重点与难点都在城镇。确实，农村地广人稀，开发程度相对较低，生态环境质量整体而言相对较好。不过，不少农村地区或者由于自然条件恶劣，或者由于人为的破坏，生态环境问题隐患颇多，甚至有的农村生态环境问题已非常严重。因此，在注重城镇生态文明建设的同时，也必须十分重视农村生态环境的改善，在实现乡村振兴的过程中不能忽略生态文明建设。其三，当下与长远相统一。以解决当下的生态环境问题为立足点，以谋求人与自然的和谐发展为旨归，以实现人与自然的最终和解为终极追求。其四，国内与国外相统一。中国共产党所做的一切，就是为人民谋幸福，为民族谋复兴，为世界谋大同。将美好生活、美丽中国与清洁美丽的世界相融，这是中国共产党推进生态文明建设的真正大局胸怀。

二、汲取“妄为”与“过为”的教训

人是自然之子，始终不能离开自然而存在；人又是能动的存在物，无时无刻不与自然进行物质变换以维持生存与发展。生态文明既肯定自然的客观存在性，又强调人的价值和尊严。如果人类只是消极保护生态环境，被动地爱护自然，作为类存在物的“人”就可能趋于消亡，自然环境的保护也就毫无意义。人以自身能动的实践活动认识与改造自然，然而，人类的一切生产实践活动需存在于自然之中而不能凌驾于自然之上。科学技术无论怎么先进，社会无论怎样发达，离开自然母体的原初供给，人类只能走向灭亡。

然而，综观人类在利用自然的过程中所产生的种种生态环境问题，主要是因为人与自然之间的物质变换在两个方面出了问题：一是人类过于强调自身的主体地位，没有认知人与自然是生命共同体，没有赋予与尊重自然主体地位，忽视自然规律盲目地征服与改造自然（妄为），二是人类对自然规律认识不足，人类活动超出了自然环境的承载能力（过为）。“妄为”与“过为”的直接后果就是生态环境被破坏，产生严重的生态环境问题。历史的教训警示我们，人的活动不能逾越生态环境的承载能力，不能打破生态环境的自组织、自恢复能力。人的存在不但要对他人、对社会负责，而且要对自然界的一切生命以及生命赖以生存的生态环境负责。恩格斯早就警告人们：“我们不要过分陶醉于我们人类对自然界的胜利。对于每一次这样的胜利，自然界都对我们进行报复。”[①] 不尊重自然规律而过度地消耗自然，最终导致自然受损，人类受伤。

早在2000多年前，我国大思想家孔子就提出了“无过无不及”“过犹不及”“执中而知权”的“中庸”之道，强调认识事物、处理问题特别是解决矛盾需要真正做到恰当、适度、适中。推进生态文明建设，美丽、和谐与稳定的自然生态环境必须留下人类的足迹，体现人类劳动创造的成果。但人类利用自然的实践同样必须恰当、适度、适中，实现人与自然的和谐共生其实也需科学地奉行“中庸”之道，人类既要科学劳动，也要适度劳动。“妄为”或“过为”能够逞一时之快，却要遭受长久之灾，表面胜利中隐藏着最让人痛心的失败，生态危机的出现就是自然对人类“妄为”与“过为”的报复。

人类赖以生存的自然资源是有限的，据统计如果在自然状态下为维持生态平衡，当前全球80多亿人口远超过了地球20亿人口承载能力的自然阈值。诚然，借助现代科技能在一定程度上扩充自然的承载能力，但维持人类的生存与发展已事实上挤占与压缩了其他生物的生存空间。因此，人类在利用自然的过程中，必须尊重自然、爱护自然、保护自然。正如习近平同志所言：“地球是人类唯一赖以生存的家园，珍爱和呵护地球是人类

① 《马克思恩格斯文集》第9卷，人民出版社，2009，第559-560页。

的唯一选择。我们要为当代人着想，还要为子孙后代负责。”[①] 汲取“妄为”与“过为”的教训，改善生态环境恢复生态平衡是生态文明建设的必然要求。

第二节　健康精神生态：生态文明建设之灵魂

精神生态是人们对待自然所呈现出来的态度和价值理念。如果说良好的自然生态是生态文明的外在基质，构建良好的自然生态是生态文明建设的直观诉求，那么健康的精神生态则是生态文明建设的灵魂。一方面，从前提条件而言，生态环境保护离不开正确的价值理念支撑，精神生态在生态文明建设中具有思想指导和价值引领作用。另一方面，从价值目标而言，生态文明建设既应着力于形成良好的自然生态环境，也要着力形成健康的精神生态，并且后者是前者的条件，更是深层次的目标。

一、精神生态：失范与重塑

自生态环境遭受严重破坏，甚至产生了全球性的生态灾难和生态危机以来，中外理论界都在思索生态环境问题的根源，并努力寻找解决之策。尽管对问题的原因分析所得出的具体结论不尽相同，提出的解决方案也各有侧重，不过，无论具体原因多么复杂，有一个方面的原因始终不容忽视与回避，那就是人类对待自然的态度与理念出现了严重偏差，良好的精神生态严重缺失，这是导致生态环境问题的重要原因。

（一）生态危机是结果，心态危机是不可忽视的原因

生态文明建设要取得成效需要有高度的生态自觉，其中首要的是健康精神生态的自觉。综观外部自然界的种种失衡现象：环境污染、资源枯竭、植被破坏、物种锐减……均与人类偏颇的价值追求有着直接的关系。“一念收敛，则万善来同；一念放恣，则百邪乘衅”。可以这样认为，生态危机是结果，心态危机是不可忽视原因，自然生态危机在一定程度上导源于人们的精神生态危机，导源于人类中心主义的价值取向，导源于人类支配、控制自然的精神气质。一些人往往将控制自然的能力等同于人类主体性的确认，将物质财富的占有和消费能力的提升等同于人生价值的实现。在控制自然的人类中心主义价值理念影响之下，生态环境不可避免地遭受

① 习近平：《共同构建人类命运共同体》，《人民日报》2017 年 1 月 20 日，第 2 版。

破坏。

理论界不少人早已对人类中心主义进行批驳，不过，至今仍有人极力为人类中心主义辩护。关于人类中心主义的狂妄与危害，不妨先看以下两个有代表性的观点。笛卡尔曾宣称："强调科学的目的在于造福人类，使人成为自然界的主人和统治者。"[①] 康德更是提出，"知性不仅仅是通过显性的比较为自己制订规则的一种能力，它甚至是为自然而立法"[②]。以笛卡尔和康德为代表的人类中心主义者，痴迷于为自然立法、成为自然统治者的种种偏执与狂热，将控制自然的极端价值理念推向了巅峰。而资本主义私有制衍生的异化劳动则将人类控制自然的无限欲望转化为实际行动。可见，人类中心主义偏颇地强调"主客二分"的价值理念，极力张扬人的主体性而有意忽略人的受动性，究其实质是为资本的增殖进行辩护。然而，人类中心主义奏响了盲目征服自然的号角，也编织了因环境恶化而威胁人类生存束缚人类发展的牢笼。为人类中心主义辩护，其实也是为人类的自杀式存在与发展摇旗呐喊。

20 世纪中叶以来，恶化的生态环境催生了生态意识的逐步觉醒，但至今人类远未抛弃人类中心主义的价值取向，更没有全面形成敬畏与尊重自然的生态文明理念，生态环境保护与治理只在有限的范围和程度上进行。鲁枢元先生曾指出："实用主义的、物质主义的、急功近利的价值观才是造成现代生态灾难的罪魁祸首。"[③] 鲁先生认识到价值观偏颇是造成现代生态灾难的罪魁祸首，无疑具有借鉴意义与价值。外部自然界的衰败与人的异化是同时展开的，拯救自然与拯救人的精神是一个问题的两个方面！

（二）构建健康的精神生态需重塑生态价值观

过往的历史已经证明，没有健康的精神生态作引领，良好的自然生态环境终将被消耗殆尽。生态文明建设是一个系统工程，健康的精神生态在生态文明建设中起着价值引领作用。如果健康的精神生态缺席，即使自然生态环境良好也不能算真正的生态文明。"绿化"自然生态，实现人与自然和谐相处，必须从人类中心主义的认识误区中走出来。尽管人类中心主义根源于资本主义制度，但这一思潮在我国也有一定的影响。因此，推进生态文明建设，构建健康的精神生态必须重塑生态价值观。

其一，生态价值观须科学认识自然的地位。"人与自然是生命共同体"，

---

① ［法］笛卡尔：《笛卡尔的人类哲学》，刘烨编译，内蒙古文化出版社，2008，第 178 页。

② ［德］伊曼努尔 · 康德：《纯粹理性批判》，李秋零译，中国人民大学出版社，2004，第 157 页。

③ 鲁枢元：《开发精神生态资源——〈生态文艺学〉论稿》，《南方文坛》2001 年第 1 期。

人与自然的共同命运是最高的价值主体，赋予与尊重自然的主体地位等等，均是生态价值观应有的内容。生态文明所需要的精神理念既不是对自然的屈从与盲目敬畏，更不是对自然的征服与控制，而是对自然的尊重与爱护。正如笔者在第二章所指出的那样，人与自然可以互为价值主体，人类应赋予与体认非人存在物主体地位。只有这样，人类才能以生态系统的一员而不是置身于生态系统之外甚至凌驾于生态系统之上去认识与利用自然，才能有维护生态平衡的自律与自觉。

其二，生态价值观需科学认识自然的经济价值。重塑生态价值观，这里的“重塑”既着眼于哲学视角强调自然对于人类的意义，也着眼于经济学视角强调自然对于人类的价值。也就是说，认识自然的价值不能排斥其经济价值，甚至还要更进一步强化对自然所具有的经济价值的认识。也许有人会质疑经济学视域下的生态价值观重塑，认为人类对于自然的经济价值已有充分认识，甚至曾经陷入了只强调其经济价值的误区，因此，重塑生态价值观要弱化其经济价值。其实，笔者认为这存在着对经济学语境下自然价值一定程度的误解，偏颇地认为衡量自然的经济价值就是计算其物质（资源）产出，却不计算其产出的生态环境成本，更没有考虑良好生态环境有益于人类身心健康、身心愉悦等非物质的产出。重塑经济学视域下的生态价值观，就是要跳出唯资源论的认识误区，在成本衡量中补上生态环境成本，在产出中考量良好生态环境有利于人类身心健康的收益。尽管生态成本和收益难以精准计量，但必须树立生态环境有价的价值理念，甚至可以认为，资源有价，但其价值有限；生态环境看似无价，但其价值无限，况且，丰富的自然资源需要良好的生态环境来孕育。如果在成本与收益中考虑进生态环境要素，并逐步摸索出一套评价体系，将有利于生态文明建设。2021 年 7 月 16 日全国碳排放权交易在上海环境能源交易所正式启动，全国燃煤发电行业 2162 家企业，45 亿吨二氧化碳排放量纳入第一个履约周期的碳市场范围。首笔全国碳交易价格为每吨 52.78 元，总共成交 16 万吨，交易额为 790 万元。启动碳交易，让无形的碳汇实现了有形的价值，实际上就是生态价值量化的一种体现。

其三，生态价值观须确立生态系统完整性的终极价值意识。生态系统的各组成部分是一个相互联系、相互制约的有机整体，其中任何组成部分、任何局部地方发生变化，都会引起其他方面发生相应的变化。只是这种相应的变化有的及时迅速强烈，有的则需要较长的时间缓慢温和地发生，但生态系统中的蝴蝶效应从来不是天方夜谭。从生态学角度而言，生态危机实质上是生态系统处于一种失衡状态；从哲学视角来看，生态危机实质是人与自然的关系异化所引起的生态系统失衡。因此，重塑生态价值观要确立生态系统完整性的终极价值意识。

二、“绿化”精神生态之新形式

良好自然生态的实现需要健康精神生态引领。“绿化”精神生态须加强生态文明教育。习近平同志指出：“把珍惜生态、保护资源、爱护环境等内容纳入国民教育和培训体系，纳入群众性精神文明创建活动，在全社会牢固树立生态文明理念，形成全社会共同参与的良好风尚。”①“要加快构建生态文明体系，加快建立健全以生态价值观念为准则的生态文化体系”②。树立合理的生态价值观，需要在全社会加强生态文明教育。关于生态文明教育的主体、内容、方法等，理论界的研究成果不少，实践界也进行了有益的探索并取得了一定的成效。生态文明建设需要科学的生态理念与生态知识的支撑，持续有力的生态文明教育不可或缺。创新教育形式，采用能为受众悦纳的方式开展生态文明教育往往能起到事半功倍的效果。下面仅就目前理论界关注不多且笔者认为十分重要的两种形式，即利用微视频和生态动画进行生态文明教育进行阐释。

（一）微视频：以微片长、微制作、微镜头演绎“生态梦”

一般而言，微视频的拍摄制作有业余和专业两种类型。前者如当下流行的抖音、快手等App，网民们将所见所闻随手一拍就在网上传播，简单快捷。后者则经过构思、拍摄、制作、传播等流程而形成，一般主题鲜明、情节完整。互联网以及智能手机的普及，看视频已成为众多人日常生活不可或缺的部分，而时长几分钟到半个小时不等的微视频，更是以其精练、便捷的独特优势奠定了广泛的群众基础。微视频之“微”，在于其微片长、微制作和微投资，其短小、精练、灵活的形式颇能契合广大受众利用学习、工作之余的各种碎片时间“即时消费”的诉求。

专业化的生态微视频，以多元化的生态主题诠释“微片长”，以艺术化的情节演绎“微制作”，以最纯朴的生态情怀充盈“微镜头”，通过聚焦具体的人、事、物，生动诠释人与自然之间的关系，升华尊重自然的主题，在潜移默化中进行生态文明教育。人们平时随手而拍的生态微视频，或者聚焦于身边的生态环境问题，或者分享遇见的生态美景，或者专注于特定

① 中共中央文献研究室编：《习近平关于社会主义生态文明建设论述摘编》，中央文献出版社，2017，第122页。

② 顾仲阳：《坚决打好污染防治攻坚战 推动生态文明建设迈上新台阶》，《人民日报》2018年5月20日，第1版。

地点的生态环境治理，或者不经意中记录下某些为改善生态环境而忙碌的背影……这些没有经过艺术化处理的真实场景能唤起不少人的共鸣。可见，好的生态微视频能在其关注的“点”上兼具教材、教师的双重角色，让观众受到很好的生态文明教育。可以说，视频虽“微”，但其生态文明教育作用是以“微”见“巨”。在视频特别是微视频颇受欢迎的大背景下，利用生态微视频进行生态文明教育大有可为。

不过，微视频参与者广、受众多、传播快速便捷，也存在鱼龙混杂的情况。各大视频平台要承担起应有社会责任，不能为了流量与收益而没有底线，让虚假、邪恶、偏激的视频充盈网络。各相关部门应进一步提高准入门槛，并加强对平台监管，完善退出机制，将不良平台清理出网络空间。同时，平台和职能部门也应进行积极引导，通过竞赛、评比甚至适当资助的方式，让更多优秀的作品脱颖而出。总之，生态微视频从“大生态”着眼，“小事物”着手，能让观众在潜移默化中了解更多生态知识，有利于内化人与自然是生命共同体的价值理念。

（二）生态动画：生态文明教育从娃娃抓起的有效手段

儿童是祖国的未来，也是生态文明建设的潜在力量。实践证明，儿童期对一个人的价值观的养成至关重要。对于生态意识的培养而言，同样需要从娃娃抓起，开展生态小公民培育活动，在儿童幼小的心灵中撒播生态环境保护的种子。

儿童喜欢动画，在从娃娃抓起的生态文明教育工程中，动画无疑扮演着一个极其重要的角色。如动画《熊出没》用夸张的手法展现森林保护者熊大、熊二为保护环境，与采伐原木、破坏森林、并占领土地开发创业实验田的光头强之间斗智斗勇，情节扣人心弦。熊大、熊二憨厚、正直、护林、爱护环境的形象，一定能在儿童幼小的心灵留下深刻的印象。《草精灵》以儿童喜闻乐见的拟人手法，将日常生活中最常见的小草描绘成一个个憨态可掬的草籽精灵，与生活十分贴近。整个动画52集，通过这些小精灵的视角审视人类的生产生活等各种各样的活动对环境的影响，并结合草精灵的成长、冒险经历，让孩子们在不知不觉中接受草原的生态环境知识，让越来越多的人了解草原，关爱草原，从小树立生态环境保护观念。

其实，动画的收视对象针对儿童但不局限于儿童，往往是孩子带动、全家参与。不少家长有着共同的感受，那就是陪着孩子看动画，同时也“涨知识”“涨见识”！由此可见，通过生态动画进行生态文明教育传播力较强、覆盖面较广，不仅可以践行从娃娃抓起的生态文明教育责任，甚至还可以在一定程度上起到全民生态文明教育的作用。借助多重的形象符号、轻松幽默的影像语言，通过简单有趣的故事情节来确认人类与自然的和谐关系，生态动画在进行生态文明教育中大有可为。

我国已经发展成为一个动画大国，但暂时仍然与“动画强国”无缘，可圈可点的原创生态动画更是很少，译制的作品也并不多。发展生态动画，一方面，需要动画的从业者有建设生态文明的责任与担当，通过现实与想象相结合，开阔生态动画的题材视野；通过传统与现代相结合，技、艺相生融会生态文明理念，讲好生态故事。另一方面，需要国家相关部门给生态动画营造良好的“生态”环境。市场经济之下，动画的创作、制作、出品方等不可能不考虑经济效益。生态动画以揭示自然规律，以及人与自然和谐相处之道为己任，相较于其他题材的动画而言，其趣味性、吸引力均不占优势。考虑到“收视率”“点击率”（流量）等问题，一些传播载体可能会少播或收费播出生态动画，这会反向抑制生态动画的发展。对这些公益性比较明显的产品，国家给予相应的政策扶持有利于其健康发展。当然，在影视资源日益丰富竞争日趋激烈的业态之下，从业者自觉提升生态动画自身的魅力才是发展的根本之道。总之，生态文明建设需要每一个人的努力，生态动画承载着培养生态文明理念传输生态文明知识的责任，将大有可为，大有作为。

三、“绿化”精神生态之主阵地

生态文明教育的领域广阔，形式多元，但学校教育永远是生态文明教育的主阵地。生态文明教育进课堂、进校园，必须是大中小一体化推进。小学教育着眼于培养生态安全、生物多样性、美丽大自然为主的感性认识，让学生了解丰富多彩的自然界。中学教育在深化感性认识的基础之上，着手培养学生对生态安全、生态文明的理性认识。高校则在深化理性认识的基础之上，着力提升生态认知，培养生态文明建设能力。下面笔者主要围绕高校的生态文明教育展开论述。

（一）高校生态文明教育的目标向度

其一，坚守理念、知识、能力三位一体的生态文明素养。理念是行动的先导，注重生态文明理念引导是高校开展生态文明教育的前提。生态文明理念首先要求把握好人与人、国与国之间的关系，当国家的生态安全和生态利益受到来自国外的威胁时，应自觉维护国家的利益。同时，生态文明理念也要把握好人与自然之间的关系，“人与自然是生命共同体，人类必须尊重自然、顺应自然、保护自然”[①]，这是生态文明理念的核心维度，必须贯穿于生态文明教育的始终。生态知识的传授是高校开展生态文明教育的中心环节。随着人类认知能力和认知水平的不断提升，生态知识会不断丰富与发展，但尊重自然的理念始终起着价值引领作用，而增强生态知识有利于增进对尊重自然理念的理解与认同。当然，生态理念的引导和生态知识的传授，其最终目标是提升生态文明建设能力。生态理念、生态知识通过内化吸收，最终要外化为生态文明建设能力。这种能力，包括创新能力和执行能力，既可以通过创新型的知识、技术、管理等形式予以体现，也可以通过工作、学习、生活中践行既有的生态规则来呈现。融汇了生态理念与生态知识而形成的生态文明建设能力，是一种由外而内的汲取和由内而外的生成。

其二，确立全面、全程、全效多元协同的教育模式。全面，指面向全体学生，高校既应设置与生态文明相关的学科、专业，为生态文明建设培养高层次的专门人才，也要面向全体学生开展通识性生态文明教育，培养学生的生态意识，增加学生的生态知识，强化学生应肩负的生态责任。目前，各高校对专业型的人才培养比较重视，开设了一些与生态文明建设相关的专业，但面向全体学生的大众化生态文明教育仍比较欠缺。全程，是指通过显性与隐性教育相结合的方式，将生态文明教育贯穿于整个大学教学全过程，融入学习、生活与工作的各方面。全效，是全面提升教学效率与效果。衡量生态文明教育的教学效果不能一张试卷定乾坤，而是既需要教师在“正己”中形成“正人”的示范作用，也需要学生在知行合一中展示正确答案，真正做到内化于心、外化于行。总之，高校的生态文明教育是一个立体多元复杂系统的教学过程，仅凭个别人的努力难以有所作为，需要各部门、各院系、各教育主体相互协调形成合力，让全面、全程施教落到实处，产生实效。

其三，构建定力、动力、活力有机统一的制度体系。定力，即坚持之力，恒久之力。当前，各高校的生态文明教育直接源于现实的生态环境问题，可以说实施生态文明教育是解决现实问题的当务之急。不过，也必须对生态文明建设的长期性、艰巨性有清醒的认识，生态文明的实现有一个循序渐进的过程。甚至因为自然资源的“有限性”和人类需求的“无限性”，人类认知的“有限性”和自然奥秘的“无限性”，加之生态资本主义对全球生态安全的威胁，生态环境问题只会减少而难以全面解决，生态风

① 《习近平谈治国理政》第 3 卷，外文出版社，2020 年，第 39 页。

险可以逐步化解但难以完全消除。高校教育既要直面现实也需着眼未来，发现问题、分析问题、解决问题，因此，高校实施生态文明教育既应具有现实性，更需具有前瞻性，生态文明教育是高校必须始终坚守的教学任务。高校要在生态文明建设中更好地发挥作用，必须将生态文明教育制度化、常态化。诚然，保持定力来源于压力，压力往往能转化为前行的动力。教育是固本培元工程，行稳致远需要有内在动力的牵引，这就需要教育行政主管部门和高校通过构建科学的激励制度，充分调动全体师生员工的积极性、主动性、创造性。生态文明教育与其他教育一样是一项长期性复杂性艰巨性工作，规约与激励是必不可少的条件，通过系列制度的构建，化压力为定力，以定力生成动力，用动力激发活力。

（二）高校生态文明教育的精进路径

高校生态文明教育贵在普及、重在坚持、难在规范，需在汲取前期积累经验的基础之上，补齐短板，突破难点，整体谋划，协同推进。

其一，深耕专业兼顾通识，大众教育需突破“随意性”强化“规范性”。高校的专业和课程设置强制性较少，灵活性自主性较强。目前全国高校开设生态、环境相关的专业已明显增多，学历层次涵盖专科、本科、硕士、博士，这是高校以己之长急社会所需的表现，能为生态文明建设注入专精的人才力量。当前，高校在培养专业化的生态型人才的同时，更应注重面向全体学生的大众化生态文明教育。据笔者调研所知，与专业教育的规范性相比，目前不少高校大众化的生态文明教育可以用随意性来形容。有些高校没有认识到大众化生态文明教育的重要性，至今没有将生态素养纳入人才培养方案，没有将生态文明教育纳入学校的整体教学规划。生态文明教育是否进课堂基本由教师自由发挥、自主把握。由于生态文明教育长期缺失，部分高校教师自身的生态知识也存在明显不足。同时，部分教师和学生也存在着认知偏差，总认为生态知识专业性太强，适合于理科生学习而难以被文科、工科生所接纳。于是，面向全体学生的生态文明教育难以全面展开，仅有的课程基本以选修课的形式呈现，选修的学生不多，覆盖面窄，大部分学生没有接受规范的生态文明教育。诚然，也有部分教师会将生态理念与生态知识渗透进所讲授的课程，但这种仅凭教师自觉的教学随意性较大，仍然只有极少数学生受益。每逢“世界环境日”“植树节”“世界地球日”等，学校的相关部门、群团组织也会进行相应的宣传，不过这种“节日”式教育多通过一些活动予以呈现，再以网络推送的方式广而告之，受众面具有不确定性，难以产生良好的效果。

突破高校大众性生态文明教育随意性强的现实困境，各高校在制定人才培养方案时，对学生的生态文明理念与素养要提出明确的要求，作出合理的规划。不同的学科、专业个性鲜明，其人才培养的具体要求差异明显，但人与自然和谐相处是人类社会发展的基本要求，注重生态文明教育是各学科、各专业的共同责任。在培养方案中彰显生态文明素养，生态文明教育才会做到有章可循有的放矢。同时，各高校应设置生态文明教育指导机构，相关机构可以不独立设置，而选择挂靠在教务、教评等相关部门，全面负责和指导生态文明教育目标与规划的制定、教材编制和选订、课程设置、教师培训和进修、教学督查等工作。需要特别指出的是，机构设置可以精简，但规范和指导不能缺失，生态文明教育不能缺位。

其二，协同“课程生态”与“生态课程”，厚植生态文明理念与知识。借鉴已付诸实践的“思政课程”与“课程思政”理念，笔者提出“生态课程”与“课程生态”的看法，主张以“课程生态”为主，“生态课程”为辅，通过生态文明理念的培养引领生态知识的教学，用生态知识筑牢生态文明理念，协同开展生态文明教学，提升学生的生态素养与生态文明建设能力。提倡以“课程生态”为主，并不意味着“生态课程”是可有可无的选项，而是基于当前高校生态文明教育师资缺口大，学生课程与课时均比较饱和的客观现实，以及生态文明素养与能力提升并不是开设几门“生态课程”就能完全解决而作出的选择。

以“课程生态”为主涵育生态文明的理念和知识，就是要注重挖掘各门类课程中潜藏的生态元素。其中思想政治理论课作为公共必修课，覆盖了全部院系全体学生，且多门课程在不同年级依次开设，前后连续性承继性强，应在生态文明教育中起到奠基和导航作用。“思想道德与法治”课程应重点阐述生态道德、生态法律法规，在世界观、人生观、价值观中进行基本的生态文明理念的导入。“马克思主义基本原理”课程可通过哲理省思之长，从解读人与自然的关系入手，明辨价值主体，走出人类中心主义和生态中心主义的泥淖；以政治经济学解析之便，从剩余价值入手分析生态殖民主义的根源，辨明忽视生态价值导致的生态环境问题之痛。“毛泽东同志思想和中国特色社会主义理论体系概论”课程，可分析党的历代中央领导集体的生态理念，以及在领导革命、建设与改革的实践中所取得的环境治理成果和存在的不足，实事求是一分为二地进行分析既有利于了解历史真相，更有利于当下扬长避短推进生态文明建设。“习近平同志新时代中国特色社会主义思想概论”是“课程生态”中的重点课程，需重点阐释习近平同志生态文明思想，分析当今全球的生态环境现状，我国生态文明建设的战略构想、指导原则、当代实践，现实挑战等，既让学生了解我国生态文明建设的种种努力以及所取得的成就，增强信心；也知晓面临的严峻生态风险和生态环境问题，明晰责任。“中国近现代史纲要”课程可介绍生态环境恶化的历史原因，阐释我国认识和解决生态环境问题的艰难历程。“形势与政策”课程分析生态环境的国情世情，当下全球面临的生态风险和治理困境，特别关注我国生态安全面临着西方资本主义国家的恶意侵蚀，让学生明辨是非，从思想上筑牢生态安全的防线。至于为硕士和博士研究生分别开设的“中国特色社会主义理论与实践研究”“马克思主义与当代”课程更需用专题研讨生态文明建设。

“课程生态”以思想政治理论课实施生态文明教育为基础，其他课程无论是公共基础课还是专业课也要尽量融入生态文明教育，做到能融尽融，注重协同推进。其实，只要任课教师有生态文明教育的自觉，尽力挖掘自己所教课程的生态元素融入生态文明教育，其教育效果往往比较明显。让学生在学习专业知识的同时涵育生态理念，能让生态环境保护有专业知识与技能护航，守护生态安全推进生态文明建设就有了专业加持的深度；专业知识有生态文明理念的指引，以专业服务于社会主义建设事业就不会缺乏生态文明向度。专业教育与生态文明教育相融合，有利于将理念转化为行动，由知识转化为能力。

“生态课程”为辅传授生态文明理念与知识，是各高校结合自身的师资与教学实际，在非生态、环境类专业专门开设生态课程。这类课程以必修与选修相结合的方式进行，但需尽量向全校学生铺开。据了解，清华大学已走在前列，率先将“环境保护与可持续发展”课程列为全校本科生公共基础课，将“环境学”“可持续发展引论”列为研究生的限定性选修课。不过，考虑到目前的实际情况，要在全国所有高校全面开设“生态课程”有一定的难度，但各高校在更新教学规划，加强师资队伍等资源建设时，应尽最大可能厚植教育的生态底色。需要指出的是，即使“生态课程”已在所有高校得到普及，“课程生态”仍然是不可或缺的环节。只有“生态课程”与“课程生态”相互补充形成合力，才能全面提升学生的生态文明素养，提高学生的生态文明建设能力。

其三，“借力”资源“灵活”形式突破实践瓶颈，增进生态感知。对生态文明教育而言，实践教学的重要性不言自明，实践教学的难度更是尽人皆知！已有的研究为解决实践教学难题已提出了不少建议，如校内设立保护生态环境类社团，通过系列丰富多彩的活动开展生态文明教育；校外设立实践实习基地，组织学生考察实践，等等。不少专家呼吁要特别重视实践基地建设，这是强化生态感知最好的途径，也客观反映出基地建设并非轻而易举之事。笔者就借力现有资源灵活地开展生态文明教学实践提出两条建议，作为对已有路径的补充。

一方面，“借力”专业考察、实习机会开展生态文明实践教学。专业考察、实习是规范化动作，只要各学院各专业进行充分论证，很多专业的考察与实习能够和生态文明教育进行有效融合，让学生直面种种生态环境问题，直观感受已取得的种种成果，从而激发生态文明建设的使命感、责任感，可谓一举多得。另一方面，“借力”思想政治理论课的实践教学环节开展生态文明教育。思想政治理论课有专门的实践教学环节，不同高校不同教师开展实践教学的形式也不尽相同。总体而言，仅凭任课教师之力组织全体学生进行校外考察与实践难度不小，选取部分学生开展实地考察又容易让没参与的学生产生被忽视被边缘化感觉。不过，教师可以充分调动学生的主体性、主动性，根据不同专业设置不一样的选题，以教学班为单位将学生分成不同的组别，让学生利用节假日等课余时间自觉开展相关社会考察实践，通过翻转课堂让学生分享相关成果，教师进行必要的成果点评。实践证明，来自学生自身的调研成果更容易产生共鸣，教育效果更佳。

总之，推进覆盖全体民众的生态文明教育是生态文明建设必不可少的环节。笔者选取生态微视频和生态动画两种形式，以及高校这一特殊领域作为生态文明教育的重点进行阐释，主要因为此种选择有一定代表性与针对性，且理论界已有的研究成果很少。生态微视频受众广，可接受性强，只要科学引导、规范管理，适应于对所有人群的生态文明教育，有“面”上开展生态文明教育的代表性。生态动画则是践行生态文明教育从娃娃抓起的有效手段，抓住“点”上生态文明教育的“入口”，且能实现“孩子带动，全家受益”的生态文明教育格局。至于选取高校作为学校这一生态文明教育主阵地的代表进行阐释，则主要是因为高校的大学生、研究生即将步入社会挑起国家建设的重任，是我国社会主义建设的中坚力量；且一部分在校大学生、研究生将来会成为我国经济社会发展的决策者、管理者，影响深远广泛，因此，在高校开展生态文明教育是推进生态文明建设的至关重要环节。甚至可以这么认为，高校的生态文明教育水平将在一定程度上决定着我国生态文明建设的能力，高校生态文明教育的力度将在一定程度上决定着我国生态文明建设的进度、深度和广度。

第三节　合理社会生态：生态文明建设之本源

自然生态危机在一定程度上可以理解为源于精神生态危机，人类将外部自然界仅仅作为“生产”共同体而非“生命”共同体的片面价值理念，导致利用自然的方式出现严重偏差，产生了生态环境问题。不过，问题的分析并不能就此结束，因为，如果自然生态危机仅仅源于精神生态危机，那么消除自然生态危机只需强化精神生态建设就行，但现实情况并非如此简单。20世纪中叶以来，保护生态环境的呼声不绝于耳，但对生态环境问题的认识并未形成保护生态环境的共识，良好的精神生态在全球范围内远未形成。与此同时，生态环境治理得到了一定程度的重视，但生态环境问题远未得到有效控制，甚至一些国家和地区的生态环境问题日益严重。因此，分析生态危机的根源不能止于精神生态失范层面，而应阐释深层的社会制度根源；推进生态文明建设，不能满足于重构健康的精神生态，而应着力建构有益于生态文明建设的社会制度和具体的生态文明制度体系。实际上，即使健康的精神生态能拯救生态环境问题，但没有合理的社会生态作支撑，健康的精神生态基本无法形成。因此，构建合理的社会生态是生态文明建设的本源诉求，而合理的社会生态又能为生态文明建设提供本源性支撑，有利于健康精神生态与良好自然生态的形成。

一、生态危机的制度根源

在分析生态危机的根源之前，有必要先回顾一下马克思关于资本主义生产的相关论断。马克思曾深刻指出：“资本主义生产发展了社会生产过程的技术和结合，只是由于它同时破坏了一切财富的源泉——土地和工人。”[①]“资本主义生产方式以人对自然的支配为前提”[②]。马克思的相关论述揭露了资本以增殖为目标对人与自然的双重剥削，认为资本主义在唯利是图地追求利润的过程中，既造成人的异化，也导致自然的异化，具有反自然本质。在马克思恩格斯所生活的年代，尽管资本主义私有制所导致的生态环境问题尚未充分暴露，但他们已经看到了资本主义生产方式所造成的人与自然之间的矛盾与对立。

下面，不妨从另一本书中了解一下资本对待自然的态度与方式。在拉杰·帕特尔等著的《廉价的代价》一书中，介绍了哥伦布几乎从看到新大

---

① 《马克思恩格斯文集》第5卷，人民出版社，2009，第580页。

② 《马克思恩格斯文集》第5卷，人民出版社，2009，第587页。

陆的第一刻起，就实施廉价地占有自然的战略。在首次抵达加勒比地区的第八天，哥伦布发现了一处美丽的海角，但他因为不能把这些丰富的自然资源立刻变成财富而产生了挫败感。书中引用了这样的细节："我看到它如此秀丽的植被时，眼睛从不会厌倦，因为这些植被是如此的不同。要是在欧洲用作药品和染料的话，我认为这里的许多药草和树木会值很多钱。但是，我对此一无所知，这造成我无尽的悲伤。"[①] 书中的这些细节，较好地呈现了资本的逐利本性，在资本主义制度下，自然仅仅是能生成财富的物质基础。

马克思关于资本主义生产的相关论断，以及《廉价的代价》等书中有关资本逐利本性的细节描述，都提醒人们分析生态危机的根源不能不考虑社会制度因素，不能忽视资本主义剥削制度这一深层原因。美国著名生态学者巴里·康芒纳在分析生态危机的根源时就指出："地球之所以被污染……在于社会用来赢得、分配和使用那种由人类劳动从这个星球上的各种资源中所摄取来的财富方式。"[②] 巴里·康芒纳对生态危机根源的分析，是在一定程度上对马克思主义的肯定。美国学者詹姆逊·奥康纳曾提出一个发人深省的问题，即"一个生态上具有可持续性的资本主义是否可能"？在他看来答案当然是否定的，"除非等到资本改变了自身面貌以后"[③]。资本主义社会存在着资本与人、资本与自然的双重矛盾，而这种双重矛盾是资本主义自身所无法克服的。英国学者阿列克斯·卡利尼科斯则指出："世界正变得危机四伏，而罪魁祸首就是资本主义。无论从短期的政治角度还是长期的生态角度，资本主义都在威胁着我们的星球。"[④] 美国学者约翰·贝拉米·福斯特更是直接指出："导致目前全球生态危机的主要历史根源，就是……'资本与自然之间的致命冲突'。"[⑤] 从上述西方学者的论证可以清楚地看出，在资本主义制度下，自然仅仅是能生成财富的物质基础，自然服从于资本，这是由资本追逐剩余价值的本性决定的。尽管包括巴里·康芒纳、詹姆逊·奥康纳等在内的一些有识之士主张放弃经济理性坚持生态理性从而合理地利用自然，但在资本主导的制度框架之下，这些主张注定

① 转引自［美］拉杰·帕特尔、詹森·W. 摩尔：《廉价的代价》，吴文忠、何芳、赵世忠译，中信出版集团，2018，第 51 页。

② ［美］巴里·康芒纳：《封闭的循环》，侯文蕙译，吉林人民出版社，1997，第 141 页。

③ ［美］詹姆逊·奥康纳：《自然的理由——生态学马克思主义研究》，唐正东、臧佩洪译，南京大学出版社，2003，第 382 - 383。

④ ［英］阿列克斯·卡利尼科斯：《反资本主义宣言》，罗汉、孙宁译，上海世纪出版集团，2005，第 40 页。

⑤ ［美］约翰·贝拉米·福斯特：《生态危机与资本主义》，耿建新、宋兴无译，上海译文出版社，2006，第 38 页。

缺乏现实的根基。人的私欲是由社会关系特别是生产关系决定的，私有制是人与人之间利益争夺的社会制度根源。资本唯利是图的本性是导致生态环境问题的直接原因，资本主义制度是产生全球性生态危机的根源！

由是观之，自然生态危机在一定程度上源于精神生态危机，而导致精神生态危机的根本原因是不合理的社会制度，生态环境问题本质上是社会问题，生态危机的根源是不合理的社会制度，资本主义私有制是导致生态危机在全球蔓延产生全球性生态危机的根源。因此，要在全球范围内从根本上解决人与自然之间的矛盾，实现人与自然和谐共生，就必须对资本主义制度实行根本性变革。离开社会制度因素，抽象地谈论人性或否定人类共同利益，是一种抹杀现实利益差别的空谈，对全球范围内的生态危机全面解决无益。认清了全球性生态危机的社会根源，即便暂时不能实现资本主义制度根本性变革，但系列合理化的制度改良也能在一定程度上有益于全球生态环境的改善。

二、生态文明的制度保障

人与人的和解是实现人与自然和解的前提，实现人与自然的最终和解，其根本出路是实现共产主义。马克思早就指出，“这种共产主义，作为完成了的自然主义，等于人道主义，而作为完成了的人道主义，等于自然主义，它是人和自然界之间、人和人之间的矛盾的真正解决”[①]。只要资本主义制度存在，即使采取了一些积极的生态环境治理措施，全球性的生态环境问题也只能缓解或部分解决，变革资本主义制度是实现人与自然和解的前提。共产主义实现之日才是人与自然真正和解之时！社会主义制度的建立为实现人与自然、人与人的最终和解提供了可能，也为人与自然的和谐提供了现实的社会制度基础。也就是说，社会主义社会不仅具有开展生态文明建设的制度土壤，而且也为实现生态文明提供了制度基础。

也许有人会对上述观点提出异议，认为生态环境治理与社会制度无关，生态文明的实现与社会制度无关。持这种观点的理由非常直接，他们认为中国已经是社会主义社会，但生态文明并没有实现。在过去很长一段时间，中国尽管对保护生态环境进行了一些有益的探索，但总体而言还是过分张扬了人的能动性而在一定程度上忽略了人的受动性，最终导致环境受伤，资源受损，生态平衡遭到破坏，生态环境问题日趋严重。相反，一些发达资本主义国家经历环境破坏的痛楚之后加强了生态环境治理，现在生态环

① 《马克思恩格斯文集》第1卷，人民出版社，2009，第185页。

境已有很大改善，甚至有些国家的生态环境已明显好于中国。诚然，中国的生态环境现状离生态文明还有很大的距离，一些发达资本主义国家生态环境有了很大的改观也是不争的事实，但不能因此就否认资本主义制度是全球性生态危机的根源，更不能因此否认生态文明的实现需要良好的社会制度基础。下面，笔者从两个方面予以说明：

其一，社会主义具有资本主义不可比拟的制度优势，但生态文明并不可能随着社会主义制度的建立而实现。生态文明的实现，需要在坚持社会主义根本制度和基本制度的前提下，构建一系列与生态文明建设相适应的制度体系，社会主义社会必须十分注重生态文明制度建设。也就是说，社会主义国家推进生态文明建设不仅要建构健康的精神生态，还必须建立与生态文明相适应的制度体系。我国仍处于社会主义初级阶段，各项具体的社会制度仍在不断完善之中，其中就包括生态环境保护与治理的具体制度需不断完善。同时，由于受资本主义价值观念的影响和我国市场经济中多元市场主体的存在，“在利用市场配置资源、增强经济发展活力的同时，我国的社会主义建设同样面临被资本宰制和片面化发展的危险”[①]。过去很长一段时间，因为对潜在的风险认识不足，健康的精神生态与合理的社会生态缺位，生态环境也因此遭到了严重的破坏。

这些情况也警示着人们，尽管我国已步入新时代，进入新发展阶段，但社会主义初级阶段的基本国情没有变，推进生态文明建设必须加强具体的社会制度建设，用合理的社会生态来保证良好自然生态环境的实现。即使将来我国步入发达的或成熟的社会主义发展阶段，具体的社会制度也不能一成不变，而应根据变化的国内国际情况不断完善，这样才能为生态文明等建设提供更好的制度支撑，才能实现人与自然的和谐——和解。也就是说，社会主义制度的建立为生态文明的实现奠定了制度的基础，但各项具体制度仍需不断完善方能为生态文明建设提供保障。制度建设在生态文明建设中发挥着举足轻重的作用，我国需要进行生态文明体制改革，加强生态文明制度体系建设。为避免前后重复，关于生态文明制度建设的具体情况，笔者将在第六章第二节“生态文明体制改革的‘锚定’与‘试点’”部分做进一步的分析。

其二，一些发达资本主义国家国内生态环境得到了持续改善是不争的事实。我们不能否认当今发达资本主义国家为改善生态环境的种种努力，但发达资本主义国家国内生态环境的改善不是资本主义制度优势的体现，

① 王婷：《宏观与微观双重视阈中的生态文明建设初探》，《马克思主义研究》2018 年第 4 期。

而主要是因为如下原因：一方面，与资本为了长久的利润空间改善生态环境有关。资本家为实现资本增殖不得不关注生态环境的承载能力，资本控制的政府为安抚民众也不得不改善已被破坏的生态环境。另一方面，更与其在全球范围内转嫁与转移生态环境治理成本有关。发达资本主义国家已实现产业升级，他们利用国际分工和跨国集团，已将资源耗费多、环境污染严重的企业与产业转移至发展中国家。然而，这种末端性的技术处理方式能缓解资本主义国家国内的生态环境问题，却同时把环境污染扩散到了全球。可见，发达资本主义国家作出的种种改变与改良，不能因此说明资本剥削已成历史，只是随着时间的推移和形势的变化，资本的剥削手段已发生了变化。资本主义制度是全球性生态危机的根源没有变，资本的逐利本性没有变，变的只是逐利的方式，资本主义生态文明终归是一个不可能实现的假命题。当下，全球社会主义运动处于低潮，但中国特色社会主义道路的成功为全球发展注入了全新的动力，也让全球见证了社会主义制度的活力与实力。“社会主义没有辜负中国……中国没有辜负社会主义”①！资本主义国家经过系列改良，汲取了许多社会主义因素，这为其生态环境的改善提供了一定的支撑。当然，资本主义国家汲取社会主义因素至今只是零散和局部的，奢望“历史终结”于资本主义的他们不可能主动丢弃幻想。

习近平同志在 2016 年就强调，“努力走向社会主义生态文明新时代”②，这既明确了生态文明的“社会主义”制度属性，也明确了生态文明美好蓝图实现的可预期性。当下，中国处在“走向”社会主义生态文明的过程中，仍需不断“努力”，通过完善制度体系等持续推进生态文明建设，这个生态文明新时代才能变成现实。作为理论探讨，刘思华先生曾反复论证过生态文明的社会主义制度属性，认为“生态文明必然是社会主义生态文明”③。因此，模糊甚至忽略生态文明的制度属性，希冀资本主义生态文明变成现实不可能；只讲生态文明制度属性，忽视部分资本主义国家生态环境改善的事实不可取；盲目夸大社会主义制度的优越性，全面否认资本主义某些具体制度存在可借鉴之处不可行；只承认社会主义国家可以开展生态文明建设，否则全球在生态文明建设中所做的努力不现实。推进生态文

① 宣言：《中国没有辜负社会主义》，《人民日报》2021 年 6 月 8 日。

② 中共中央文献研究室编《习近平关于社会主义生态文明建设论述摘编》，中央文献出版社，2017 年，第 15 页。

③ 刘思华：《关于生态文明制度与跨越工业文明“卡夫丁峡谷”理论的几个问题》，《毛泽东邓小平理论研究》2015 年第 1 期。

明建设是全球的责任，实现生态文明有前提有条件。强调社会生态是生态文明的本源，明晰生态文明的社会制度属性，能让人们更清醒地认识到实现生态文明既具有紧迫性，更具有艰巨性，以便有针对性地完善我国的生态文明制度体系，同时有利于促进西方资本主义国家的改进与改良。

总之，生态文明是良好自然生态、健康精神生态、合理社会生态三者的有机统一。良好自然生态是民众对生态文明最直接最强烈的诉求，是生态文明的外在基质。健康精神生态以人与自然的共同命运为最高价值主体，以“尊重自然、顺应自然、保护自然”为基本遵循，以谋求人与自然共生、共存、共荣为目标。合理社会生态是保护与改善生态环境的社会制度，它是社会的根本制度、基本制度、重要制度的合集，如果没有合理的社会制度引领与规约，健康精神生态、良好自然生态都不可能实现。推进生态文明建设，其实就是以合理社会生态和健康精神生态来规约与引领人们的生产生活，以促成良好自然生态有效生成。推进生态文明建设可以理解为良好自然生态、健康精神生态、合理社会生态从相背相离到相融相生的过程。

第四章　廓清历史方位：新时代生态文明建设的基本要求

新时代推进生态文明建设，还必须廓清生态文明的历史方位，即在人类历史的长河中“何时”能实现生态文明？笔者在导论部分已经阐释论证了生态文明不是早已有之的与人类社会“共存亡”的“基本结构”。关于生态文明历史方位问题的讨论，不是要明确实现生态文明的具体时间节点，而是从人类文明动态演进的视角，分析生态文明与农业文明、工业文明的关系，这是推进生态文明建设必须要弄清楚的基本问题。工业化带来了日益丰腴的物质资料，但人类步入工业化进程以来，生态环境随之被严重破坏是不争的事实。于是，理论界围绕着工业文明与生态文明的关系展开了大量的讨论并形成了一种有代表性的观点，即认为工业化是破坏生态环境的罪魁祸首，生态文明是工业化及工业文明不可能交出的答卷，认定要么复归农业文明（简称“复归论”），要么超越工业文明才能实现生态文明（简称“超越论”）。那么，工业文明是否与生态文明相对立？复归农业文明能实现生态文明吗？生态文明是不是对工业文明的超越？本章拟围绕着这些问题展开论述，以期进一步廓清生态文明的历史方位，以便顺利推进新时代的生态文明建设。

第一节　复归农业文明实现生态文明：不可能不现实

为了解决工业化的弊端拯救被破坏的生态环境，一些人提出要放弃工业化和工业文明，尽可能地复归农业文明（简称“复归论”）。如美国学者小约翰·柯布认为生态文明要给人们提供安全保障，“这种安全最显著的维度就是食物”。他提出建设生态文明必须降低城市规模，必须缩短人们居住地与工作地之间的距离，缩短农村与城市之间的距离，通过距离的缩短能减少交通的污染，更重要的是能保障城市食物的安全供应。他认为“中国的生态文明必须建立在农业村庄的基础之上”，“生态文明将把农民看作是专家”①。柯布先生强调生态文明建设中的安全保障特别是食物安全保障无疑是对的，但为了保障食物安全而放弃大城市、大工业的主张显然只看到了问题的表象。其实，舍弃工业文明回归农业文明以改善生态环境并非只是个别人的主张，西方国家迄今无建设生态文明的自觉，但不少“深绿”论者主张人类回归自然以恢复良好的生态环境，且目前这一主张已获得国内一些人的认同。当下，放弃工业文明回归农业文明甚至已经不仅仅是一种学术话语，而是试图成为影响政策走向的政治话语。执这种观点的人们均有一种直观判断，即认为农业生产中人与自然和谐相处，农业文明时期的田园牧歌鸟语花香是理想的生态文明状态，复归农业文明意味着生态文明能顺利实现。笔者对此并不认同，下面拟从两个方面进行分析：

一、农业文明与生态文明

在人类历史的长河之中，农业文明曾经长期起着主导作用。且根据各种史料记载或描述，农业文明时期的自然环境相对良好。面对着当下千疮百孔的大自然，一些人将农业文明时期描述为田园牧歌式的理想家园，甚至认为农业文明所呈现的良好生态环境就是生态文明的典型样态。那么，历史上农业文明时期是否是一种生态文明状态？在笔者看来，生态文明与历史上占主导地位的农业文明并无直接联系，更不能因为农业文明时期的自然生态相对良好，就认定生态文明早在农业文明时期已经实现。

尽管农业文明时期有着诸如“天人合一”等朴素的生态理念，当时的人们恪守已认知的自然规律，严格遵循农时耕作，通过兴修水利等以促进农业生产的发展，这在客观上有利于生态环境保护和良好生态环境的生成。不过，由于认知水平的限制，当时的人们对外部自然界的理解是以“资源”丰富为视角，无从考虑“生态”平衡和“环境”美好的因素。同时，农业文明时期的生产资料私有制更无生成生态文明的制度基础。“普天之下，莫非王土”的统治阶级总体而言往往是从私利出发制定各项制度，难以用制度来保护自然爱护苍生。

诚然，我们不能用现代人的眼光苛求先人有健康的精神生态与合理的社会生态，但也不能忽视生态文明基本的评价标准，即人与自然能和谐相

---

① ［美］小约翰·柯布：《论生态文明的形式》，董慧译，《马克思主义与现实》2009 年第 1 期。

处。而在农业文明时期，人类多臣服于自然受制于自然以祈求风调雨顺、五谷丰登。正如马克思所言，“自然界起初是作为一种完全异己的、有无限威力的和不可制服的力量与人们对立的，人们同自然界的关系完全像动物同自然界的关系一样，人们就像牲畜一样慑服于自然界”[①]。这种畏惧于自然而匍匐前行，类同于“动物同自然界的关系一样”的人与自然之间的关系，当然不是一种和谐状态。

其实，农业文明时期自然生态环境整体良好是不争的事实，但农业文明并非没有破坏生态环境。有时农业生产对生态环境的破坏还比较严重，有的局部破坏同样无法修复，只是由于农业文明时期人类的活动范围整体有限，破坏的生态环境并未影响整个人类的生存与发展。恩格斯当时列举的生态环境被破坏的地方，如美索不达米亚、希腊、小亚细亚等，其实均发生于农业文明而非工业文明时期。我国云贵高原的石漠化同样产生于农业文明时期，全球类似的事例并不鲜见。玛雅文明的灭绝、楼兰古国的尘封……均与生态环境被破坏有着直接的关联。生计的艰辛使农业文明时期良好的自然生态多成于“天意”，并不是人类足够理性而成于“人为”。农业文明时期，当朴素的“天人合一”生态理念遭遇艰难的生存困境时，人与自然和谐相处就成了一幅理想的图景而难在现实中落实。农业文明不仅有破坏自然的潜在风险，而且有造成生态环境被局部严重破坏的事实，认定农业文明就是生态文明的理想场景有失偏颇。

二、“复归论”偏离现实需要

部分个体想放弃工业文明复归农业文明无须讨论，尽管农业文明非当今社会的主导文明形态，但它从未退出历史舞台，选择不同的生活方式是个体的自由。不过，人类整体上放弃工业文明复归农业文明，并想通过此种方式实现生态文明不仅在理论上行不通，而且在实践中不可行。人类复归农业文明甚至都算不上一个美好的愿望，而只是寻求人与自然和谐之道的主观臆断。

人类社会发展到今天，如果真正放弃工业文明而重新过上以种植养殖为主的农耕生活，即使这种向农业文明的复归能规避工业化所造成的生态环境污染，但让全球逾 80 亿人退守农耕生活不可能、不现实！道理很简单，农业文明时期人类之所以能生生不息且自然生态环境整体比较良好，根本原因是当时全球人口规模不大，人类对自然的利用没有超出自然的承

① 《马克思恩格斯文集》第 1 卷，人民出版社，2009，第 534 页。

载能力。以当下 80 多亿之巨的人口规模复归农业生产和农业文明，即使是维持最简单的食物供应也会造成更严重的生态灾难。除非地球上大部分人口一夜之间悄然消失，才有可能让幸存的人口有足够的空间进行农业生产以获取维持生计的物资，这是何其荒唐的结局！时光不能倒流，也不必倒流，工业文明取代农业文明，这是人类文明的进步。建设生态文明不是回到农业文明甚至原始文明，盲目地反对工业化所生成的工业文明既不能拯救环境，也不能拯救人类自身，最终导致人与自然不是“共生”，而是“共亡”。

人类整体复归农业文明不可能，即使在不放弃工业文明的前提下复归传统农业文明也不可行。迄今原始文明已经基本不复存在，但农业文明并未被历史尘封而只是退出了主导地位。以人力畜力为主的刀耕火种式传统农业文明慢慢退出（并未完全退出，落后地区这种方式仍然存在）历史舞台，工业化渗入农业生产开启了工业化的农业生产模式，或者可以称之为工业化的农业文明，或者直接将这种工业化生产的现代农业归功于工业文明。但无论怎样需承认一点，即农业文明在不断优化升级中保持着相对的独立性。一方面，从生产的内容而言，农产品不可替代，以生产农产品为要务的农业不可替代。农业不能完全脱离土地阳光空气水等自然资源而全部在标准化的车间、实验室生产；机械加持、数字赋能让现代农业呈现出别样场景，不过，田间地头的生产也难以完全实现精细化的工厂模式。另一方面，随着生态理念的深入，生态农业特别是有机农业在一定程度上唤醒和提升着原初的耕作理念和耕作方式。从这个意义上看，工业提升与改造了传统农业，生态理念又让被工业化改造过的现代农业汲取和提升传统农业的精华。涵养水源、保持水土、改良土壤、减少农药化肥使用……尊重自然生态系统、遵循物质变换规律的有机农业、绿色农业被重视，优化与升级时刻都在进行中。农业文明不断优化升级也在一定程度上说明，人类整体回归农业文明不可能，让与工业文明并存的农业文明回归传统农业文明也不可能。而灌注了生态理念、借助先进科技的现代农业明显减少了对生态环境的破坏，生产方式的持续改良有望实现物质变换的动态平衡。

也许有人会主张，人类复归农业文明并不是简单地复活曾经的耕作理念与耕作方式，而是要用现代人的思维与方式去进行农业生产，精细化的耕作能比传统农业有更高的产出，足够维持全球人类的生存。复归农业文明的本意就是要让人们走出物质主义、消费至上的尘嚣，既回归心灵的宁静，亦拯救日益破败的自然。现在姑且不讨论精细化的耕作能否维持整个人类的生存，仅仅因放弃物质至上而选择复归农业文明就明显有违人的自由全面发展要求。其实，以减少物资供应纠偏物质至上无异于断臂求生，在保证物资供应的前提下以丰富的精神文化成果等充盈人们的生活才是制胜之道。

第二节　超越工业文明实现生态文明：可能但不现实

首先要强调一下这个标题，笔者认为在超越工业文明的文明形态中实现生态文明具有可能性不具备现实性，但并不认同生态文明是对工业文明的超越。当下，理论界有一种十分普遍的声音，即认为生态文明是人类文明的新形态，而且新形态之“新”，就在于生态文明是对工业文明的超越，是工业文明之后的人类文明新形态（简称“超越论”）。笔者在中国知网以“篇名”为工业文明，“并含”条件为生态文明进行搜索，截至 2023 年 6 月 30 日共搜索到符合要求的相关论文 60 篇，其中文章标题中直接标明“工业文明走向生态文明”“生态文明取代工业文明”等相近内容的文章就有 51 篇，另有 3 篇文章从标题来看是对工业文明与生态文明进行比较研究，但文章中论证了生态文明是对工业文明的超越。其余 6 篇文章中，有 3 篇论及工业文明与生态文明共存，或者讨论将农业文明与工业文明的有益成分融入生态文明，另外 3 篇没有具体论及工业文明与生态文明关系，只是论述某个具体问题时论及了工业文明与生态文明。而其他涉及工业文明、生态文明内容的相关论文中，持“超越论”者更是比比皆是。人们在反思生态环境问题的根源并寻找解决之道时，普遍认为工业化是造成生态环境问题的罪魁祸首，其发展不可持续，要实现生态文明就必须超越工业文明。如申曙光指出：“生态文明是一种新的文明，是人类社会发展过程中出现的较工业文明更先进、更高级、更伟大的文明。”[①] 申先生是国内较早关注生态文明的学者之一，他对生态文明有着无限的向往与多维度的思考。余谋昌对生态文明有着较系统的思考，他明确指出，“工业文明已经‘过时’了”，“渔猎社会是前文明时代；农业社会是第一个文明时代；工业社会是第二个文明时代；现在将进入新的第三个文明时代——生态文明时代”[②]。张孝德等认为人类“已经历了原始文明、农业文明、工业文明三

① 申曙光：《生态文明及其理论与现实基础》，《北京大学学报（哲学社会科学版）》1994 年第 3 期。

② 余谋昌：《生态文明：人类文明的新形态》，《长白学刊》2007 年第 2 期。

种文明形态，当代正在迈向第四种人类文明形态——生态文明”[①]。王凤才认为即使实现了生态化的工业文明也只是工业文明的升级版，“生态文明是人类文明新形态，即人类文明 4.0，是未来文明发展的方向”[②]。卢风认为“工业文明不可持续，人类文明亟待转型”[③]，他认为国内存在着“修复论”和“超越论”两种生态文明观，并明确表示“超越论才是深刻正确的”[④]。理论界持类似观点的学者还有很多，在此不一一列举。

党的十八大确立了“五位一体”的总体布局，并强调“努力走向社会主义生态文明新时代”[⑤]。党的十九大报告就“加快生态文明体制改革，建设美丽中国”[⑥]进行过专题部署，党的二十大报告总结了新时代生态文明建设的积极成果，充分肯定我国“生态环境保护发生历史性、转折性、全局性变化”，并就进一步“推动绿色发展，促进人与自然和谐共生”[⑦]作了专题部署。生态文明并非实然存在而是应然目标，从这个角度而言，生态文明无疑是人类文明的新形态。但这种新形态是否必然是对工业文明的超越呢？说实在的，笔者在最初关注生态文明之时，也曾认为生态文明是一种有别于工业文明的全新文明形态。不过，随着研究的深入，笔者认为将生态文明界定为工业文明之后的人类文明新形态等相关观点明显偏颇，将生态文明与工业文明对立起来不科学，在超越工业文明中实现生态文明具有可能性但不具备现实性。

一、工业文明与生态文明

“超越论”认为生态文明与工业文明不相融，认定生态文明是对工业文明的超越，是工业文明之后的人类文明新形态。在笔者看来，“超越论”存在着衡量尺度不尽合理、理论解读偏差等问题，在理论上难以成立。

其一，衡量尺度不尽合理。论及超越，必然要进行比较，这就涉及衡量尺度问题。笔者认为，“超越论”在将生态文明与工业文明等进行比较

① 张孝德、杜鹏程：《乡村生态文明建设的使命、道路与前景——基于文明形态与“现代化悖论”理论的分析》，《中国农业大学学报（社会科学版）》2022 年第 6 期。

② 王凤才：《生态文明：人类文明 4.0，而非“工业文明的生态化”——兼评汪信砚〈生态文明建设的价值论审思〉》，《东岳论丛》2020 年第 8 期。

③ 卢风：《农业文明、工业文明与生态文明——兼论生态哲学的核心思想》，《理论探讨》2021 年第 6 期。

④ 卢风：《“生态文明”概念辨析》，《晋阳学刊》2017 年第 5 期。

⑤ 《胡锦涛文选》第 3 卷，人民出版社，2016，第 646 页。

⑥ 《习近平谈治国理政》第 3 卷，外文出版社，2020，第 39-41 页。

⑦ 习近平：《高举中国特色社会主义伟大旗帜 为全面建设社会主义现代化国家而团结奋斗》，《人民日报》2022 年 10 月 26 日，第 1 版。

时，主要存在如下两个方面的问题：

一方面，不同评价标准混同。一般而言，在社会发展中起主导作用的原始文明—农业文明—工业文明依次更替，反映了生产方式的变更和生产力水平的显著提升。然而，生态文明不直接反映生产方式和生产力水平，而是直接反映人与自然和谐相处的关系。从这个意义上讲，生态文明和原始文明、农业文明、工业文明的划分标准不同，它们分属不同的序列，属于不同类型的文明形态，不存在非此即彼的替代关系。认为生态文明是继原始文明、农业文明、工业文明之后的人类文明的“第三个文明时代”或“第四种人类文明形态”等“超越论”观点，显然是将不同的人类文明评价标准混为一谈，有失偏颇。

其二，同一标准下认知固化。这个同一标准，就是人类对待自然的态度与方式。在党的二十大报告中，促进“人与自然和谐共生”就出现了4次，这反映了生态文明建设的基本要求，也说明是否实现人与自然和谐共生是生态文明是否生成的试金石。“超越论”普遍认为工业文明和生态文明所代表的自然观不同，因此而产生的人与自然关系也明显不同。如王凤才先生就明确指出，工业文明时期占支配地位的是“征服论”自然观，生态文明时期占支配地位的是“和谐论”自然观[①]。毋庸置疑，“和谐论”自然观是对“征服论”自然观的超越，问题是将工业文明直接贴上“征服论”自然观是否恰当？笔者认为，在强调生态文明坚持“和谐论”自然观的同时，不宜将工业文明直接贴上“征服论”自然观以示生态文明是对工业文明的超越。这是因为，迄今工业文明并未在全球范围内全面形成，更未走向终结，许多国家还处于工业化进程中，工业文明对待自然的态度与方式也在不断改变之中。尽管我们是在反思工业化进程中生态环境问题的基础上，提出了生态文明理念并着手推进生态文明建设，但仅仅因为工业化对生态环境破坏的过往与当下事实，就一锤定音地认定仍处于发展中的工业文明始终坚持“征服论”自然观不太合适。其实，传统的工业化及生成的工业文明坚持“征服论”自然观，但处于发展中的工业化及工业文明的自然观有可能发生变化（笔者将在后文中详细论述），从自然观认定生态文明超越了工业文明亦非精准。

其二，理论解读存在偏差。习近平同志指出：“人类经历了原始文明、农业文明、工业文明，生态文明是工业文明发展到一定阶段的产物，是实

① 王凤才：《生态文明：人类文明4.0，而非“工业文明的生态化”——兼评汪信砚〈生态文明建设的价值论审思〉》，《东岳论丛》2020年第8期。

现人与自然和谐发展的新要求。”[①]“超越论”中有不少人在论证过程中引用了习近平同志的这一论述并进行解读。如王雨辰据此认为习近平同志“把生态文明理解为工业文明后的新文明形态”[②],姚修杰明确指出习近平同志“从文明形态转换的高度把生态文明确定为继原始文明、农业文明、工业文明之后新的文明形态”[③]。笔者认为此种解读值得商榷!

人类文明源远流长，中国共产党从历史的长河中看到了良好生态环境在文明发展中的重要作用，不过，笔者认为理解习近平同志的上述论述应坚持“历时性”与“共时性”并存的视角。一方面，“人类经历了原始文明、农业文明、工业文明”，这三种文明形态在社会的主导地位按次序实现了“历时性”更替，但不能将生态文明简单地代入这种“历时性”。如前所述，撇开精神生态和社会生态而言，尽管原始文明、农业文明时期自然生态环境良好，但人类臣服于自然的状态也反映出人与自然的非和谐关系，不能算实现了生态文明；至于迄今为止已实现的工业文明当然没有呈现生态文明的美好画面。因此，就生成或出现的时间而言，生态文明并没有在工业文明之前产生，也没有与工业文明同时出现，其生成的时间明显晚于工业文明，具有“历时性”。另一方面，“生态文明是工业文明发展到一定阶段的产物”，请注意这里指的是“一定阶段”，并没有说生态文明是工业文明“之后”的产物。很显然，从历史的角度而言，“一定阶段”当然不可能是工业文明“之前”；从发展的角度来看，“一定阶段”并不必然是工业文明“之后”，生态文明可能实现于工业文明的“进程中”。当下，工业化和工业文明仍处于发展进程中，只要人类能充分吸取传统工业化征服自然的教训，工业文明可能与生态文明并存，具有“共时性”，生态文明并不必然以超越工业文明为理论与实践前提。在笔者看来，习近平同志之所以强调“生态文明是工业文明发展到一定阶段的产物”，既说明生态文明的实现需要工业文明积累一定的物质基础，更提醒人们要注意汲取以往工业文明对生态环境造成破坏的教训。

总之，生态文明是迄今尚未生成的人类文明“新形态”，以静态的文明关联为视角，相对于物质文明、精神文明等文明形态而言，生态文明是一种新的文明形态；以动态的历史进程为视角，生态文明“新”在人与自

① 中共中央文献研究室编：《习近平关于社会主义生态文明建设论述摘编》，中央文献出版社，2017，第6页。

② 王雨辰：《论习近平生态文明思想的理论特质及其当代价值》，《福建师范大学学报（哲学社会科学版）》2019年第6期。

③ 姚修杰：《习近平生态文明思想的理论内涵与时代价值》，《理论探讨》2020年第2期。

然的和谐甚至和解。即相对于人与自然非和谐的状态而言，生态文明也是一种新的文明形态。从这个意义上讲，原始文明、农业文明和传统的工业文明，都属于人与自然处于非和谐关系的人类文明形态，可归结为第一种文明形态，生态文明是第二种即和谐的文明形态，而非前文中"超越论"学者所认为的生态文明是继原始文明、农业文明、工业文明之后的人类文明"第三个文明时代"或"第四种人类文明形态"。可见，即将出现的生态文明并非"必然"与工业文明相比较而呈现，不以超越工业文明为"必要"前提。

二、后工业文明与生态文明

在人类文明的进程中，具体的文明形态不会随着社会形态的更迭而全部变更。具体到工业文明而言，如同农业文明薪火相传生生不息一样，工业文明作为具体的文明形态不会完全退出历史舞台但会不断改造提升。不过，随着人类社会的不断向前发展，作为起主导作用的文明形态将会不断被替代。正如农业文明被工业文明取代一样，工业文明的主导作用终将被新的文明形态所代替，这种新的文明形态很多人称之为后工业文明。

后工业文明，顾名思义是工业文明之后的文明形态，就是工业文明退出主导地位之后人类文明的新形态。毫无疑问，后工业文明实现了对工业文明的超越，但后工业文明将是一种什么样态，目前仍没有精准的答案。随着人工智能的应用与逐步推广，理论界有人认为后工业文明是智能文明，"智能文明是工业文明之后的文明形态"[①]，是人类文明的第四种形态。智能文明因为高度智慧化而能克服工业文明的一些弊端，因此，也有人将智能文明等同于生态文明，或者说寄希望于智能文明在超越工业文明的同时能实现生态文明。不过，无论智能文明是否算后工业文明，但有一点是肯定的，那就是后工业文明实现了对工业文明的超越，但后工业文明并非"必然"造就生态文明的美好结果，更不能将后工业文明直接等同于生态文明。在后工业文明中实现生态文明只是"应然"并非"必然"，只是"可能"并非"现实"。生态文明能否实现，关键在于能否处理好人与自然的关系，与工业文明、后工业文明并无必然的对立或统一。认定超越了工业文明就可以实现生态文明，在实践上并非客观科学可行。

其一，如果智能文明是超越了工业文明的后工业文明，智能文明只是有助于生态文明的生成，但并不必然促成生态文明的实现。工业化自出现

① 张云飞：《试论生态文明的历史方位》，《教学与研究》2009 年第 8 期。

以来已经历了机械化时代、电气化时代、信息化时代，正在迎来智能化时代。如果智能文明是一种后工业文明，那笔者不禁要问，为什么机械化时代、电气化时代、信息化时代生成的文明可统称为工业文明，而智能化时代生成的文明要称为后工业文明、智能文明？人工智能对人类的生产生活正产生深远影响，智能化时代到底是工业文明的新阶段，还是能生成一种取代工业文明的智能文明，目前尚无定论。笔者权且认可智能文明是后工业文明，但从目前智能化的种种表象来看，寄希望于智能文明自动生成生态文明或者将智能文明等同于生态文明并不科学。人工智能的恰当利用无疑有利于节约资源、治理生态环境等等，有利于生态文明的实现但不能自动生成生态文明。相反，如果在不合理的社会制度裹挟之下，人工智能的利用可能出现极大的偏差，幻想在智能文明中实现人与自然的和谐就很不现实。智能化充其量只为生态文明的实现提供了一定的技术基础，智能文明只能说为生态文明的实现提供了较大的可能。

其二，如果智能文明不能算超越工业文明的后工业文明，那后工业文明在全球范围内实现仍无迹可寻，寄希望于后工业文明以实现生态文明更是只具备"可能"性但不具备"现实"性。当下，智能化深入发展，可能产生的智能文明已现端倪，若这种可能产生的智能文明不是后工业文明，那意味着后工业文明到底是一种什么样态？究竟什么时候能够实现？目前很难给出明确的答案！不过，克服现有工业文明的种种弊端，特别是克服现有工业文明所造成的生态环境问题是人们对后工业文明寄予的厚望。随着生产力的发展和人类生态意识的觉醒，后工业文明或许能让人与自然和谐甚至和解的愿望变成现实，但坐等后工业文明以实现生态文明不现实，因为等不起！甚至等不来！

三、"超越论"可能产生的不良后果

持"超越论"的学者在肯定工业文明创造了大量物质财富推进社会进步的同时，重点分析了工业文明造成的资源破坏、环境污染等问题，认为生态文明与工业文明不相容，坚信生态文明是工业文明不可能交出的答卷，认定生态文明是超越工业文明的人类文明新形态。当下全球工业文明的主导地位并没有走向历史的终结，甚至很多国家并未完成工业化进程，我国仍处于工业化的进程之中。按照"超越论"的逻辑，将生态文明认定为超越工业文明的人类文明新形态，意味着生态文明不是当下可以预期的目标，而只是"未来文明发展的方向"，是只能在后工业文明中才能实现的远期愿景。基于"超越论"而作出的"何时"实现生态文明的推断，显然与党

的十九大、二十大报告确定到二〇三五年“生态环境根本好转，美丽中国目标基本实现”相违，也与党的十九大报告确定的到21世纪中叶“生态文明将全面提升”的目标相悖。“超越论”虽高度肯定了生态文明是一种美好的人类文明新形态，却因为设定了生态文明只能在工业文明之后才实现的先决条件而可能离散工业化与生态文明建设应有的合力，坚持“超越论”可能导致两种不良后果：

其一，工业文明建设消极化。如果诚如“超越论”所言，生态文明根本不可能在工业文明中得以实现，为改变当下严重的生态环境问题，不排除一些人对工业文明建设消极化，甚至为保护生态环境而要求祛工业化，主张脱“实”就“虚”。盲目反对工业化会引发一些国家尤其是发展中国家决策失误，甚至影响这些国家的正常发展进程。汪信砚先生就指出“超越论”是以工业文明的终结和废止为前提，如果将“超越论”付诸实践，对于我国来说无异于自毁前程，中华民族的伟大复兴的进程很可能会因此而被延误甚至中断[①]。

其二，生态文明建设消极化。如果生态文明只是工业文明之后才能实现的远期愿景，这意味着现在的生态文明建设难有可预期的目标支撑，容易导致被动消极地应对生态文明建设。毕竟生态环境保护与治理从长远和整体而言确实有利于人类的发展，但从短期和局部来看会对经济增长形成一定的掣肘。如果工业文明与生态文明是绝对非兼容关系，很多国家在坚定工业化道路的同时会在一定程度上放弃保护生态环境的努力。当下生态文明建设实践中遇到的种种阻力，应该说跟工业文明与生态文明不相融的认知不无关系。

第三节　优化工业文明实现生态文明：可行且现实

“复归论”与“超越论”都存在明显不足。生态文明不与人类共存亡，复归农业文明或者等待后工业文明以实现生态文明均不可行。生态文明不以超越工业文明为“必要”前提，后工业文明不一定生成生态文明的“必然”结果。那么，该如何处理工业文明与生态文明的关系？怎样才能让实现生态文明具有可行性和现实性？正确的路径是优化工业文明以实现生态文明，即通过对工业文明的生态化改良来实现生态文明。理论界持这

① 汪信砚：《生态文明建设的价值论审思》，《武汉大学学报（哲学社会科学版）》2020年第3期。

种“优化论”的学者早已有之，只是相对于“超越论”者而言少之又少。如陶火生认为生态文明“本质上是工业文明的生态化重建”，“不是完全超越工业文明之上的新型文明形态”[①]。陈永森认为“生态文明建设不是要替代或超越工业文明,而是要实现文明发展的生态化”[②]。曾德贤等认为“在建设生态文明进程中，应将农业文明、工业文明的优秀因子融进生态文明”[③]。汪信砚认为生态文明不可能超越工业文明,工业文明永远不会过时但可以被改良，生态文明就是“工业文明的发展植入一种生态维度，建设一种生态化的工业文明”[④]。断言工业文明“永远不会过时”过于绝对,但立足现实对工业化与工业文明进行改良的相关观点让笔者很受启发。不过,对于工业化和工业文明能否优化？怎样优化？笔者仍有一些自己的见解与主张。

一、可行性的制度视角

理论界已有的研究论证了没有工业文明提供的物质基础，生态文明建设难以推进，并聚焦技术维度从工业化的历史变迁论证工业文明能实现生态化优化或转型。笔者在同意理论界上述观点的基础之上，提供一种社会制度的视角，论证在优化工业文明中实现生态文明具有可行性，以供参考。

其一，社会主义制度的确立，让优化工业文明中实现生态文明具有可行性。工业文明率先在资本主义国家实现，但工业化和工业文明不能贴上资本主义的标签，同样，也无需将工业文明永久性地贴上“征服论”自然观标签。社会主义国家同样需要通过推进工业化实现工业文明，社会主义制度的确立为工业文明的优化提供了可能。

原始文明以渔猎与采摘而成，农业文明以种植和养殖为主要手段而生成，工业文明因机械化的大工业勃兴而生成。整体而言，几种文明形态特色鲜明且按次序更替：原始社会时期是原始文明，奴隶社会和封建社会以农业生产为主生成农业文明，资本主义社会（这里主要指发达资本主义国

---

① 陶火生:《生态文明：超越工业文明还是工业文明的新阶段？》,《中共福建省委党校学报》2016 年第 12 期。

② 陈永森:《罪魁祸首还是必经之路？——工业文明对生态文明建设的作用》,《福建师范大学学报（哲学社会科学版）》2021 年第 4 期。

③ 曾德贤，杨渐雨:《将农业文明、工业文明的有益成分融进生态文明》,《三峡大学学报（人文社会科学版）》2021 年第 5 期。

④ 汪信砚:《生态文明建设的价值论审思》,《武汉大学学报》（哲学社会科学版）2020 年第 3 期。

家）通过率先实现工业革命进行大规模的工业生产而生成了工业文明，这很容易让人产生错觉而给工业文明贴上资本主义的标签。同时，由于资本主义国家在工业化进程中不断在全球范围内掠夺资源破坏环境，造成了全球性的生态环境问题，于是工业文明又容易被贴上反生态的标签。

其实，不仅仅资本主义国家有工业化和工业文明，社会主义国家也需要工业化和工业文明。工业化和工业文明发端于资本主义国家，但其本身并不具有资本主义的制度属性。人类迄今并没有严格按照从资本主义到社会主义的次序进行社会形态的更替，社会主义革命在不发达国家率先取得胜利，我们现在搞工业化建设呈现的工业文明成果，不是认同资本主义的剥削制度补资本主义的课！邓小平同志关于“计划经济不等于社会主义，资本主义也有计划；市场经济不等于资本主义，社会主义也有市场。计划和市场都是手段”[①]的重要论述，为我们理解工业化和工业文明提供了蓝本。工业化同样只是手段，工业化与资本主义制度相结合被资本侵略扩张榨取剩余价值的本性所利用，就具有资本主义特征，工业化与社会主义制度相结合就具有满足人民美好生活需要的社会主义基本特征。

发达资本主义国家率先实现工业化并建成了工业文明，同时资本主义国家工业化过程中通过疯狂的侵略扩张给全球带来了灾难，这其中就包括生态灾难甚至全球性的生态危机，但不必因此就给工业文明永久性地贴上“征服论”的标签。彻底解决生态危机实现人与自然的和解必须以终结资本主义制度为前提，但终结资本主义制度不等于埋葬其创造的所有成果。生态文明要摈弃传统工业化破坏生态环境等种种弊端，但工业化的高效生产方式为人类提供丰富的产品不能被一概否定。我国在工业化进程中由于经验不足，也因为急于想改变贫穷落后的面貌而走过弯路，导致了严重的生态环境问题。不过，社会主义以民为本的治理理念，以公有制为主体的所有制结构等，加之不断完善的制度体系，不断觉醒的生态意识，通过生态文明建设对工业化进行生态化优化，能够克服资本主义工业文明生成中存在的种种弊端，能够纠偏我国工业化过程中曾走过的弯路，最终实现人与自然、人与人、人与自身的和谐发展。

其二，资本主义的工业文明可进行生态化优化，为生态文明的全面生成准备条件。或许有人会对笔者的上述观点提出质疑，认为社会主义制度下的工业文明可以进行生态化优化实现生态文明，难道资本主义国家的工业文明不能？难道资本主义制度不可能生成生态文明？况且目前有些发达

① 《邓小平文选》第3卷，人民出版社，1993，第373页。

资本主义国家的生态环境明显好于中国，甚至中国还学习借鉴了西方资本主义国家的一些生态治理政策与方式。因此，一些人认为生态文明不应具有制度属性，资本主义也能建成生态文明。

确实，发达资本主义国家因受环境破坏之苦而较早进行了生态环境治理，其治理经验对我们有一定的借鉴意义。如果社会主义国家工业文明的生态化成效明显，如果生态文明能一定程度上在社会主义国家率先实现，将会对资本主义国家产生更直接的影响。资本家是物化之人，属人的基本属性让其有追求良好生态环境的愿望；资本是人化之物，逐利本性让其有改善生态环境以实现资本增殖的愿望。更为重要的是，资本主义国家要为其所谓的“历史终结”论找寻各种注脚以标榜其优越性，也会从社会主义生态文明建设中汲取一些有益的经验。因此，不必否认资本主义国家为改善生态环境所做的努力，也不用怀疑一些资本主义国家的生态环境会得到持续改善。

资本主义国家生态环境的改善能为生态文明的全面生成准备条件，但生态文明不可能在资本主义制度下建成。笔者始终坚持生态文明是良好自然生态、健康精神生态和合理社会生态的统一，就像农业文明时期自然生态环境相对良好，但因健康精神生态和合理社会生态缺席仍不能算实现了生态文明一样，资本主义制度不具备生成生态文明的全部条件。当下，资本主义国家特别是发达资本主义国家对生态环境问题的认知已有明显的提升，或者可以说，资本主义国家特别是发达资本主义国家已有明确的顺应自然、保护自然的认知，但在资本裹挟之下工具理性地利用自然，很难有尊重自然保护自然的自觉。一些资本主义国家的生态环境已得到改善甚至已形成了相对良好的自然生态，但缺乏真心服务人民的政治承诺和践行承诺的制度基础，资本主义工业文明不可能进行完全的生态化提升，只是为实现资本增殖而进行“革面不洗心”的有限改良，不可能生成真正的生态文明。以应对全球气候变暖为例，以欧盟为代表的西方国家摇旗呐喊确实做出了一些努力，并因此获得了不错的话语权和比较可观的经济收益。然而，如果防止全球气候变暖等人类整体利益与资本主义国家的具体利益明显冲突，被牺牲的必定是人类整体利益。2022 年俄乌冲突发生之后，以美国为首的西方国家在军事上支持乌克兰，在经济上政治上极限制裁围堵俄罗斯，其中围绕着俄罗斯石油、天然气的制裁与反制裁博弈异常激烈，北溪天然气管道发生泄漏、一些被淘汰的煤炭发电设施重新启用……所谓碳减排基本是服务其政治、经济需要的手段。至于因制裁和反制裁而产生的其他影响，如因高通货膨胀等而受到影响的民众生活，与资本的战略利益相比也只能是必须做出牺牲的选项。

二、现实性的纲领视角

在优化工业文明中实现生态文明具有现实性，这里所说的现实性，不是指生态文明已经成为现实或者马上将成为现实，而是指通过生态文明建设，通过对工业文明进行生态化优化，可以逐步实现工业文明与生态文明同向同行，在可以预期的将来生态文明将成为现实。当然，将成为现实的生态文明有一个从低级到高级、从局部到整体的提升过程。在优化工业文明中实现生态文明的这种可预期的现实性，与后工业文明形成的时间、样态不确定性，以及通过后工业文明实现生态文明同样具有不确定性有明显的区别。党的二十大报告是中国共产党团结带领全国各族人民在新时代新征程坚持和发展中国特色社会主义的行动纲领，更好地推动生态文明建设如期实现生态文明是这一行动纲领中的重要内容。从党的二十大报告这一行动纲领中，能更好地理解在工业文明中实现生态文明的现实性。

其一，在中心任务的总体概括中，蕴含着生态文明与工业文明相融的基本要求。党的二十大报告明确了新时代新征程中国共产党的中心任务，即“团结带领全国各族人民全面建成社会主义现代化强国、实现第二个百年奋斗目标,以中国式现代化全面推进中华民族伟大复兴”[①]。中国式现代化是对资本主义模式的反思与超越，妥善处理人与自然的关系就是中国式现代化的重要维度。党的二十大报告明确指出：“中国式现代化是人与自然和谐共生的现代化”，“生产发展、生活富裕、生态良好”是中国式现代化的内在要求。人与自然和谐共生的实现标志着生态文明由愿景变成了现实，生产发展、生活富裕不能等同于工业文明但也不能否定工业文明（注：这一点在阶段性目标中能得到佐证）。因此，党的二十大报告关于中心任务的总体概括中既表明实现生态文明的可预期性，也蕴含着生态文明与工业文明的相融性。

其二，在阶段性的总体目标中，包含着生态文明与工业文明相融的直观表达。中国共产党治国理政总是根据不同的时代不同的情况，分阶段分步骤制定明确的战略目标，实现新时代新征程的中心任务也不例外。党的二十大报告对新时代新征程强国总战略进行了“两步走”安排，并且特别清晰地规划了总战略的第一步即到二〇三五年我国发展的总体目标。在第一步战略目标中，就明确地包含着“基本实现新型工业化”和“美丽中国

① 习近平:《高举中国特色社会主义伟大旗帜 为全面建设社会主义现代化国家而团结奋斗》,《人民日报》2022 年 10 月 26 日，第 1 版。

目标基本实现”等具体目标。新型工业化基本实现，意味着传统工业化模式已基本实现转型，有别于传统工业文明的新型工业文明将成为现实；美丽中国目标基本实现意味着生态文明基本生成，能为党的十九大报告部署的21世纪中叶“生态文明将全面提升”奠定坚实基础。在总体目标中新型工业化与美丽中国目标并提，进一步说明在优化工业化和工业文明中实现生态文明具有现实性。

相对于党的十九大报告而言，党的二十大报告不仅在第一步战略目标中设定了“基本实现新型工业化”的具体目标，而且新增了“广泛形成绿色生产生活方式，碳排放达峰后稳中有降”相关目标。这说明，一方面，坚定走工业化道路不能偏离。当前，我国正处于工业化换挡提质期，上升通道中的工业文明不需逆转，也不容逆转。当下，即使已在一定程度上脱“实”就“虚”的发达资本主义国家，也重新重视发展实体经济。如美国正加紧推进“再工业化”战略，美国政府正采取各种措施要求其在国外的制造业回流本土，并吸引全球制造业到美国兴业；德国全力推动“工业4.0”战略，不断提升制造业的智能化水平；英国全面规划“工业2050”战略，着力复苏与发展制造业……我国是当今世界唯一具有全产业链的国家，不能脱“实”就“虚”正中西方国家的下怀。特别是在当前全球竞争加剧，以美国为首的西方国家不遗余力地对我国进行“脱钩断链”式围堵与遏制的国际环境下，我国更需要坚定不移走工业化道路。另一方面，加快传统工业向新型工业转型提质不容懈怠。新型工业化之“新”内涵丰富，绿色化是题中应有之义。这一点在党的二十大报告设定的“形成绿色生产生活方式，碳排放达峰后稳中有降”的生态文明建设目标中能找到注脚。因为无论是绿色生产方式的实现，还是碳减排目标的达成，工业生产均是其中的重点领域。更为重要的是，党的二十大报告对第一步战略目标所作出的上述调整，是基于党的十八大以来“生态环境保护发生历史性、转折性、全局性变化，我们的祖国天更蓝、山更绿、水更清”[①]的成绩而作出的考量。这一工业化进程中的生态文明建设成绩，更好地说明在优化工业文明中实现生态文明具有现实性基础，工业化与生态文明建设可以并行不悖，工业文明与生态文明在一定的条件下可以相融相通。

实现工业文明与生态相融，实现生态文明由“可行”转变为“现实”的路径是坚持“优化”为要，在优化工业文明中推进生态文明建设不放松。工业文明不能否定，但需要通过生态文明建设对工业文明进行变革与提

① 习近平：《高举中国特色社会主义伟大旗帜 为全面建设社会主义现代化国家而团结奋斗》，《人民日报》2022年10月26日，第1版。

升。传统工业化造成的生态环境问题，除了人类征服自然理念作祟的主观原因之外，有工业化技术水平偏低、工业产品利用不合理等客观原因。走新型工业化道路，协同推进工业化和生态文明建设，实现工业文明与生态文明同向同行，既需要工业化为生态文明建设提供技术支撑，更需要生态文明理念与制度引导、规约工业化进程。一方面，智能化能为工业化的生态化升级提供一定的技术支撑。如前所述，当前工业化已逐步进入智能化阶段，善用智能科技升级生产工艺，能减少环境污染与资源消耗；运用智能科技进行升级管理服务，有利于实现环境决策科学化、监管精准化、服务高效化。以二氧化碳减排为例，实现碳中和是人与自然和谐相处的硬指标，是实现生态文明的硬指标。减少碳排放增加碳汇促进碳交易实现碳约束等等，都需要用到现代科技。另一方面，以生态理念与制度为工业化提供引导与规约。科技是把双刃剑，依赖科技改善生态环境不行，否认科技对生态环境改善的作用也不行。科学技术进步能否最终为解决生态问题助力关键还在于技术是否被合理利用。对工业化进行生态化优化，不仅需要运用日益智能的技术为提升生产、生态效益注入活力，更需要用生态文明理念、制度对工业化进行全面全程全效优化。也就是说，实现工业化的生态优化，走生产发展、生态良好的新型工业化道路，需要发挥社会主义的制度优势，通过构建生态文明制度体系等生态文明建设，让工业化始终不偏离生态文明建设的航道。具体而言，实现工业文明的生态化优化升级，就要求放弃曾经在工业化过程中所奉行的自然资源无限、无价的价值理念，征服与控制自然的生产方式，物质至上的享乐消费方式等，秉承“尊重自然、顺应自然、保护自然”的理念，实现绿色生产、绿色消费、绿色发展，让工业化具备生态内核，生态文明才能与工业文明实现相融相生。

总之，生态文明不是贯穿所有文明形态与人类共存亡的“一种基本结构”，而是需要通过生态文明建设才能达成的文明成果。尽管传统的工业化造成了生态环境问题，但因为工业化破坏了生态环境而认定工业文明与生态文明不相融有失偏颇，不能简单地将工业文明贴上“征服论”自然观的反生态标签，生态文明不以超越工业文明为“必要”前提。盲目反对工业文明，幻想在复归农业文明中实现生态文明“不可能”也不现实，不能将农业文明时期自然生态环境相对良好等同于生态文明。期盼在超越工业文明中实现生态文明“可能”但不现实，超越了工业文明的后工业文明不一定能解决生态环境问题，不能“必然”造就生态文明的美好结果，将后工业文明与生态文明直接等同更是盲目乐观基础上的天真幻想。“超越论”存在着评价标准混同、主观认知固化、理论解读偏差、对后工业文明盲目乐观等问题，可能导致工业文明建设消极化，也可能导致生态文明建设消极化。

我国是一个发展中的大国，仍处在工业化进程中，如期实现中华民族伟大复兴的历史伟业需要实现工业文明与生态文明同向同行，推进生态文明建设不能放弃工业化和工业文明，而是以新型工业化支持与促进生态文明建设，以生态文明理念与制度引导与规约工业文明建设。认识工业化与工业文明需考虑社会制度因素，社会主义制度的确立为生态文明与工业文明相融奠定了根本制度基础，通过生态理念和生态制度的引导和规约，在优化工业文明中实现生态文明“可行”且现实。在社会主义制度下，以生态文明理念和制度不断优化工业化道路，不断改造现有的工业文明样态，生态化的工业生产或工业生产的生态化能逐步得到落实，工业文明与生态文明可以实现并行不悖。与奉行对自然的征服造成对生态环境破坏的传统工业文明相区别，这种与生态文明相兼容的工业文明可称之为生态化的工业文明。总之，尽管生态文明的实现是一个复杂而艰难的过程，通过工业化的生态化优化能为生态文明的实现提供现实支点。祛工业化非但无益于生态文明的实现，还会扰乱中华民族伟大复兴的历史进程。坚定走新型工业化道路，协同推进工业化和生态文明建设是理性的选择。

第五章　政治高度：新时代生态文明建设的精准站位

如何推进生态文明建设？战略定位很关键！战略定位精准，可以事半功倍，反之，则事倍功半甚至无济于事。习近平同志指出："我们不能把加强生态文明建设、加强生态环境保护、提倡绿色低碳生活方式等仅仅作为经济问题。这里面有很大的政治。"[①] 党的十八大以来，以习近平同志为核心的党中央从政治高度推进生态文明建设，站位高、力度强、成效好！

第一节　生态文明建设彰显党的根本宗旨

当今世界，政党特别是执政党是政治舞台上最活跃也是最具影响力的行为主体，一般而言，现代政治可理解为政党政治。习近平同志指出："一个政党、一个政权，其前途和命运最终取决于人心向背。如果我们脱离群众、失去人民拥护和支持，最终也会走向失败。"[②] 人心向背是政党兴衰成败的试金石。中国共产党是中国革命和建设事业的领导核心，百余年风雨兼程由弱到强，不断从胜利走向胜利，其永葆生机活力的根本和关键，就是始终坚持人民立场，始终牢记自己的根本宗旨——全心全意为人民服务，从而赢得了人民的信任、支持与拥护。党的十八大以来，以习近平同志为核心的党中央以高度的政治自觉维护人民的生态权益，以高度的政治责任推进生态文明建设，是践行立党为公、执政为民的又一体现。

一、"公地悲剧"需政治合理"补位"

1968 年，美国学者哈丁在《科学》杂志上撰文指出："每个人都追求

---

① 中共中央文献研究室编：《习近平关于全面深化改革论述摘编》，中央文献出版社，2014，第 103 页。

② 《习近平谈治国理政》第 1 卷，外文出版社，2018，第 15-16 页。

他自己的最大利益，相信自己在公地上的自由，最终必然是所有人的毁灭,公地自由只能带来全体牧人的毁灭”[1],这就是有名的“公地悲剧”。生态环境一般具有消费上非竞争性和受益上非排他性特征，是典型的公共资源。习近平同志指出：“良好生态环境是最公平的公共产品，是最普惠的民生福祉。”[2]“最公平”“最普惠”高度概括了生态环境的典型公益性特征，也同时说明保护和改善生态环境不可放弃市场的力量，但不能依赖于市场机制。如果仅仅凭借市场规律的作用，市场主体受利益驱使会导致生态资源的供求机制发生严重扭曲，“公地悲剧”就会不断上演。

为了防止市场在生态环境保护与治理中失灵，政党特别是执政党应通过制定合理的制度和推行有效的措施进行积极补位。然而，资产阶级政党为了实现资本增殖，往往有意无视市场的失灵而不愿积极作为，甚至故意利用市场的失序在全球范围内恶意掠夺资源转嫁环境治理成本。正如英国学者戴维·佩珀所言：“资本主义制度内在地倾向于破坏和贬低物质环境所提供的资源和服务……自由放任的资本主义政治产生诸如全球变暖、生物多样性减少、水资源短缺和造成严重污染的大量废弃物等不利后果。”[3]资本主义制度不仅造成其国内生态环境恶化甚至产生了严重的生态危机，而且通过生态殖民和转嫁污染等全球性的侵略扩张而威胁全球生态安全。当然，一些资本主义国家在感受到生态环境破坏之痛后，已经积极“作为”治理国内生态环境并且成效明显。如前所述，资本主义国家一些制度与政策的改良为改善其国内生态环境提供了机遇，但发达资本主义国家在积极“作为”以改善国内生态环境的同时，在全球生态环境治理中往往表现得比较消极、“不作为”，至今全球生态环境没有得到明显改观，甚至还有进一步恶化的危险。而资本主义国家在生态环境治理上选择性的“作为”与“不作为”所导致的不同结果也很好地说明，生态环境问题是由于人类的认识偏差而引起的政治思维偏颇、政治制度或体制缺陷、政治决策失误，致使人类不恰当地干预、控制自然而产生的不良结果。生态环境问题是经济问题、技术问题，但又不完全是经济问题、技术问题，因此，生态环境问题不可能通过经济手段、技术手段予以全面解决。

“社会主义并不是生态文明的一个可有可无的前缀，而是一种‘红绿’

① Garrett Hardin,“The Tragedy of the Commons”, *Science*, Vol. 162,1968.

② 中共中央文献研究室编:《习近平关于社会主义生态文明建设论述摘编》，中央文献出版社，2017，第4页。

③ [英]戴维·佩珀:《生态社会主义：从深生态学到社会正义》，刘颖译，山东大学出版社，2005，第2页。

意义上的旗帜鲜明的政治规定性。”[①] 社会主义制度的建立为生态文明的实现提供了光明的前景。不过，我国仍处于社会主义初级阶段，由于在生态环境等问题的处理上无可资借鉴的经验而走过不少弯路。可以这么认为，我国过去很长一段时间内对生态环境问题缺乏正确的认识，曾片面地追求经济增长和物质财富的提升而较少关注民众生态权益的治理理念，是造成生态环境问题的症结所在。

二、“两个重大”体现鲜明政治立场

中国共产党一直秉持人民至上的根本立场，总是在不断总结经验吸取教训中提升治理体系与治理能力。面对着生态环境问题这一重大历史与现实难题，中国共产党从政治高度以“两个重大”作出了回答！“生态环境是关系党的使命宗旨的重大政治问题，也是关系民生的重大社会问题”[②]。“重大政治问题”“重大社会问题”，这“两个重大”，既体现了党对生态环境问题的精准判断，更体现了党一心为民的使命担当。中国共产党所奋斗的一切都是为了人民利益，人民利益处于至高无上的地位。

其一，“两个重大”反映了中国共产党对生态环境问题的精准判断。一方面，生态环境问题绝不是可以忽视或者能够依靠自然自身治愈的“小”问题，而是关系民众生存与发展的“重大”政治、社会问题。另一方面，重大政治问题、重大社会问题既不是各自分割孤立关系，也不是平行并列关系，而是彼此联系、相互影响的辩证关系。

民众利益无小事。良好的生态环境事关民众生存权与发展权这一最核心利益。然而，实施生态环境治理具有十分明显的正外部性特征，如果治理投入不能得到有效补偿就很难激起相关主体的治理热情并承担相应的治理责任；而破坏生态环境的行为具有显著的负外部性特征，如果损害不能得到有效的预防与制止，甚至损害赔偿难以落实或者完全无法落实，就不可避免地发生摩擦甚至冲突，甚至衍生为社会事件。

综观种种因生态环境问题而引发的群体性事件，民众最终往往不是将对抗的矛头指向各种破坏生态环境的直接责任方，而是集中问责于各级地方政府和相关职能部门。这其中，有民众因为法治意识淡薄、权利主张方式失当等原因，有居心叵测的境内外组织或个人利用媒体炒作事件夸大事实煽动对立对抗情绪的拙劣影响。不过，生态环境损害的既定事实或者可

---

① 郇庆治：《社会主义生态文明的政治哲学基础：方法论视角》，《社会科学辑刊》2017年第1期。

② 《习近平谈治国理政》第3卷，外文出版社，2020年，第359页。

能造成损害的推断，特别是相关责任主体不及时不合理的问题处理方式是诱发冲突的直接、根本原因。曾经推诿、拖延的生态环境治理“病态”，让很多民众对事件直接责任主体处理问题的态度与能力表示怀疑，要求各级政府和相关职能部门加强对生态环境监管与治理的诉求日趋强烈。如果不能构建科学有力的生态环境保护制度和运行机制，各级政府部门就会疲于处理相关事件而降低行政效率；如果对引发事件的相关责任方（包括造成生态环境污染的责任方以及无理取闹的社会组织和个人）惩处不力，如果民众的合法权益得不到有效保障，不满情绪就会累积、爆发，会对经济和发展产生不良影响并最终会累及民众的生存与发展。

其二，“两个重大”体现中国共产党的使命担当。中国共产党的根本宗旨是全心全意为人民服务，不忘初心、牢记使命是党的庄严承诺。历史反复证明，中国共产党没有自己的私利，是始终代表最广大人民根本利益、切身利益、长远利益的政党。

百余年征程之中，中国共产党的使命在不同时期有不尽相同的具体表现。在新民主主义革命时期，党领导人民经过艰苦卓绝的斗争成立了中华人民共和国，中国人民从此站起来了。在社会主义革命与建设时期，中国共产党肩负起领导人民进行社会主义改造和现代化建设的历史使命，励精图治，艰苦奋斗，我国迎来了社会主义制度，国民经济得到恢复与发展，人民生活水平有了明显提升。在改革开放和社会主义现代化建设新时期，党确立以经济建设为中心的基本路线，领导全体人民开拓创新砥砺前行，中华民族富起来的夙愿终成现实。

新时代党肩负着领导人民走向富强、走向复兴的历史使命。从石库门走来，向复兴门进发，强国征程中人民对美好生活的向往日益强烈。美好生活不只是物质富有、精神富足，还包括生态环境良好等众多内容。中国共产党是人民的政党，民有所呼，党必有所应。中国共产党关于生态环境问题的“两个重大”判断，充分体现了生命共同体的新认知，充分尊重了“人与自然共同命运”的最高价值主体地位。同时，把关系人民群众生存和发展的生态环境问题当作重大政治问题和重要政治任务，从政治高度积极回应人民群众的所急、所盼，充分体现了中国共产党践行全心全意为人民服务的根本宗旨，在为人民谋幸福、为民族谋复兴中续写使命与担当。

三、以政治自觉维护人民的生态权益

全力推进生态文明建设以保障人民的生态环境权益，是中国共产党的重大政治责任和重大政治承诺。党的十八大、十九大、二十大均通过了

《中国共产党章程（修正案）》，分别将“中国共产党领导人民建设社会主义生态文明”，“增强绿水青山就是金山银山的意识”，“贯彻创新、协调、绿色、开放、共享的新发展理念”写入党章。将生态文明建设纳入党的最高行动纲领，这为推进生态文明建设提供了根本遵循，也从保障人民生态权益的角度彰显了中国共产党的使命担当。

怎样将党的最高行动纲领落实在行动中？怎样有序有效地推动生态文明建设？以习近平同志为核心的党中央有着科学的战略部署与安排。我国在生态环境方面欠账太多，推进生态文明建设守护好人类共同的家园，既强调重点突破，更强化制度体系构建。其一，修复已被破坏的生态环境，重点是污染防治。大气污染、水污染、土壤污染等影响面广、危害大、治理难，打赢蓝天保卫战、碧水保卫战、净土保卫战等污染防治攻坚战，让老百姓呼吸上清新的空气，喝上干净的水，吃上安全放心的食品，这是党中央在生态文明建设中抓重点、补短板的具体体现。“十四五”时期，污染防治攻坚战向纵深推进，其中，推动减污降碳协同增效是重点工作。其二，注重生态文明制度体系建设。生态文明建设既要立足当下实现重点领域精准发力，集中精力解决污染防治等问题，更要立足长远推进生态文明体制改革，加快建立有利于推进生态文明的制度体系建设。通过理顺体制，强化体系，打通堵点，强健筋骨，才能坚定高效地推进生态文明建设。

建设生态文明，是民意，也是民生。民之所望，政之所向。党的十八大以来，以习近平同志为核心的党中央以空前的决心、勇气与谋略治理生态环境推进生态文明建设。科学的顶层设计，日趋完善的生态文明制度体系，逐渐合理的生态文明建设政策与措施，系列生态环境治理重点工程，常态化的防、控、治……尽管生态文明建设之路任重而道远，但我国生态环境治理成效明显。

以空气污染治理为例，这些年我国空气质量已有明显改善。“2017年，全国74个重点城市优良天数比例为73.4%，比2013年上升7.4个百分点，重污染天数比2013年减少一半”[①]。2018年，全国338个地级及以上城市中，121个城市环境空气质量达标，占全部城市数的35.8%，优良天数占79.3%，338个城市发生重度污染1899天次，严重污染822天次。2019年，全国337（莱芜市已并入济南市）个地级以上城市中，157个城市环境空气质量达标，占全部城市数的46.6%，337个城市平均优良天数比例为82.0%，累计发生严重污染452天，比2018年减少183天；重度

① 孙秀艳等：《打赢蓝天保卫战三年行动启动》，《人民日报》2018年2月4日，第1版。

污染 1666 天，比 2018 年增加 88 天。2020 年，全国 337 个地级及以上城市空气质量平均优良天数比例达到 87%；累计发生严重污染 345 天，比 2019 年减少 107 天；重度污染 1152 天，比 2019 年减少 514 天。2021 年，全国 339 个地级及以上城市空气质量平均优良天数比例为 87.5%，其中有 12 个城市优良天数比例是 100%，218 个城市环境空气质量达标。重点区域如京津冀及周边地区“2+26”城市优良天数比例平均为 67.2%，比 2020 年上升了 4.7 个百分点。2022 年，全国 339 个地级及以上城市空气质量平均优良天数比例为 86.5，213 个城市环境空气质量达标，比 2021 年略有下降[①]。以城市环境空气质量为例相对详细地列举近几年的相关数据，能比较直观地感受到我国生态文明建设所取得的成绩。

下面，可以从另一组数据感受我国生态环境质量的变化。2016 年，《人民日报》联合人民网曾就新的一年老百姓最关心的经济问题进行调查。调查结果显示，对生态环境能否得到改善的关注位列第 3，排在生活成本是否大幅增加和是否继续涨工资这两个问题之后[②]，老百姓对不断恶化的生态环境曾十分关心。《人民日报》于 2018 年又发起过同样的调查，不过，在公布的 8 个老百姓“最关心的经济问题”中，没有“生态环境问题”的身影[③]。为什么时隔两年调查结果会发生明显的变化？这当然不是因为良好生态环境的重要性在减弱，而是因为老百姓对党和国家治理生态环境治理力度看在眼里，乐在心里，当然就少了一份担心，多了一份信心。2020 年国家统计局所做的调查结果显示，公众对生态环境的满意度达到了 89.5%，比 2017 年提高了 10.7 个百分点[④]。尽管笔者没能查到 2021 年和 2022 年公众对生态环境满意度的权威调查资料，但上述系列数据仍然能够较好地反映我国生态文明建设的成效。

诚然，我国还有很多生态环境问题亟待解决，民众对当前的生态环境仍有很多看法与想法，但广大人民群众对党和国家治理生态环境的举措表示肯定、支持与赞赏。逐渐增多的蓝天白云、青山绿水等生态环境治理成绩，是中国共产党坚持“以民为本”“以人民为中心”的重要体现，也是党赢得人民群众拥护与支持的力量源泉。市场这只看不见的手在治理生态环境方面往往失灵，中国共产党站在“两个重大”的政治高度“掌舵”，

---

① 数据来源于相应年度的《中国生态环境状况公报》。

② 《2016，“百姓经济”怎么走》，《人民日报》2016 年 2 月 15 日，第 17 版。

③ 陆娅楠：《春来看预期》，《人民日报》2018 年 3 月 26 日，第 17 版。

④ 《建设人与自然和谐共生的美丽中国》，新华网，http://www.news.cn/comments/2021-08/19/c_1127774191.htm。

能有效克服市场失灵的弊端，有利于推进生态文明建设。

第二节　生态文明建设彰显新的政治愿景

中国特色社会主义进入新时代，新时代既是一个时间概念，更是一个赋予新内涵的政治概念。推进生态文明建设，在社会主义现代化强国蓝图中绘就人与自然和谐共生的“美丽”愿景，是新时代的新追求。社会主义现代化建设必须铺就美丽中国之路，社会主义现代化强国必须是美丽国家，美丽不是外在变量，而是内生发展目标，这是一个重大政治判断。党的十九大为实现这一伟大目标作出了战略部署：即在全面建成小康社会决胜期，打好污染防治攻坚战；到二〇三五年，生态环境根本好转，美丽中国目标基本实现；到21世纪中叶，建成富强民主文明和谐美丽的社会主义现代化强国，生态文明将全面提升①。党的二十大坚持了十九大的战略安排，并就“推动绿色发展，促进人与自然和谐共生”做了专题部署。以习近平同志为核心的党中央按下了生态文明建设快进键，既绘就了美丽中国新愿景，明晰了路线图和施工图，也为我国经济社会发展注入了新的活力与动力，可谓一举多得。

一、生态文明建设推动经济高质量发展

党的十九大报告指出，“我国经济已由高速增长阶段转向高质量发展阶段，正处在转变发展方式、优化经济结构、转换增长动力的攻关期”②。实现经济由高速增长向高质量发展转型升级是一个系统工程，如何有效地处理经济社会发展与生态环境保护的关系，就是实现经济转型升级过程中无法绕开的课题。在理论界和实践界，偏激极端地坚持经济增长优先于生态环境保护，或者生态环境保护优先于经济增长者有之；温和折中地提议新老项目区别对待的有之，主张新上项目必须严格符合环评要求，但老项目的环保提质改造、关停淘汰应该从宽从缓。不少人认为作为一个发展中的大国，当下正面临着保持经济稳步增长和保护改善生态环境等多重压力，鱼和熊掌很难兼得，需有所取舍。

以习近平同志为核心的党中央深谙自然规律、经济规律和社会规律，高质量发展当然包括资源的高效利用，环境的有效治理，生态文明建设有

① 《习近平谈治国理政》第3卷，外文出版社，2020，第22-23页。
② 《习近平谈治国理政》第3卷，外文出版社，2020，第22页。

利于推动经济高质量发展。习近平同志指出："严格执行环保、安全、能耗等市场准入标准，淘汰一批落后产能。淘汰落后产能态度要坚决、步子要稳妥。"① 他在不同的场合反复强调："我们既要绿水青山，也要金山银山。宁要绿水青山，不要金山银山，而且绿水青山就是金山银山。"②2021 年 6 月习近平同志赴青海考察时又进一步提出："生态是资源和财富，是我们的宝藏。"③ 在党的二十大报告中习近平同志再一次强调："必须牢固树立和践行绿水青山就是金山银山的理念，站在人与自然和谐共生的高度谋划发展。"④

习近平同志的系列讲话通俗形象、科学辩证，立场旗帜鲜明且一以贯之，对如何协调经济发展与生态环境保护的关系给出了明确答案。从长远和根本来说，我们"既要绿水青山，也要金山银山"。发展是硬道理，保护和改善生态环境也是硬道理，不可偏废一方。从短期与局部而言，保护生态环境可能会在一定程度一定范围内影响经济发展速度，特别是一些具体项目上，绿水青山与金山银山难以兼得，这时"宁要绿水青山，不要金山银山"就是必须作出的不二抉择。从总体和全局而言，绿色是发展必须坚持的路径，发展是绿色应该达到的目标，发展必须绿色化，绿色化必须有利于发展，为了绿水青山而暂时放弃金山银山，其最终目标是为了实现"绿水青山就是金山银山"。可以这么认为，谁捏住了绿色发展的牛鼻子，谁就在一定程度上站在了高质量发展的制高点。相反，偏离绿色发展的经济回暖无异于慢性自杀，放弃生态环境保护的经济高速发展实质是自掘坟墓。

二、生态文明建设奠定永续发展的基石

党的十九大报告指出："建设生态文明是中华民族永续发展的千年大计。"⑤ 党的二十大报告在阐释人与自然和谐共生的中国式现代化道路时指出，"坚定不移走生产发展、生活富裕、生态良好的文明发展道路，实现

① 中共中央文献研究室编：《习近平关于社会主义生态文明建设论述摘编》，中央文献出版社，2017，第 84 页。

② 中共中央文献研究室编：《习近平关于社会主义生态文明建设论述摘编》，中央文献出版社，2017，第 21 页。

③《习近平：生态是资源和财富，是我们的宝藏》，新华网，http://www.xinhuanet.com/politics/leaders/2021-06/09/c_1127545006.htm。

④ 习近平：《高举中国特色社会主义伟大旗帜 为全面建设社会主义现代化国家而团结奋斗》，《人民日报》2022 年 10 月 26 日，第 1 版。

⑤《习近平谈治国理政》第 3 卷，外文出版社，2020，第 19 页。

中华民族永续发展”[①]。将生态文明建设、生态良好与中华民族永续发展密切联系在一起，这主要是因为实现永续发展所涉及的“人与自然”这两个核心要素，都与生态文明建设密切相关。

勤劳善良是中华民族生生不息的根基，踔厉奋发是中华民族永续发展的动力。躺平不可能发展，躺赢不可能发生。劳动是实现发展的前提，而人与自然之间的物质变换永远是劳动最原初的表现形式。如果人与自然之间的物质变换无法有序持续，发展必定会受阻甚至断档。其实，“人与自然”这两个发展的核心要素，可以说主动性在人手中，但自然始终规约影响着人的能动性。一方面，自然生态环境良好才能为发展提供源源不断的资源，这是一个简单明了的道理，不再赘述。当下，被破坏与透支的自然难以承受人类发展之重是不争的事实。据中国生物多样性保护与绿色发展基金会公布的信息，2022 年的地球生态超载日为 7 月 28 日，比 2021 年又提前了一天，这意味着地球所提供的资源已被严重透支，人类所消耗的资源是地球承载力的 1.75 倍。我国是一个拥有 14 亿多人口的发展中大国，所需要和消耗的生态资源亦远远超出了自然生态系统的承载能力。如果不能从根本上扭转严重的生态赤字状况，如果资源枯竭，生态破坏，发展就会陷入困境，永续发展也就成了空中楼阁。另一方面，人是实现永续发展的能动性因素。如果民众精神涣散、身心疲惫、意志消沉、创新能力下降，人类社会只能维持简单的存在而很难得到较好的发展。恶化的生态环境轻则影响人们正常的生活与工作，重则损害健康危及生命。总之，如果自然受损，人类就会受伤，中华民族的永续发展就难以实现。

推进生态文明建设，秉持“节约优先、保护优先、自然恢复为主”的方针，让破败的自然逐步得到修复以恢复新的动态平衡，就能为永续发展提供良好的自然物质前提。同时，生态文明建设所带来的优美生态环境，有利于强健体魄、愉悦身心，有利于激发人们的智慧与创造潜能，有利于提高工作和学习效率，提升生活的质量，这又为中华民族的永续发展提供了人力资源保障。强调生态环境的改善有利于激发人的智慧与创造潜能，这并不与弘扬艰苦奋斗精神相悖离，而是社会发展进步的表现。艰苦的环境让人们负重前行，并创造了前所未有的伟大成就。但 21 世纪的今天在弘扬艰苦奋斗精神的同时，也要不断创造条件让人们开心工作享受生活。总之，生态文明建设是实现中华民族永续发展不可或缺的条件，良好的生态环境为永续发展奠定了基石，人类文明也将在永续发展中生生不息，薪

① 习近平：《高举中国特色社会主义伟大旗帜 为全面建设社会主义现代化国家而团结奋斗》，《人民日报》2022 年 10 月 26 日，第 1 版。

火相传。

三、强国新愿景需要强有力的政治保障

综观人类历史会发现，任何文明的演进与变迁都是曲折前行，生态文明的实现也必然如此。改变以往粗放型的利用自然甚至控制自然的发展观念，着力推进生态文明建设，“各地区各部门要增强‘四个意识’，坚决维护党中央权威和集中统一领导，坚决担负起生态文明建设的政治责任”①。党的十九大、二十大报告擘画了“美丽”强国新愿景，其顺利实现需要坚强有力的政治支撑。中国共产党的领导是推进生态文明建设实现美丽中国的有力保障。

其一，加强顶层设计，立“美丽”愿景的四梁八柱。推进生态文明建设，首要任务是抓好顶层设计。习近平同志指出：“把生态文明建设放到更加突出的位置。这也是民意所在……在这方面也要搞顶层设计。”② 顶层设计是定盘星，能给具体政策和规划的制定、落实等实践活动提供方向指引、方法指导。顶层设计是“纲”，具体实践是“目”，“纲”举才能“目”张。

以习近平同志为核心的党中央抓住生态文明体制改革这一根本性、全局性、关键性问题，做好顶层设计。党的十八届三中全会审议通过的《中共中央关于全面深化改革若干重大问题的决定》，将生态文明体制改革作为全面深化改革的 6 条主线之一。2015 年出台的《生态文明体制改革总体方案》包括 6 大理念、6 条原则、8 项制度，为生态文明体制改革指明了方向、明确了思路、搭建了框架、勾画了重点。党的十九大报告专门就“加快生态文明体制改革，建设美丽中国”进行阐述，就建立健全绿色低碳循环发展的经济体系、构建环境治理体系、优化生态安全屏障体系等③ 进行部署，十九大报告吹响了生态文明体制改革的冲锋号，进一步明晰了生态文明体制改革的路径、重点、难点、着力点。党的二十大报告不仅就“深入推进改革创新”作出部署，就生态文明制度建设作出进一步安排，甚至首次在党中央报告中提出要“加强生物安全管理，防治外来物种

① 顾仲阳：《坚决打好污染防治攻坚战 推动生态文明建设迈上新台阶》，《人民日报》2018 年 5 月 20 日，第 1 版。

② 中共中央文献研究室编：《习近平关于社会主义生态文明建设论述摘编》，中央文献出版社，2017，第 83 页。

③ 《习近平谈治国理政》第 3 卷，外文出版社，2020，第 40-41 页。

侵害”[①]。党中央的顶层设计既有宏阔视野，也有很强的目的性、针对性。

其二，明晰责任层层落实，充盈“美丽”愿景的坚实基础。顶层设计要在实践中落实，战略蓝图一经制定，就“要抓实、再抓实，不抓实，再好的蓝图只能是一纸空文,再近的目标只能是镜花水月”[②]。党的十八大以来，我国大力推进生态文明建设，如“大部制”与“环保垂改”的实施，中央和省级环保督察的推进，环境保护“党政同责”“一岗双责”逐渐落实，激励机制、监督约束机制、考评机制、市场机制、教育引导机制逐步完善，如此等等，都表明中国共产党真抓实干、强力推进生态文明建设，用实际行动充盈“美丽”愿景的坚实基础。

迄今我国生态文明建设省市层面“中梗阻”问题得到了很大缓解，但基层“最后一公里”仍存在不少问题。以农村为例，总体而言，农村生态环境普遍好于城镇，生态文明建设亦取得了不错的成效。如笔者在调研中发现，即使偏远的农村，风电项目上马，大型养殖场安装了污水处理系统，一些擅自开采的矿山被关停，严重污染的河渠得到了改善……不过，农村的生态文明建设仍潜藏着很大隐患。

自 2003 年取消农业税开始，国家对农业、农村、农民的反哺力度逐步加大，与生态文明建设直接相关的补贴主要体现在退耕还林、休耕、护绿等等生态补偿。笔者在调研中发现，这些政策的全面有效落实仍存在诸多问题。以退耕还林为例，一些人虚报面积骗取补贴，一些退耕还林的地方树木稀疏，成活率不高，“绿”起来打了折扣；有的地方挑选最容易种植但经济价值不高的林木，“绿”而难“富”。如在湖南一些地方，很多退耕还林的农户选择种植楠竹（毛竹）。楠竹速生，种植时投入的人力成本与经济成本都很低廉，如果楠竹能得到充分利用，无疑能在践行中国政府同国际竹藤组织共同发起“以竹代塑”倡议中彰显经济价值与生态价值。然而，由于很多地方没有加工业做支撑，楠竹能产生的经济价值不高，结果是山确实绿了，但农民收入没有随之增长，甚至野蛮生长的楠竹挤占了其他林木、经济作物的生存空间。更有甚者，将宜耕宜种的良好耕地种上树木以隐瞒土地撂荒的实情，造成耕地资源浪费，严重违背退耕还林的初衷。再比如说轮作休耕，这是解决污染、改良土壤、保持土地肥力、保证食品安全的有效举措，国家为此进行了大量投入。然而实践中不少人在意

---

① 习近平:《高举中国特色社会主义伟大旗帜 为全面建设社会主义现代化国家而团结奋斗》,《人民日报》2022 年 10 月 26 日，第 1 版。

② 中共中央宣传部:《习近平总书记系列重要讲话读本》，学习出版社、人民出版社，2016，第 293 页。

的是国家补贴而不是土壤改良，休耕基本等于撂荒，复耕后仍采用传统方式耕作，甚至仍然使用大剂量的农药化肥，休耕的价值大打折扣。列举退耕还林、轮作休耕中存在的问题能管中窥豹，生态文明建设中的类似现象仍屡见不鲜。

为什么中央的好政策会在一些地方的执行过程中严重“变形”？一些人的环保意识和法治观念相对淡薄是其中的原因，但最根本原因还是这些地方的基层党组织没有很好地发挥作用。乡镇党的基层委员会和村党组织作为基层组织，是党在农村全部工作和战斗力的基础。现在很多农村实行了行政村合并，合并是为了合理利用资源提高基层自治成效，这对于选举有能力、有作为的村“两委”成员有一定的积极作用，很多农村的基层党组织充分履行为人民服务的责任，村“两委”卓有成效地开展工作，农村呈现出生产发展、生活富足、生态美好的喜人局面。但不容忽视的是，部分农村的治理仍存在不少问题。如一些村的“两委”成员多由能向相关部门争取到项目与资金的“能人”组成，这些人伸手“要”得多，落实“做”得少，甚至想方设法截留资金、吃回扣，农民最终得到的实惠不多，党的好政策在执行中大打折扣。需要说明的是，农村基本是熟人社区，对于村“两委”存在的问题，村民熟知但几乎无人愿意指出甚至不敢指出，因为“两委”成员对各种补贴的发放、宅基地的审批等都有很大的发言权，很多村民不愿或不敢与他们搞僵关系以免影响自己的既得利益；乡镇党委、政府应该知情也基本知情，但一些地方的乡镇党委、政府没有很好地履职尽责。

包括生态文明建设在内的社会治理，打通“最后一公里”才能让政策真正落地，基层党组织在这其中起着至关重要的作用。同样以农村为例，如何发挥农村基层党组织的作用？笔者认为，一要继续选派驻村第一书记，同时培养吸收有担当有作为的农村青年（包括外出务工人员）加入党组织；二要通过村“两委”班子成员交叉任职，更好地发挥党的领导作用；三是必须实行严格的党务、政务公开，全面接受党员、群众的监督；四是加强对乡镇党委的考察与考核，严格问责机制。只有加强基层党组织建设，切实严明政治纪律，锤炼党员党性，发挥党组织战斗堡垒作用和党员先锋模范作用，才能让党的好政策落地生根，美丽中国才能有坚实的基础，强国目标才能有牢固的根基。

第三节　生态文明建设彰显中国正义形象

“世界那么大，问题那么多，国际社会期待听到中国声音、看到中国方案，中国不能缺席。”① “中国共产党是为中国人民谋幸福的政党，也是为人类进步事业而奋斗的政党。中国共产党始终把为人类作出新的更大的贡献作为自己的使命。”② 当前，生态环境问题已成为影响人类生存与发展的重大问题，中国共产党是负责任的马克思主义政党，中国是负责任的发展中大国，在全球生态环境治理领域，中国同样体现的是负责任的正义形象。

一、全球生态环境治理政治博弈明显

当今世界，利益纷繁复杂，但利益诉求不尽相同的国家之间又有着千丝万缕的联系。主权国家之间既存在着利益多元、追求多样之“异”，又存在着相互依存、休戚与共之“同”。相同领域普遍关心之“同”，让各国相互交流有了存在的根基；而相同领域不同利益诉求之“异”，让政治博弈十分激烈。在形形色色的“异”与“同”之中，保护与改善生态环境，保护人类共有的家园应该是当今世界最大的“同”。

自工业革命以来，全球生态环境遭到前所未有的破坏。当今世界，“只有两个挑战真正可能毁灭人类：一是核大战，它可能在很短的时间内使人类作为一个物种在地球上灭绝；二是人类活动所造成的全球环境问题，它可能使地球生态系统逐渐失衡乃至崩溃，最后导致人类的毁灭”③。日益严峻的生态环境问题还在全球继续发生和发展着。

1972 年，联合国第一次人类环境会议召开，全球的环境问题逐步变成了环境议题。此后，一系列环境保护公约或协议相继签订，一系列国际环境保护组织或协会相继成立，生态环境问题已成为双边、多边国际政治的重要议题。世界各国非常清楚，任何国家仅凭一己之力无法应对全球日益严重的生态环境问题，保护生态环境已不仅仅是一家一国的义务，而是全球共同的责任。异中求同、携手合作是环境治理的不二选择，但合作治理中的权责怎么分担，技术路线怎么处理等问题，又是同中之异。因此，

---

① 《国家主席习近平发表二〇一六年新年贺词》，《人民日报》2016 年 1 月 1 日，第 1 版。

② 《习近平谈治国理政》第 3 卷，外文出版社，2020，第 45 页。

③ 张海滨：《环境问题与国际关系——全球环境问题的理性思考》，上海人民出版社，2008，第 1 页。

本应携手合作、责任共担的全球生态环境治理，却因各责任主体的利益分歧而导致博弈色彩十分浓厚。

在这场环境政治博弈中，通过剥削享受着全球太多资源红利而最应该承担生态环境治理责任的西方发达资本主义，却始终固守着零和博弈的狭隘思维。当全球性的生态灾难频发威胁人类的生存安全时，西方大国意识到自身不能从这种全球性的生态灾难中幸免时，他们不是积极承担全球生态环境治理的责任，而是想方设法以责任最小化争得利益最大化，以自身的优势地位博得最大的收益。不顾发展中国家的生态权益和生态环境治理困境，尽最大可能在全球范围内转移污染物、掠夺能源资源仍然是其惯用的手段。下面，不妨以应对气候变化和日本福岛核废水处理问题为例做具体分析，可以看出全球生态环境治理政治博弈明暗交织，异常激烈。

首先，全球生态环境治理国际合作艰难，以美国为首的西方大国频频为国际合作设置障碍。以应对全球气候变化为例，当前全球气候变暖是不争的事实，其造成的损害已逐步显现但至今仍无法全面预测。因为全球气候变暖而引起的海平面不断上升，会让沿海地区的洪涝灾害增加，陆地水源会不同程度地被盐化，造成部分地区饱受洪涝灾害的煎熬，而另一些地区却吞下干旱少雨的恶果。水质下降、农作物歉收、生态系统失衡……这些均让生命安全受到挑战。而更令人担忧的是冰川和冻土融化可能带来的灾难。因为在冰川和冻土带中封存了大量远古时代的病毒和细菌，随着气温的上升，这些病毒可能给人类带来灾难。科学家还认为，全球气温升高还会导致冻土带中的甲烷气体被大量释放，甲烷会使气温升高，形成恶性循环，最终敲响地球生物的丧钟①。

温室气体排放具有典型的负外部性特征，发展中国家因气候变暖受到的伤害最大。政治行动成为解决全球气候问题的必然选择，气候谈判就是这种政治行动的表现方式，防止全球气候变暖也因此成为当今国际政治的重要议题之一。自 1992 年《联合国气候变化框架公约》问世后，多边或双边气候谈判在争论、斗争与妥协中达成与签订了相关协定，艰难的合作中凸显出一场围绕气候议题而展开的各种政治力量之间的战略性博弈。2007 年可称为“气候变化年”，英国外交大臣贝克特利用其作为安理会当月轮值主席的机会，首次将气候议题带入安理会，就能源、安全与气候变化之间的关系展开公开辩论。也就在这一年，“巴厘路线图”诞生，诺贝尔和平奖授予了热心于环境保护事业的美国前副总统戈尔和联合国政府间

① 方世南:《人类命运共同体视域下的生态—生命一体化安全研究》,《理论与改革》2020 年第 5 期。

气候变化专门委员会（IPCC）。此后，国际社会围绕着气候议题进行合作的同时，也展开话语权的激烈争夺，气候变化已由科学课题转化为重大国际政治、经济、外交话题。

气候政治博弈表面是碳减排之争，是资金技术之争，实则是国际话语主导权之争，是经济政治主导权之争，霸权与强权在气候政治博弈中同样存在。如美国在历次重要的国际合作中，总是为主张权利而来，为逃避责任而去。2001 年和 2017 年，美国先后退出《京都议定书》和《巴黎协定》，一方面，这是美国执政党轮换，政党之间相互攻击相互“拆台”的表现；另一方面，这更是美国为维护其本国利益，尽可能“推卸”国际责任的表现。特朗普甚至坚持“气候变化是中国人杜撰出来的，为的是让美国制造业丧失竞争力，加速替代美国成为世界经济领袖”[①]。他就任美国总统之后，提名的与能源气候政策紧密相关的重要部门负责人，或者有着化石能源的从业背景，或者是著名的气候怀疑论者，其能源政策的主要立足点是产业、贸易和就业而非环境保护和气候治理。特朗普为此曾赤裸裸地强调，“我是被选来代表匹兹堡（Pittsburgh）人民，不是巴黎（Paris）”。“美国优先”“美国至上”的主张表现得淋漓尽致。与责任相匹配的利益值得推崇且需得到有效的维护，但只讲利益不尽责任是对国际正义的践踏。尽管 2021 年上任的美国总统拜登签署行政命令，美国重返《巴黎协定》，但重返同样只是因为美国利益的需要，其中最为直接的原因是拜登领导下的美国政府，要改变特朗普时期坚持“美国优先”一言不合就退群的状况，上演“美国回来了”的戏码以谋求弥合盟友之间的分歧，重树美国负责任的大国形象，其根本目的当然是维护美国的全球霸权，很难真正为防止全球气候变暖承担应有的责任。

至于在防止全球气候变暖问题上表现得相对积极的一些欧洲国家如英国、法国、德国等，因较早实现了工业化的便利条件，因设置“绿色壁垒”有利于保证自己的先发优势，当然也因为对气候变化不利后果的担心，等等，确实为碳减排作出了一些努力。不过，这些努力的前提是其在政治、经济等方面的获益远远大于其付出，否则，他们也只是《巴黎协定》的口头支持者。2022 年俄乌冲突发生之后，为了打击、消耗、拖垮俄罗斯，北约成员国源源不断地给乌克兰提供武器支持，欧盟成员则配合美国对俄罗斯进行极限制裁，这其中就包括对俄罗斯石油、天然气的制裁。英法等率先削减直至完全取消购买俄罗斯的石油和天然气，为此他们不惜重启煤

---

① 参见柴麒敏、傅莎等：《特朗普“去气候化”政策对全球气候治理的影响》，《中国人口资源和环境》2017 年第 8 期。

炭发电、使用柴火取暖。即使全球2022年的气温不断刷新历史纪录，即使英国遭遇史上首个超过40度的极端高温而宣布国家进入紧急状态……但西方对俄罗斯的制裁仍是步步紧逼，甚至企图给中国、印度等施压以全面实现对俄罗斯油气等产品的禁运。中国奉行独立自主的外交政策，不可能跟随西方国家的步伐肆意妄为。不过，西方国家的种种做法充分说明，所谓碳减排在很多情况下只是服务其政治、经济需要的手段而已。

其次，全球生态环境治理被某些国家变成了赤裸裸的政治交易。如果说某些国家推卸应对全球气候变暖应承担的责任时，还有些许伪善的面孔，那么在日本福岛核废水等问题的处理上，则演变成了赤裸裸的政治交易。2021年4月13日，时任日本首相的菅义伟宣布，日本决定将福岛第一核电站内储存的核废水排入大海。这一无视全球生态安全严重损害全球民众健康特别是周边国家人民切身利益的决定，无疑引起正义的国家、国际组织和人民的强烈反对。然而，就是这样一起是非明显的事件，日本却百般狡辩，辩称经过处理的核废水安全可饮用，但包括日本首相在内的所有政要无一人敢喝下这"安全"的废水，甚至也不敢留着这些"无害"的废水浇灌农作物等让日本民众消费。很显然，日本政府十分清楚他们宣称安全的核废水其实根本不安全，最起码不能保证其具有安全性！日本选择将福岛核废水直接排入大海只是为了降低处置成本，为了减少对本土的生态环境污染，从而实现其本国利益最大化。

就在国际社会反对日本单方面做出上述决定之时，美国竟公开发声支持日本。美国国务院发表声明称日本"似乎采取了符合全球公认的核安全标准的做法"。美国国务卿布林肯甚至在推特上说："我们感谢日方在决定处理福岛第一核电站处理水问题上所做出的显而易见的努力。"不过，美国在"感谢"日本之前，早就加强了对来自日本的可能遭受核污染产品的监测，这充分说明，美国十分清楚日本的核废水根本不安全，只是为了进行不可告人的政治交易而支持日本。其实，美国本身就是全球的重要污染源。"国际原子能机构数据显示，从1946年到1993年间，以美国为首的13个国家，累计向海洋倾倒超过20万吨固体核废料，其中单是美国，便向北大西洋和太平洋倒进至少19万立方米放射性物质。马绍尔群岛被美国核爆过67次，比切尔诺贝利的核辐射还要强10倍，伤害延续至今。"[①] 美国上演"驰名双标"公然"护短"，是拿全球的生态安全、民众生命健康与日本进行肮脏的交易，其实质是维护其精心构建的"全球盟友体系"，

① 郭言：《福岛核废水折射出美式"双标"真面目》，《经济日报》2021年4月16日，第4版。

让政治利益凌驾于科学与生命之上。美日沆瀣一气公然违背生态常识冒天下之大不韪，是资本唯利是图的本性使然。

全球气候变暖和日本核废水排入大海将造成的污染，这两个看似孤立的事件其实有着共同的问题指向，即关系到全球生态安全和民众的生命健康。然而，某些西方国家为一己之私而罔顾人类利益，对生态环境问题进行肆意的政治操弄。生态环境保护“成为政客和科学家夺取话语权、打击异己的武器，甚至演化为发达国家设置贸易壁垒、阻碍发展中国家经济发展的‘暴力’工具，成为发达国家谋求改造世界支配权的手段。”[①]福斯特曾指出：“北方国家对南方国家每年所欠的生态债务，即便不考虑累积影响，最少也达到南方国家所‘欠’北方国家金融债务的三倍。”[②]生态环境权利是自然赋予每一个人的不可让渡的权利，将污染转嫁到其他国家本质上是一种侵略，是生态帝国主义。只是相对于军事侵略、政治干预和经济盘剥而言，生态帝国主义具有一定的隐匿性，但其造成的影响更持久。因此，西方国家能进行有限的生态环境治理，但他们过于强化自身利益不可能真正承担全球生态环境治理的应有责任，国际合作只能在政治博弈中艰难推进。

二、在“不变与善变”中承担生态责任

中国是负责任的社会主义国家，在对外交往中始终奉行合作共赢的方针，坚决摒弃零和博弈思维和丛林法则。具体到生态环境领域，我国积极进行推进生态文明建设既是为了全体人民的福祉，也是为了全人类的未来。在一个14亿多人口的大国推进生态文明建设，这本身就为改善全球生态环境作出了莫大贡献；而我国积极推进全球生态环境治理，更展现了大国的责任与担当。

仍然以全球关注的降碳减排应对气候变暖为例，我国立足国内放眼全球，将责任担当落实在具体的行动之中。面对国际社会特别是发展中国家应对气候变化中的资金与技术难题，中国尽最大可能提供专项技术援助与资金支持，帮助发展中国家实现生态环境治理与减贫脱困加快发展相结合，以期走出生态环境破坏、生产落后、生活清贫等多重困境。在巴黎气候变化峰会上，我国主动承诺碳减排；并于2020年进一步宣布，我国力

① [捷克]瓦茨拉夫·克劳斯:《环保的暴力》，宋凤云译，世界图书出版公司，2012，第9页。

② [美]福斯特:《生态革命——与地球和平相处》，刘仁胜等译，人民出版社，2015，第223页。

争2030年前实现碳达峰，2060年前实现碳中和。2021年，习近平同志在世界经济论坛“达沃斯议程”对话会上重申了我国的“双碳”目标，“实现这个目标，中国需要付出极其艰巨的努力。我们认为，只要是对全人类有益的事情，中国就应该义不容辞地做，并且做好”[①]。2021年4月，习近平同志应邀以视频方式出席领导人气候峰会，发表题为《共同构建人与自然生命共同体》的重要讲话，提出坚持人与自然和谐共生，坚持绿色发展，坚持系统治理，坚持以人为本，坚持多边主义，坚持共同但有区别的责任原则等“六个坚持”[②]，向世界展示了中国负责任的大国形象。党的二十大报告进一步指出，“实现碳达峰碳中和是一场广泛而深刻的经济社会系统性变革”[③]，且明确了先立后破的“双碳”行动原则和一系列具体的战略部署。

中国历来讲究言必行、行必果，不是只将承诺写在纸上挂在嘴上，而是以具体行动履行承诺。从总体来看，尽管实现“双碳”目标任务艰巨，挑战性极强，但在党中央的周密部署之下，我国已经制定《2030年前碳达峰行动方案》，加速构建“1+N”政策体系。我国节能减排降碳成效显著，是全球开发与利用新能源和可再生能源第一大国。2017年底，我国提前兑现2020年碳强度比2005年下降40%～45%的承诺。2012年至2021年的10年中，中国以年均3%的能源消费增速支撑了平均6.6%的经济增长，单位GDP二氧化碳排放下降约34.4%，单位GDP能耗下降26.4%[④]。承诺的如期甚至提前兑现，能耗比的大幅下降等，均得益于将低碳理念践行于实践之中。

从个案来看，以2022年如期举行的北京冬奥会为例，所有竞赛场馆全部使用绿色电力，这是奥运历史上首次；赛事交通服务用车绿色化，节能与清洁能源车辆在小客车中占比100%，在全部车辆中占比85.84%，在历届冬奥会中占比最高；核心系统100%上云，数字科技为奥运带来的绿色改变；火炬传递首次全面使用氢燃料，火炬接力实现零碳排放，体现了绿色环保的理念；用二氧化碳取代氟利昂作为制冰冷却剂，让能源效率提

① 习近平：《让多边主义的火炬照亮人类前行之路》，《人民日报》2021年1月26日，第2版。

② 《习近平出席领导人气候峰会并发表重要讲话》，《人民日报》2021年4月23日，第1版。

③ 习近平：《高举中国特色社会主义伟大旗帜 为全面建设社会主义现代化国家而团结奋斗》，《人民日报》2022年10月26日，第1版。

④ 《外交部发言人：中国始终是应对气候变化的实干家和行动派》，人民网，http://world.people.com.cn/n1/2022/1109/c1002-32562656.html。

高 30%……我国用实际行动真正践行“绿色办奥”理念，用实际行动推动“双碳”目标的落实。

然而，我们也必须清醒地认识到，尽管生态环境问题是全球必须共同面对的难题，但国际环境政治博弈仍不可避免，甚至有时博弈十分激烈。面对复杂多变的国际形势，中国需在“不变与善变”中理性前行。

其一，提防“生态资本主义”的政治意识不能变。如前所述，生态环境问题是全球面临共同的难题，任何国家与地区都不可能独善其身，携手合作本是解决问题的最佳路径。然而，当下的生态环境议题不可能超越政治立场走向真正的中立，生态环境治理领域有限的合作难以实现真正的全球共赢，相反，“生态资本主义”还会披着各种伪装以实现自身利益的最大化。中国早已建立了社会主义制度，已经在基本经济政治制度层面消除了“生态资本主义”入侵的可能性，但西方国家从来没有放弃对中国进行各种渗透遏制的图谋。当下，西方资本主义国家利用其强权政治和强大的话语权，凭借其先污染先治理获得的所谓成功经验，经常在生态环境议题上对我国横加干涉，企图造成我国社会撕裂和国际形象受损。国内绝大部分民众对西方的企图有着清醒的认识和坚定的立场，但同时也应该意识到国内仍有一些人对西方的种种图谋缺乏正确认知，需引起警觉。

其二，坚定自身发展战略不变。面对西方的种种生态诘难甚至挑衅，中国在进行有理有利有节回击的同时，必须始终坚定自身的发展战略，稳步推进生态文明建设。党的十八大以来，我国重点推行打赢蓝天保卫战等 7 场标志性重大战役，全面启动落实《禁止洋垃圾入境推进固体废物进口管理制度改革实施方案》等 4 个专项行动，全方位推进生态文明体制改革等。在党中央的集中统一领导之下，全国上下协同努力，这些工作已取得很大成效。“十四五”时期，我国生态文明建设进入了以降碳为重点战略方向、推动减污降碳协同增效阶段。无论国际形势如何复杂多变，无论全球环境政治博弈如何演进，中国需坚定地按照自身的发展战略，按照自身的具体部署与节奏，有条不紊地开展工作，不能也不会屈从任何外来政治压力。

其三，坚持共赢共享方略不变。“世界怎么了？我们怎么办？”面对世界之问、时代之问，习近平同志代表中国政府和中国人民给出了答案，即“构建人类命运共同体，实现共赢共享”①。这其中，实现人与自然和谐共生，推进构建清洁美丽的世界就是人类命运共同体的重要内容。中国呼

---

① 习近平：《共同构建人类命运共同体》，《人民日报》2017 年 1 月 20 日，第 2 版。

吁世界各国精诚合作开展生态环境治理，希望各国特别是发达国家担负起应有的责任。应对全球日益严重的生态环境问题，推诿只能恶化结果，合作才能双赢多赢。中国将一如既往地承担应有的国际义务，重点帮助发展中国家实现生态环境保护与经济社会发展协同推进。实践已反复证明，贫穷是导致生态环境破坏的原因之一，没有持续稳定的经济社会发展，生态文明不可能实现。中国不能也不会因为美国等某些西方国家的逆全球化和背信弃义行径而放弃推动构建人类命运共同体的基本方略，不会因为全球生态环境治理困难重重而放弃推动构建人与自然生命共同体的努力。

其四，在善变中捕捉机会提升国际影响力。笔者所说的善变，不是出尔反尔频繁“弃约”的美国范式，而是遵守国际规则坚持多边主义的中国方案，中国始终是联合国框架下的国际规则的坚定支持者、维护者。具体到生态环境领域，中国在担负应有的全球责任的同时，既积极利用已有的国际规则赋予的权利维护自身权益，尽力保护生态资源与改善生态环境；也充分利用国际规则随着变化的情况而需不断修改完善的机会，积极参与规则的修改与制定使之更公平公正更能维护自身的权益，为生态文明建设谋求有利的国际环境。新中国成立后的一段时间，国际社会对我国重重封锁，直到 20 世纪 70 年代，我国才逐步加强与国际社会的交流与合作，但“跟跑”与“弱势”的困境，让我国无法参与众多国际规则的制定，生态环境保护领域也不例外。随着时代的变迁以及综合国力的提升，我国有能力、有实力、也应有意识地参与甚至在一定程度上引导规则的制定，使国际规则逐步走出霸权与强权的阴霾，朝着更加公平合理的方向发展。

三、提升生态话语权促全球生态共识

国际话语权表征为权利，诉求于权力，源自实力。国际话语权是国家软实力的重要组成部分，是体现主权国家国际影响力和国际地位的重要方面。增强我国的国际话语权是赢得良好国际国内发展环境的需要，也是提高国际威望与地位的需要。

1970 年，法国思想家米歇尔·福柯在其演说《话语的秩序》中最初使用了“话语权”一词，其完整表述应该为“话语权力”，包含“话语”和“权力”两个范畴。目前理论界对话语权没有一个统一的界定，但话语权对一个国家的影响和作用则几乎没有争议。话语权是一国“软实力”的重要组成部分，它既表现为一个国家在国际舞台上说话的“权利”，也表现为一种说话的“权力”，表现为让本国声音被其他国家“听”和“信”并改变其认识或行动的“实力”。“权利”是前提与基础，“权力”是本质与价值追求，但“权利”诉求于“权力”取决于“实力”。归根到底，国际话语权以国际关系的话语表达为“表”，以国家利益的角逐为“里”，国际话语权的掌控者同时也是国际利益关系的主导者。也正因为于此，在国际话语“多主体”“多声部”场域内，主权国家均有“发声”的权利，但“音量”“音质”和“音效”却明显不同。

不能忽视的是，一国的国际话语权与该国的经济、军事等硬实力紧密联系，但又并非完全正相关。已有的历史经验表明，为什么发声，怎么发声，什么场合发声等，都对话语权产生影响。古往今来，一些善于对自身有限实力进行合理整合和有效运作的国家，也能因此在某些方面获得超越其硬实力的话语权；像我国等一些发展中国家，由于国内与国际等多重原因，并没有获得与其硬实力相匹配的话语权。也正因为如此，国际话语权的构建又成了一个相对独立的重要理论与现实课题。生态话语权已成为国际话语权的重要组成部分，群策群力的磋商与努力实际上也是利益的较量和话语权的博弈。

党的十八大以来，习近平同志在不同场合反复强调要讲好中国故事传播好中国声音。具体到生态环境领域，就要求在脚踏实地推进生态文明建设的同时，也应灵活运用各种传播手段，让中国生态文明建设的努力与成就为国际社会所了解、认知、理解。提升话语的影响力，需坚持内容为王，传播形式为要；讲什么当然很重要，但怎么讲、怎么传播也很讲究。可以这么认为，国际话语权的竞争，也是一场话语传播能力的较量。话语进入传输环节后，广阔的话语空间、多样的国际受众、多元的文化背景、迥异的思维方式、错综复杂的利益关系等都会对传输产生影响，导致话语失真甚至失声。话语权强的国家，一定是以高效便捷畅通及时的话语传播体系为强有力的后盾，通过传播优势能将话语的影响力最优化、最大化，强大的传播渠道是铸就强大话语体系的重要环节。因此，提升我国国际生态话语权，架构高效畅通的传输渠道是必然选择！

其一，党和国家领导人着力推广，提高传输力。党的十八大以来，习近平等党和国家领导人担当起“推广者”角色，在国内外不同场合为生态文明建设鼓与呼，大大提高了我国生态话语的权威性和影响力。下面，笔者以习近平同志为生态文明建设“代言”，提升我国生态话语权进行梳理与论证。

如自 2013 年以来，习近平同志每年都会给生态文明贵阳国际论坛发去贺信，论坛已成为推广中国经验、推进生态文明建设的良好平台。2015 年，习近平同志在巴黎气候大会上发表题为“携手构建合作共赢、公平合理的气候变化治理机制”重要讲话，宣布中国的“国家自主贡献”目标，并承诺对发展中国家提供资金与技术援助。曾任联合国秘书长的潘基文认为：“中国为《巴黎协定》的达成、巴黎气候大会的成功作出了历史性贡献、基础的贡献、重要的贡献、关键的贡献。”[①]2017 年 6 月，美国宣布退出《巴黎协定》，给应对全球气候变化平添障碍，但美国的行径并没有动摇中国的决心。习近平同志在联合国总部明确表示：“中国将继续采取行动应对气候变化，百分之百承担自己的义务。”[②]气候变化涉及面广、影响度深，是全球关注的焦点之一。我国是负责任的大国，言必信，行必果，以和为贵，求同存异，与某些西方国家为一己之私频繁“退群”“弃约”、玩双重多重标准、将自己的意志强加于人等霸权行径形成鲜明对比。“我们要实现的中国梦，不仅造福中国人民，而且造福世界人民。”[③]无论国际风云如何变幻，中国“始终做世界和平的建设者、全球发展的贡献者、国际秩序的维护者”[④]。

党和国家领导人日理万机，但都不忘为绿色发展发声，为生态文明建设代言。无论是亚非拉发展中国家，还是北美、欧洲等发达国家，习近平同志走到哪里，生态文明理念就传播到哪里，其主动、积极、平易亲和、刚柔相济的外交风格，被称为“习式外交”而引起热议。“习式外交”的魅力，在于“以理服人”的影响力。中国不推行强权政治，不在外交场合兜售自己的治理理念，更不仗大国地位以咄咄逼人之势强求国际社会遵从中国的主张，而是以务实的担当和开放的胸襟，不断破解“世界怎么了，我们怎么办”的时代课题；“习式外交”的魅力，在于“以诚待人”的吸引力。与大国交往，中国不卑不亢，与小国交往，中国平等相待；“习式外交”的魅力，在于“以心相交”的感染力。习近平同志亲民爱民的风范，也体现在他走出国门，走进世界各国普通民众的言行之中；“习式外交”的魅力，在于“以文化人”的感召力。习近平同志风风火火穿行于国际舞台上，他运用文明的力量，运用中华优秀传统文化的深厚功底，运用改革创新的文化理念，架起沟通中外的桥梁；“习式外交”展现的是“世界大同，天下一家”胸怀。习近平同志超凡的人格魅力和卓杰的领导风范，与

① 注：此为潘基文在不同阶段的评价。参见解振华：《中国为〈巴黎协定〉做出了关键性重要贡献》，中国经济网，http://www.ce.cn/xwzx/gnsz/gdxw/201611/01/t20161101_17399410.shtml。

② 习近平：《共同构建人类命运共同体》，《人民日报》2017 年 1 月 20 日，第 2 版。

③ 习近平：《顺应时代前进潮流 促进世界和平发展》，《人民日报》2013 年 3 月 24 日，第 2 版。

④ 《习近平谈治国理政》第 3 卷，外文出版社，2020，第 20 页。

我国不断崛起的综合国力相得益彰，为大国外交增色，为推广与推进生态文明建设加分。

其二，盘活“存量”做大“增量”，扩大“朋友圈”。盘活“存量”，就是既让合理的国际话语体系继续发挥积极作用，更推动不合理的话语体系变革创新，使其朝着公平公正的方向发展。其中重点是改变西方的霸权话语体系，回击西方的种种生态诘难。尽管这一过程并不轻松，但正本清源是推动生态文明建设的必经环节。为此，我国利用双边、多边机制，力促既有的话际体系改革，尽可能让包括我国在内的广大发展中国家在国际舞台发出合理、正义之声，共建人类美好家园。做大“增量”，即主动搭建以共建共赢共享为特点的新平台，宣传中国方案，共谋生态文明建设大计，其中，主场外交是我国做大“增量”的有效手段。以生态文明贵阳国际论坛为例，论坛自 2009 年创办以来，国际影响力不断提升，目前已成长为国家级的国际性高端论坛。回顾论坛十余年主题词，从责任——行动——变革——转型——可持续发展——携手——新常态——知行合一——共享——绿色发展——生命共同体——人与自然和谐共生现代化，论坛在不断丰富完善生态文明建设“中国表达”的同时，也很好地向世界传递了中国声音。“一带一路”倡议的落实，是推广绿色发展的成功典范。2017 年首届“一带一路”国际合作高峰论坛吸引了全球的目光，论坛明确践行绿色发展理念，共同推进 2030 年可持续发展目标的实现。之后，环境保护部等 4 部委联合发布了《关于推进绿色“一带一路”建设的指导意见》，环境保护部发布了《“一带一路”生态环境保护合作规划》，采取系列措施帮助“一带一路”沿线国家实现绿色发展，用实际行动凸显了中国方案的执行力、影响力。2017 年中国共产党与世界政党高层对话会成功举行，大会以“构建人类命运共同体、共同建设美好世界：政党的责任”为主题，进行了广泛深入的对话交流，“政党要做生态环境的守护者，为建设一个山清水秀、清洁美丽的世界做出更大贡献”写入了《北京倡议》。2018 年中非合作论坛北京峰会圆满召开，53 个非洲国家齐聚北京共商发展大事，推动绿色发展构建生态文明是峰会的重要内容。2019 年，习近平同志在第二届“一带一路”国际合作高峰论坛上发表主旨演讲，强调“推动绿色基础设施建设、绿色投资、绿色金融”。2019 年中国北京世界园艺博览会以“绿色生活·美丽家园”为主题，习近平同志发表题为《共谋绿色生活，共建美丽家园》的重要讲话，希望“园区所阐释的绿色发展理念能传导至世界各个角落”。2021 年，《生物多样性公约》缔约方大会第 15 次会议在昆明召开，会议的主题是“生态文明：共建地球生命共同体”，“生态文明”首次作为联合国环境公约缔约方大会主题。2022 年的冬奥会在我国如期举行，我国践行“绿色办奥”理念，成功打造出了一个简约但不简单、智慧但不失温度，可复制可推广的绿色样板。如此等等，不胜枚举。

党的十八大以来，无论是各种多边论坛、峰会、赛事，还是双边交流、主题展览等等，生态文明建设经常是其中的重要内容。此外，生态文明建设已成为学术研究与交流的重点，媒体关注的热点，民众关注的焦点，这些都能有效提升我国国际生态话语权。盘活“存量”与做大“增量”相结合，让中国声音更有穿透力、感染力、影响力、说服力。多场域多声部合唱，让我国正义的声音在国际社会有人听、愿意听、听得懂、信得过、跟着做。

最后需要指出的是，西方国家奉行丛林法则，通过弱肉强食谋求与维系霸权，我国一直倡导以和为贵，从不谋求世界霸权。但我国在有理有据地回击西方各种生态诘难的同时，更要不断锤炼自身引导国际话语的能力。回击往往是被动还手通过揭露真相以消除负面影响，引导则是主动出招通过积极宣传以树立正面形象。中国不仅要赢得别国的承认，做到中国在说话世界在倾听，还必须赢得话语引导权，要让中国方案引导世界声音。这不只是为了中国的前途与发展，同时也是为了广大发展中国家的利益和整个世界的和谐共生，提升生态话语权的目的是促进全球形成生态共识。当下，我国在致力于改善生态环境建设生态文明，推动构建美丽中国和清洁美丽世界的同时，也应注重话语的引导。一是要引导那些掌握话语霸权的西方国家放弃偏见与傲慢，对包括中国在内的发展中国家平等相待；二是要引导不明真相的国家和人民了解中国方案、听懂中国声音、理解并支持中国的主张与作为；三是要将国外极少数反华政客与广大秉持正义的外国民众区分开来，将个别反华国家的中央政府与对华友好的地方政府区分开来。让相信中国的朋友赞同、支持中国方案，让中国声音演绎从独唱——小合唱——大合唱的华美乐章。建设美丽家园是人类共同的梦想，构建生态文明传递的是中国声音、世界福音！

第六章 “四个全面”：新时代生态文明建设的战略支撑

生态文明建设是关涉人与自然、人与人、人与社会之间关系的宏大叙事。十八大以来，中国共产党以战略眼光、战略思维思考生态环境问题，从政治高度推进生态文明建设，谋划开展了一系列根本性、开创性、长远性工作，我国生态环境保护发生了历史性、转折性、全局性变化。本章以“四个全面”战略布局为视角，探究中国共产党推进生态文明建设的战略智慧。总体而言，要突破现代化建设中的生态环境短板，并在此基础上形成人与自然和谐共生的局面，需要将生态文明建设贯穿于全面建成小康社会和全面建设社会主义现代化国家的始终，保持战略“定力”；在全面深化改革中构建科学合理的生态文明制度体系，不断推进生态文明体制改革，通过规约与激励理顺人与自然之间的关系，激发“活力”；在全面依法治国中构筑“最严”法治保护生态环境，展现“威力”；在全面从严治党中严明生态责任勇挑发展重任，凝聚磅礴“伟力”。

第一节 生态文明建设关系着全面小康和现代化水平

小康，美好的生活愿景，千百年来人们为之奋斗的目标。现代化于我国而言，则是新中国成立后才敢憧憬的愿景。迄今我国对现代化的设想分为三个阶段，即建国初期提出的四个现代化，改革开放之初提出中国式的现代化，十九届五中全会提出的全面现代化。但总体而言，我国所走的现代化道路是一条“中国式现代化道路”[①]。“中国式现代化道路”是实践路径，“中国式现代化”[②]是目标和结果。全面建设与建成小康社会是中国特

① 《中共中央关于党的百年奋斗重大成就和历史经验的决议》，人民出版社，2021，第64页。

② 习近平：《高举中国特色社会主义伟大旗帜 为全面建设社会主义现代化国家而团结奋斗》，《人民日报》2022年10月26日，第1版。

色社会主义现代化进程中的独创性命题与历史性实践，是“中国式现代化道路”的历史生成与实践展开，小康社会的全面建成是“中国式现代化”的阶段性成果。新中国成立以来的奋斗历程，是现代化梦想从无到有、现代化蓝图从模糊到清晰、现代化实践从简单到全面的生生不息、接续发展过程。历经磨炼敢于开拓创新的中国共产党和中国人民在不断充盈着小康社会、现代化国家奋斗目标的同时，也逐步意识到良好的生态环境既是动物式本能生存的前提，更是人之为人生活的要件，小康社会和现代化国家的全面建成，良好生态环境不能缺席。

一、生态文明建设水平关乎全面小康和现代化建设进度

如前文所述，生态文明是良好自然生态、健康精神生态、合理社会生态三者的有机统一。良好的自然生态是人们最容易感知也是诉求最强烈的构成部分，健康的精神生态是内在价值追求，合理的社会生态则起着制度引领与规约作用。推进生态文明建设的过程，其实就是良好自然生态、健康精神生态、合理社会生态从相背相离到相融相生的过程。而综合小康社会和现代化建设的历史进程不难发现，生态文明建设水平在一定程度上影响着全面小康社会和现代化国家的建设进度。

（一）四个现代化到总体小康：生态是发展的基石与发展中的生态隐忧

其一，新中国成立到改革开放之前，我国作出了实现“现代农业、现代工业、现代国防和现代科学技术”的“两步走”战略安排，并为之进行了艰辛的探索。不过，这一时期我国没有小康社会和小康生活的明确构想，在笔者看来，这主要是因为新中国成立之后，人民对改变贫穷落后的社会面貌有着强烈的期待；同时，从国内而言，我国构建的合理社会制度激发了人们极高的建设热情，从国外来看，我国要比学苏联的发展规划，不能落后于人。于是，尽管小康生活是古已有之的奋斗目标，但新中国成立初期有着比小康生活更美好的憧憬，规划了比小康社会更宏伟的现代化蓝图，在当时看来现代化的实现既存在可能性，更存在紧迫性。但回溯历史同时会发现，在推进“四个现代化”的征程中，既无生态文明的发展愿景，甚至也因为认知水平不足和实践精力有限，对发展过程中的已经和可能产生的生态环境问题均没有来得及给予应有的关注。不过，尽管当时健康的精神生态与合理的社会生态明显缺位，但因为自然生态整体而言相对良好，不少人认为当时就已实现人与自然和谐相处的生态文明并至今无限怀念。诚然，将自然生态良好等同于生态文明存在明显不足，但当时相对良好的自然生态环境特别是相对丰富的自然资源，有利于为民众的基本生

产生活提供必要的保障，有利于小康社会和现代化建设的推进。

其二，改革开放至20世纪末，是我国小康梦想逐步清晰并为之不断奋斗的时期。20世纪70年代末期，我国实行改革开放政策，扩大对外交流为我国实现跨越式发展迎来了契机，但同时也认识到了自身发展存在的不足，于是对“四个现代化”的构想做出了适时的调整。邓小平同志更创造性地提出“中国式的现代化”，后来干脆改为“小康”。“我们要实现的四个现代化，是中国式的四个现代化……是‘小康之家’。”[①] 我国在20世纪末实现的小康是低水平、不全面、不平衡的小康，也就是总体小康。在这一时期，前期承继下来的相对良好的自然生态环境，为总体小康的提前实现奠定了一定的基础。不过，随着生产的快速发展与物质财富的不断增长，此时仍然明显滞后的健康精神生态与合理社会生态建设现实，已在不断消解着曾经相对良好的自然生态基础。主要基于经济指标来衡量的小康美梦，在一定程度上伴随着生态环境被不断破坏的噩梦，这无疑给后续发展留下了很多隐忧。

（二）全面小康到全面现代化：生态于发展由“乏力”到“给力”的转换

众所周知，党的十九届五中全会根据变化的情况，对“四个全面”进行了新概括。从全面建成小康社会到全面建设社会主义现代化国家，这是两个前后承继、不可分割的历史进程。仅从生态文明视角来审视“四个全面”战略布局的新旧交接，可以从生态诉求与生态对发展的作用两方面进行概说。

其一，生态诉求的“不变”与“变”。说其“不变”，是因为无论是全面建成小康社会，还是全面建设社会主义现代化国家，二者均是“四个全面”战略布局中的重点要素和核心环节，对其他三个“全面”的总体引领地位没有变。具体到生态环境领域，无论是全面小康社会还是全面现代化国家，人们对良好生态环境的诉求没有变，生态文明建设的决心和努力不会变、不能变。良好的生态环境既是全面小康社会的重要内容，更是现代化国家是否全面建成的重要衡量标准之一。因此，必须将生态文明建设贯穿于全面建设社会主义现代化国家的始终，满足人们对良好生态环境的期待。

说其“变”，是因为全面建成小康社会和全面建设社会主义现代化国家，是前后承继的两个不同阶段，全面现代化国家是全面小康社会的接续发展，也应该是对全面小康社会的全面超越。“不变”是一种继承与坚持，

---

① 《邓小平文选》第2卷，人民出版社，1994，第237页。

“变”是一种发展与超越。具体到生态环境领域，“不变”的是对良好生态环境的诉求，以及努力推进生态文明建设的决心，“变”的是良好生态环境应实现从“量”到“质”的跃升，生态文明建设的着力点也会随之适时调整。全面建成小康社会主要以全面消除绝对贫困为着力点，努力提高全体人民的生活水平，“量”的提升仍是小康生活的关键词。在生态文明建设中，污染防治是这一阶段的重中之重。良好的生态环境也主要体现为环境污染状况得到明显改善，生态文明建设整体上仍处于一个减少污染增加优质生态资源的“量”变阶段。在全面建设社会主义现代化国家的征程中，人们对良好生态环境的需求，则体现为追求一定“量”的增长的同时，特别注重“质”的提升，有品质的美好生活是全面现代化国家的应有样态。因此，在全面建设社会主义现代化国家的征程中，要更系统全面地推进生态文明建设，以实现生态环境“质”的提升，生态文明由理想变成美好的现实。

其二，生态于发展实现由“乏力”到“给力”转换。21 世纪头 20 年的任务是全面建设并建成小康社会。党的十六大报告提出全面“建设”小康社会，党的十八大报告根据变化的情况明确提出全面“建成”小康社会。在全面建设与建成小康社会的征程中，前期相对丰富的自然资源和良好的生态环境基本消耗殆尽，生态对发展的贡献明显乏力，甚至部分恶化的生态环境明显掣肘着小康社会的全面建成。也正是在这一情况下，生态文明建设被提上了日程，党的十七大报告首次提出了生态文明建设目标。党的十八大以来，以习近平同志为核心的党中央以前所未有的勇气与决心重塑精神生态，构建与完善社会生态，生态环境恶化的势头得到了有效遏制。总体而言，这一时期的生态文明建设仍处于力争还旧账不欠新账，通过系列的污染防治以弥补生态赤字阶段。如习近平同志在党的十九大报告中就明确指出，在全面建成小康社会的决胜期，要坚决打好污染防治的攻坚战[①]。通过打赢蓝天、碧水、净土等污染防治攻坚战，尽最大可能修缮生态环境努力恢复生态平衡。毋庸置疑，从短期和局部而言，生态环境治理与经济发展存在着一定的冲突，甚至有些地方为治理生态环境确实付出了放慢经济发展的代价；但从整体和全局而言，逐步改善的生态环境有利于小康社会建设的全面推进，并最终有利于全面小康社会的如期建成。姑且先不论及良好生态环境对全国经济社会发展的贡献，仅从实现全面小康的重中之重即贫困地区摆脱贫困走向小康而言，很多地方就是基于绿水青山

① 《习近平谈治国理政》第 3 卷，外文出版社，2020，第 22 页。

与金山银山的双向奔赴、协同推进，这是生态助推小康社会全面实现的有力例证。

全面建成小康社会之后，步入全面建设社会主义现代化国家的新征程。按照党的十九大的相关部署，这一征程分为两个阶段，仅从生态环境来看，到二〇三五年要实现生态环境根本好转，美丽中国目标基本实现；到21世纪中叶，生态文明将全面提升[①]。从党的十九大报告的相关部署可以看出，全面建设社会主义现代化国家的征程中，必须更全面系统深入地开展生态文明建设。同时，生态文明建设所提供的良好生态环境，能有力地促进社会主义现代化建设的全面推进。

二、生态短板影响全面小康和现代化的建成高度

全面建成小康社会和全面建设社会主义现代化国家，尽管涉及的领域全面，惠及的人群全面，但发展水平很难做到全面均衡。木桶理论告诉人们，小康社会和现代化国家不是由某些优势项目成就"高峰"，而是由构成要素中的短板决定其"高度"。生态短板影响着全面小康社会和现代化国家的建成高度，可以从如下两个看似相互冲突的方面进行分析：

（一）忽略生态短板的认知偏差，影响着全面小康社会和现代化国家的"现实"建成高度

关于小康社会的建成是否需要将保护与改善生态环境作为衡量指标体系，理论界与实践界存在着不同的认知。有学者明确指出，"小康是一个经济概念，代表着一种生活水准"，"测度全面小康进程只需要一个指标——贫困发生率——就可以了"[②]。笔者在调研中也发现，不少人坚定地认为脱贫是全面建成小康社会的硬要求，必须全面落实；生态环境良好是全面建成小康社会的软约束，能起到锦上添花的作用。因此，当生态文明建设与脱贫攻坚产生冲突时，一些人会毫不犹豫地选择后者而放弃前者。

诚然，物质基础是人类存在与发展的前提。全面建成小康社会的重中之重，就是要克服农村贫困人口脱贫这一最突出的短板，历史性地解决绝对贫困问题，建成惠及所有人的小康社会！然而，脱贫只是全面建成小康社会"第一"却非"唯一"标志。"全面建成小康社会，强调的不仅是'小康'，而且更重要的也是更难做到的是'全面'"[③]。这里的"全面"，既指覆

① 《习近平谈治国理政》第3卷，外文出版社，2020，第22-23页。

② 陈友华：《全面小康的内涵及评价指标体系构建》，《人民论坛·学术前沿》2017年第5期。

③ 《习近平谈治国理政》第2卷，外文出版社，2017，第78页。

盖人群要全面，也包括涉及的领域要全面。

习近平同志曾明确指出，我国推进全面建成小康社会存在着两大明显短板：一是“生态文明建设就是突出短板”，二是“农村贫困人口脱贫是最突出的短板”①。要如期全面建成小康社会就必须想方设法弥补短板，这其中就包括生态文明建设短板。也就是说，生态在全面建成小康社会中不仅不能缺席，还是必须重点补齐的短板。如果只关注贫困这一“最突出的短板”而忽视生态环境这一“突出的短板”，甚至选择牺牲良好的生态环境为代价来补齐贫困短板，可能让一些原本拥有生态优势的贫困地区因盲目发展经济而丧失生态优势，甚至生态优势可能变成生态劣势；而一些原本生态脆弱的地方，则可能固化生态短板甚至产生短板更短的不良后果。即使不考虑脱贫攻坚可能让渡良好生态环境的负面影响，在重视“以评促建”的当代社会，如果生态维度在全面小康社会的评价体系中缺位，既明显违背了习近平同志关于全面小康的重要论述，违背了中央精神，也不利于激发人们特别是部分决策者保护生态环境推进生态文明建设的热情。有意或无意忽视生态短板，会因生态环境不好生态基石不牢而影响全面小康社会的建成高度。

在小康社会即将全面建成之际，习近平同志在《求是》杂志发表署名文章，重点关注“关于全面建成小康社会补短板问题”。习近平同志指出：“生态环境、公共服务、基础设施等方面短板明显。重点地区大气污染治理任务艰巨，秋冬季重污染天气多发，长江流域生态保护修复任务繁重，城市黑臭水体、农村环境脏乱差问题突出。”②习近平同志聚焦全面建成小康社会中仍存在的短板并提出相应的对策，给只重“脱贫”而不重“生态”的种种言行再次敲响了警钟，为决胜全面建成小康社会进一步明晰了要求。

2021年7月1日，习近平同志在庆祝中国共产党成立100周年大会上庄严宣告，“经过全党全国各族人民持续奋斗，我们实现了第一个百年奋斗目标，在中华大地上全面建成了小康社会，历史性地解决了绝对贫困问题，正在意气风发向着全面建成社会主义现代化强国的第二个百年奋斗目标迈进”③。当今世界正处于百年未有之大变局，国际上不确定的风险明显增多，国内的发展也面临着不少新情况新问题，而突然暴发的新型冠状病毒性肺炎疫情更给发展平添了不少困难。在极其艰难的情况下，我们如

① 《习近平谈治国理政》第2卷，外文出版社，2017，第79页。
② 习近平：《关于全面建成小康社会补短板问题》，《求是》2020年第11期。
③ 《习近平谈治国理政》第4卷，外文出版社，2022，第1页。

期完成第一个百年奋斗目标，为第二个百年奋斗目标的实现奠定了较为良好的基础。

不过，从生态文明建设的视角而言，全面建成的小康社会之中，生态环境虽有明显好转，生态短板已得到明显的弥补，但曾经的短板并没能全面补齐。诚然，在全国上下全力脱贫攻坚让几亿人口摆脱绝对贫困的过程中，同时在一定程度上弥补了生态短板实属不易，苛求在较短的时间内全面补齐生态短板不太现实。但我们也因此要有十分清楚的认识，那就是在全面建设社会主义现代化国家的征程中，需正视并全力补齐曾经的生态短板。全面现代化比全面小康有着更高的发展要求，补齐短板并向更高水平发展才能突显其建成的高度。在看重评价导向的当代社会，笔者认为在现代化的评价体系中一定要科学合理地设定生态环境应有的权重，甚至可以赋予生态环境“一票否决权”。因此，笔者建议组织相关专家进行研究，从国家层面出台科学合理操作性强的生态现代化评价指标体系，以便引导全国各行业、各地区具体落实，这有利于社会主义现代化国家的全面建设与建成。

（二）关注生态短板的感官体验，影响着全面小康社会与现代化国家的“心理”生成高度

心理感知，往往通过理想与现实的对比而生成。因此，从生态环境视角研究全面小康社会与现代化国家的心理生成高度，可以通过民众的预期与客观现实两组数据入手，进行对比分析。

一方面，人们对良好生态环境有着日益强烈的期待。如前所述，如果要在脱贫与保护生态环境之间作出抉择，很多人固守着脱贫优先的发展序列。那么，当相对富裕的生活与良好的生态环境产生冲突时，人们又会作出怎样的取舍？央视财经频道发布的《2006—2016 中国经济生活大调查》，其中“关于全面小康社会最期待的图景”之调查结果显示，“健康放心的食品安全”（54.92%）位列第一，“山青水绿的生态环境”（50.56%）超过“衣食无忧的富裕生活”（47.20%），在整个“最期待的图景”中位列第二[①]。其实，因生态环境恶化而导致的食品安全问题屡见不鲜，“健康放心的食品安全”也包含着改善生态环境的诉求。诚然，调查数据不能反映所有人的心声，但新时代新起点新生活，民众对良好生态环境的期待日益凸显，享受性、发展性生态需要日趋强烈。在笔者看来，这种对良好生态环境的期待会随着全面现代化建设的推进而增强。只不过，一些人的生

① 《2006—2016 中国经济生活大调查》，央视网，http://jingji.cntv.cn/2016/03/07/VIDEIcp-gAQKzDLGjfDvn0Muu160307.shtml。

态理想与行动背离，主张生态权利与履行生态责任背离，内心的期许未能很好地转化成外在的行动，这也说明生态文明建设不能完全诉诸民众的自觉。

另一方面，生态环境明显改观，但要实现生态环境根本好转仍然任重道远。据《小康》杂志社等公布的“中国综合小康指数”，2017 年我国生态小康指数为 75.7，比 2016 年 71.7 有较大幅度上升；2018 年，我国生态小康指数 81.1，首次突破 80，比上年度提高 5.4 分，创下了该指数自 2005 年首次发布以来的最高涨幅；2019 年和 2020 年，生态小康指数分为 88.1 和 96.1。从上述数据可以看出，这些年生态小康指数绝对值持续攀升；不过，从相对数值来看，生态小康指数均位列 11 个指数中的最后一名。指数绝对值的大幅上升是对我国狠抓生态环境建设所取得成效的一种直观反映，说明我国生态文明建设所取得的不俗成绩，但相对值在末位原地踏步，这既说明我国原有生态环境破坏严重治理难度大，也说明生态环境离人们期待的美好生态、美丽中国的要求仍有相当大的距离。随着小康社会的全面建成和现代化建设的全面推进，《小康》杂志社继续关注生态环境问题，并公布了“中国现代生态发展指数”，其中，2021 年和 2022 年该指数分别为 67.3 和 70.1。诚然，仅凭“中国综合小康指数”或“中国现代生态发展指数”不能客观公正地反映事物的全貌，但我国生态环境至今并没有得到根本改观，这也意味着在全面建设社会主义现代化国家的征程中，仍要坚定啃硬骨头的决心，磨炼打硬仗的能力。

一般而言，如果良好的期许与感官体验之间存在比较明显的落差，会使人们更加聚焦该问题甚至主观放大存在的差距，让客观存在的短板主观感受上显得更“短”体验感更“差”。具体到生态环境领域，明显的生态短板会对民众的获得感与幸福感产生一定的影响，也会对全面小康社会和现代化国家在民众内心的建成高度产生一定影响。正因为如此，习近平同志就曾警告，“如果到 2020 年我们在总量和速度上完成了目标……但短板更加突出，就算不上真正实现了目标，即使最后宣布实现了，也无法得到人民群众和国际社会认可”[①]。正因为有了这种补短板的危机意识和强有力的行动支撑，在全面建成小康社会的征程中，短板不是更加突出，而是得到了较好的弥补。严格地说，是农村贫困人口脱贫这一“最突出的短板”已经补齐，生态文明建设这一“突出的短板”得到了一定程度的弥补。不过，尽管生态短板没能补齐，但弥补的力度与程度整体而言超出了很多人

① 《习近平谈治国理政》第 2 卷，外文出版社，2017，第 78 页。

的预期，得到了民众的支持与肯定。笔者在2021—2023年曾深入湖南、贵州、山东、广东、宁夏等地进行调研，28.5%的受访者表示我国生态环境已有“很大改善”，42.2%的受访者表示我国生态环境已有“较大改善”，另有20.1%的受访者认为我国生态环境有“一些改善”，三项之和超过90%，这说明我国生态文明建设已取得了有目共睹的成绩。诚然，人们对生态环境改善所持的肯定态度并不等同于对生态环境的满意度，但这种对生态环境纵向对比所产生的正向感知，也正向影响着全面小康社会和现代化国家在人们心目中的建成高度。

不过，人们对生态文明建设成就的肯定暂时包容了仍然存在的生态短板，这是否意味着生态短板不除，民众的支持将不变？答案无疑是否定的！在全面建设社会主义现代化国家的征程中，如果生态环境没有得到根本改善，如果仍有民众要为安全放心的食物、新鲜空气洁净水源而操心，甚至在污染的环境中失去了健康乃至生命……这样的社会即使堆满金山银山，也不可能是民众孜孜以求的现代化水平。正因为于此，在党的十九大报告规划的现代化建设“两个阶段”的战略部署中，有“生态环境根本好转”和“生态文明将全面提升”的明确目标。

三、全面建设社会主义现代化国家的生态规定性

全面建设社会主义现代化国家，就是在中国共产党的领导下通过系列承前启后开拓创新的实践，开创社会主义现代化建设的新局面。如前所述，全面建设社会主义现代化国家，关键在“全面”，生态就是内含于“全面”性之中的极其重要的维度。

（一）全面现代化内含人与自然和谐共生目标

提到现代化的生态维度，很多人会不自觉地想到西方的理论。20世纪80年代由德国学者约瑟夫·胡贝尔、马丁·耶内克以及荷兰学者阿瑟·莫尔等提出的生态现代化理论，已经成为发达国家环境社会学与环境政治学的主要理论。综观西方生态现代化理论，其目标是对现代工业化社会如何应对环境危机进行分析，要求采用预防和创新的原则，推动经济增长与环境退化脱钩，实现经济与环境的双赢①。他山之石，可以攻玉。不过，我们需要辩证地看待西方的生态现代化理论，毕竟于西方国家而言，即使是已经实现了经济、科技等现代化的发达资本主义国家，其生态现代化至今仍没有实现。

① 中国科学院中国现代化研究中心：《生态现代化：原理与方法》，中国环境科学出版社，2008，第5页。

全面现代化有着丰富的内涵，其中，人与自然和谐共生是必然包括的内容。也就是说，全面建设社会主义现代化国家，需要以合生态规律为基本遵循实现现代化，需要在坚持人与自然和谐共生中实现现代化。以牺牲生态环境为代价而实现的现代化不是中国式现代化道路的合理体现，而是西方发达国家现代化道路呈现的旧样态。党的十九大报告中提出，“我们要建设的现代化是人与自然和谐共生的现代化”[①]。二十大报告进一步指出：“中国式现代化是人与自然和谐共生的现代化。”[②]新时代推进全面建设社会主义现代化国家，不会也不能照搬西方先污染后治理的模式，而需根据我国的国情探索人与自然和谐发展之路。事实上过去很长一段时间，我国因没有很好地处理现代化建设与生态环境保护之间的关系，交了不少学费。值得庆幸的是，进入新世纪特别是新时代，我们吸取前期现代化进程中没有对生态环境问题引起足够重视的教训，大力推进生态文明建设，正逐步形成人与自然和谐共生的现代化道路。

（二）全面现代化是现代化的生态与生态的现代化高度统一

现代化的生态，即被纳入现代化进程的生态环境，是必然与应然的统一。一方面，现代化的生态是一种历史的必然视角，指的是自然生态系统的现代化也就是自然不断被人化的过程。自然不依赖于人而存在，但自人类诞生以来，外部自然界就不断被打上人类的印迹，不断地由自在自然向人化自然生成。随着现代化进程的不断推进，外部自然也必然会纳入现代化系统，自然生态系统的现代化是一个从混沌、天然走向人化的过程。从整个历史进程而言，自然生态系统的现代化不等于有序化、合理化，失序、混乱经常伴随着自然被人化的过程。也正因为如此，要将自然生态系统有序地纳入人类的现代化进程，必须在现代化进程中全面推进生态文明建设，而且必须用现代化的手段推进生态文明建设。这就涉及现代化的生态的另一个方面，即从应然的角度而言，生态环境治理必须用现代化的手段，生态文明建设必须跟上现代化的步伐。实现人与自然和谐共生的现代化，必须推进生态环境治理体系和治理能力现代化。中共中央办公厅、国务院办公厅于 2020 年 3 月印发的《关于构建现代环境治理体系的指导意见》，就建立健全环境治理的领导责任体系、企业责任体系、全民行动体系、监管体系、市场体系、信用体系、法律法规政策体系，落实各类主体责任，提高市场主体和公众参与的积极性等作出了安排，有利于推进生态环境治理

① 《习近平谈治国理政》第 3 卷，外文出版社，2020，第 39 页。

② 习近平：《高举中国特色社会主义伟大旗帜 为全面建设社会主义现代化国家而团结奋斗》，《人民日报》2022 年 10 月 26 日，第 1 版。

体系和治理能力现代化。

生态的现代化，则主要是一种发展的应然视角。生态的现代化旨在建构一条合生态的现代化路径，从人与自然和谐共生的关系出发来建构现代化的人类文明。这就要求全面现代化的过程必须是尊重自然、顺应自然、保护自然的过程，生态文明建设必须贯穿于现代化建设的全过程与全领域。生态的现代化实际上是将人类社会的现代化进程生态化，这就要求在现代化的过程中，既要考虑经济社会系统的特征和发展需求，同时还要考虑生态环境系统的特征及其固有的规律。生态的现代化是全面现代化区别于传统现代化的特征之一。传统现代化以工业化、城市化、富裕化为显著特征，只注重经济增长社会发展，却忽略生态环境的承载能力，最终造成了生态环境的毁损与破坏，导致生态灾难，产生生态危机。可见，生态文明建设是全面建设社会主义现代化国家的必然要求，全面现代化必须是一种生态的现代化。生态的现代化要求在现代化进程中吸取传统现代化的教训，全面、全程推进生态文明建设，实现人与自然和谐共生。唯其于此，全面建设社会主义现代化国家与生态文明建设才能同步同频，相辅相成。如果生态文明建设缺席，生态的现代化难以实现，全面现代化进程就会陷入牺牲生态环境谋求经济社会发展的传统现代化道路窠臼，全面现代化之“全面”目标的实现就大打折扣。

（三）生态维度的全面现代化需在差异中协同

这里所说的差异，不是指生态维度的全面现代化目标存在差异，而是指我国幅员辽阔，全国各地发展水平不尽相同，生态环境先天禀赋与现状也不尽一致，因此在推进生态文明建设实现人与自然和谐共生的现代化进程中，不同地方采取的具体办法会存在差异，呈现的现代化水平也会存在差别。笔者主要从东中西部和东北地区简要分析其差异性。

毫无疑问，东部地区是我国经济社会发展水平最高的区域，有的省市从经济社会发展指标来衡量已接近或达到现代化水平。同时，目前东部地区也是全国生态文明建设水平最高的区域，其经济转型升级速度快效果好，“低消耗、低污染、高效率”的集约型经济已初具规模，民众的生态环保意识不断增强。不过，东部地区生态环境质量并不高，离生态的现代化和生态文明尚有不小距离。东部地区在现代化建设中彰显生态维度，一要在现代化的指标评价体系中，探索、量化、优化生态的现代化评价标准，通过先行先试为全国积累经验；二要利用先富起来积累的物质财富优势加大生态文明建设的投入，特别是加大对生态环保技术的研发投入，并尽可能让其他地区搭上绿色技术成果转化的便车；三要利用产业“转型升级”的机遇，加快淘汰高能耗高污染的传统产能，而不是简单地实现落后产能异地“转移”；四是要承担起守护海上生态安全的责任，实现陆海统筹，协调发展；五是要优化城市空间开发格局，走集约发展之路。东部地区城市规模大，人口密度高，一些大城市建设用地已逼近极限，须通过目标管理倒逼发展模式变革。

中部地区山地平原交织、水系纵横，自然资源相对丰富。一直以来，中部地区利用较好的资源优势，其经济社会取得了较快发展，但生态环境也遭到了较为严重的破坏，出现水面减少水质下降、土壤污染重金属超标等生态环境问题。党的十八大以来，中部地区加大了生态文明建设力度，但生态文明建设处于全国中等水平。2019 年习近平同志在江西考察时就指出，中部地区要“坚持绿色发展，开展生态保护和修复，强化环境建设和治理，推动资源节约集约利用，建设绿色发展的美丽中部”①。实现中部崛起必须做好生态这篇文章，中部推进生态文明建设实现生态的现代化，一要利用区位优势，做好承“东”启“西”工作，在主动承接东部产业转移的同时做好产业的升级，同时以自身优势辐射与带动西部发展，通过经济高质量发展为生态文明和全面现代化的实现奠定基础；二是要挖掘内力形成合力，下大力气做好治山治水、降能降耗的大文章；三要实现自然资源和先进技术有效结合，发展生态农业。农业是国民经济的基础产业，发展生态农业是全面建设现代化国家的必然要求，只是于全国而言中部地区的农业生产举足轻重，更需要中部地区深耕生态农业。

西部深处内陆，经济发展相对滞后，生态文明建设动力不足。目前西部地区的生态治理能力较弱，生态文明建设水平全国最低，单位 GDP 能耗和污染物排放远高于全国水平。尽管因为西部地区整体而言自然资源较丰富，很多地方的生态环境质量优于全国其他地方，但也有不少地方生态脆弱、水土流失、土地沙化严重。西部地区是维护国家生态安全的重要屏障，需在现代化建设进程中不断提升生态文明建设能力与水平：一要普及绿色发展和生态文明理念，这是重中之重。西部地区整体而言发展滞后，生产与生活观念相对陈旧，推进生态文明建设必须优化其发展理念；二要利用自身优势实现产业转型。如利用地广人稀的特点和国家支持发展绿色能源的机遇，大力发展太阳能风能等新能源产业，实现生态产业化，延伸产业链提高资源利用率和附加值；营造良好的营商环境，通过外引内联加快淘汰落后产能；三要有中央的重点支持和兄弟省份的积极帮扶。西部生

① 《贯彻新发展理念推动高质量发展 奋力开创中部地区崛起新局面》,《人民日报》2019 年 5 月 23 日，第 1 版。

态文明建设所需的资金、技术都比较缺乏，且很多地方处于国家生态保护红线之内，保护与改善生态环境压力大，仅凭其自身之力难承其重。

东北地区生态文明建设水平略好于西部，但生态环境质量不高。作为老工业基地，东北在共和国工业史上书写了浓墨重彩的一笔，但也因为对生态环境问题估计不足而付出了较大代价。东北地区推进现代化建设，当务之急是做好传统工业的转型升级，这是重点也是难点；守护与利用好黑土地，深耕生态农业；落实天然林资源保护工程，守护林业生态安全。

仅从生态维度来看，在全面建设社会主义现代化国家的征程中，东中西部和东北地区差异明显，在差异化格局中各地区所应突出的建设重点也并非上述内容能全面企及。阐释生态维度的全面现代化应重视差异性，这不是为了彰显特色，而是强调在尊重自然规律的基础上注重共同性、共通性、协调性。生态文明建设的具体手段与水平存在差异，但实现人与自然和谐共生的目标一致。自然界是一个有机整体，不同地区的生态文明建设应密切配合，在尊重差异中有效协同。

第二节　生态文明建设以全面深化改革为引擎

综观整个人类历史不难发现，人类文明的每一次生成与转型其实都是一场深刻的社会变革；历史已经证明并将不断证明，推进生态文明建设及生态文明的生成也是一场深刻的社会变革。生态文明是以人与自然和谐甚至和解为目标的人类文明新形态，固守原有生产生活方式“老路”，抑或沿袭以往各项改革“套路”，都不可能或不足以生成生态文明。党的十八届三中全会就全面深化改革做出了整体部署，拉开了全面深化改革的序幕，这其中一个很重要的领域就是生态文明体制改革。在党的二十大报告中，“改革”是出现了 50 余次的高频词，生态文明体制改革就是其中重要的内容。党的二十大报告既总结了我国改革的成就与经验，指出“我们以巨大的政治勇气全面深化改革，许多领域实现历史性变革、系统性重塑、整体性重构”，更要求“深入推进改革创新”“改革开放迈出新步伐”。具体就生态文明体制改革而言，既指出党的十八大以来我国“生态文明制度体系更加健全”，更对进一步深化改革提出了明确要求，强调要“深化集体林权制度改革”“健全耕地休耕轮作制度”“完善生态保护补偿制度”“健全碳排放权市场交易制度”[①]等。这意味着我国生态文明体制改革成效明显，但改革仍面临诸多复杂的情况，需在总结创新中深化。只有全面深化改革，全领域地深刻省思人与自然的关系，全方位地改变以往发展过程中牺牲生态环境为代价换取经济增长的弊端，才能为新时代的生态文明建设注入新动能新活力，生态文明才能如期实现。

一、破解生态文明建设中诸多难题需全面深化改革

体制实质上是制度体系，生态文明体制改革基本任务是要破除与生态文明建设要求不适应的制度体系，建立与生态文明建设相适应的制度体系及运行机制，为生态文明建设提供有力支撑。新时代推进生态文明建设需以全面深化改革为引擎，不仅因为生态文明建设需要全面深化改革以提供外部的拉力、支撑力，更因为生态文明建设遇到的问题需刀刃向内，开展生态文明体制改革以提供内在驱动力。全面深化改革提供的内外合力，才能为生态文明建设提供全新的活力。

（一）生态文明建设需要全领域的深度改革提供支撑力

众所周知，党的十一届三中全会的召开拉开了我国改革开放的序幕，历史已无可辩驳地证明，“改革开放是决定当代中国前途命运的关键一招”[②]。中国共产党领导全体人民锐意进取，大胆创新，使我国经济社会发展取得了举世瞩目的成绩。“党的十八大以来，中国特色社会主义进入新时代”[③]，新时代面临新问题新挑战，有着新任务新目标，需要全面深化改革巩固既有的成果并不断激发新活力。

2013年，党的十八届三中全会通过了《中共中央关于全面深化改革若干重大问题的决定》。习近平同志指出：“党的十一届三中全会是划时代的，开启了改革开放和社会主义现代化建设历史新时期。党的十八届三中全会也是划时代的，开启了全面深化改革、系统整体设计推进改革的新时代，开创了我国改革开放的全新局面。”[④]40余年的实践证明，改革的每一步都不是轻轻松松能完成的，而且越往后遇到的深层问题、复杂问题越多，改革的难度越大。全面破除利益固化的藩篱，全面清理阻碍发展的体制机制弊端，需要有敢于啃硬骨头、涉深水区的勇气、决心和智慧。

---

① 习近平:《高举中国特色社会主义伟大旗帜 为全面建设社会主义现代化国家而团结奋斗》,《人民日报》2022年10月26日，第1版。

② 《习近平谈治国理政》第4卷，外文出版社，2022，第6页。

③ 《习近平谈治国理政》第4卷，外文出版社，2022，第6页。

④ 《习近平谈治国理政》第3卷，外文出版社，2020，第178页。

党的十八大指出，“把生态文明建设放在突出地位，融入经济建设、政治建设、文化建设、社会建设各方面和全过程”[①]。也就是说，不能仅在经济、政治、文化、社会建设中“照顾”或“兼顾”生态文明建设，而是必须“突出”生态文明建设的地位，经济、政治、文化、社会建设需主动“服务”于生态文明建设，让生态文明建设与其他建设相融相生。生态文明建设的提出与实践，其本身就是中国共产党适应时代发展要求和民众诉求的一项重大改革举措。党中央已将生态文明建设提到了前所未有的高度，但生态文明建设是一个宏大的系统工程，还面临着很多复杂的问题甚至难题，需要一个良好的外部环境作为支撑。曾经，我国经济社会建设各方面主动“服务”于生态环境保护、生态文明建设的意识明显不强，甚至存在着不少制约生态文明建设的因素。实践证明，任何方面任何领域体制机制的掣肘都会阻碍生态文明建设的有序推进，甚至会破坏生态文明建设已经取得的良好成果。因此，经济、政治、文化、社会等各方面都需要全面深化改革，释放生态的动力与活力。

（二）生态文明建设需要生态文明体制的深度改革提供内驱力

在经济社会比较落后的情况下，环境议题不太可能成为发展的中心议题之一。以往我国经济、政治、文化等领域的改革成效显著，但各项改革均专注于自己的领域而没有很好地兼顾生态环境成本。生态环境问题复杂多元，生态文明建设既需要全领域的深度改革为其提供全面的支撑，更需要刀刃向内对生态文明体制进行深度改革为其提供内驱力。生态文明体制改革是我国全面深化改革的重要一环，如果生态文明体制改革缺席，全面深化改革的总目标不可能企及，生态文明终将只是无法实现的美丽愿景。2015 年颁布的《生态文明体制改革总体方案》，标志着我国生态文明体制改革终于全面铺开。

以污染防治为例，党的十八大以来，我国重拳出击推进蓝天、碧水、净土三大攻坚战，可以说治理力度空前，目前成效已初步显现。《中华人民共和国国民经济和社会发展第十四个五年规划和 2035 年远景目标纲要》根据变化的情况进一步提出：“深入打好污染防治攻坚战”。从“坚决”打好污染防治攻坚战到“深入”打好污染防治攻坚战，实现由“坚决”到“深入”的升级，二字之差，但触及的矛盾和问题层次更深、领域更广。如何做到“深入”打好污染防治攻坚战？降碳就是其中的重点之一！从碳减排——碳达峰——碳中和，这是量变向质变升级。我国是一个制造业大

① 《胡锦涛文选》第 3 卷，人民出版社，2016，第 644 页。

国，且仍处于工业化的进程之中，要改变能源结构改进生产生活方式实现绿色低碳的转型不是某些部门、地方、个人努力能完成的任务，需要所有市场主体的合作，通过生态文明体制改革构建合理的制度体系是不可或缺的环节。

诚然，污染防治只是生态文明建设的一个方面，而且是其中最基础的方面，生态文明建设有着比污染防治更复杂的内容。不过，通过污染防治的艰难能清楚地了解生态文明建设的艰巨性、复杂性。当前我国生态环境治理进入了攻坚克难的关键阶段，生态文明体制改革也进入了“深水区”。因此，推进生态文明建设不能只顾眼前不管长远将长期目标短期化，不能只管局部不顾整体将系统目标碎片化，不能有懈怠放松想法把持久战打成突击战，必须通过全面深化改革既强化责任压实任务，也激发信心调动各责任主体的积极性。

二、理顺人与自然关系：生态文明体制改革的核心要义

推进生态文明体制改革，需确认“共同命运”的最高价值主体地位，而不是造成人与自然的对立；需以“共同命运”涵养人的利益和权益，而不是背离“共同命运”张扬人的主体地位造成自然受损人类受伤。因此，基于“共同命运”是最高价值主体的理性认知推进生态文明体制改革，其核心要义是理顺人与自然的关系，构建以维护“共同命运”为内核的生态文明制度体系、组织构架和运行机制。

（一）以人类文明史为经纬，生态文明体制改革须理顺人与自然关系

在前资本主义社会，由于生产力水平十分低下，人类神魅于自然而形成了“天人合一”的朴素认知，当时的人们不可能有生命共同体的理性认识和价值主体的理性思考，但为生存而奔波的人们视自然为“生存”共同体，人与自然之间建立起了一种朴素的和谐关系。资本主义社会秉承人类中心主义的价值主张，视自然为“生产”共同体，背离“共同命运”的价值主体地位，将人的命运凌驾于自然之上，造成人与自然尖锐对立，导致全球性的生态环境问题甚至是生态危机。我国在建设的过程中也曾走过弯路，对人与自然之间的关系缺乏正确的认知，导致了生态环境被破坏的不良后果。生态文明体制改革须立足人与自然的共同命运是最高价值主体的新认知，特别要摒弃工具理性地将人与自然之间的关系视为生产共同体的狭隘思维，以生命共同体理念引领人类的生产活动，实现人与自然和谐共生。

（二）以改革开放史为经纬，生态文明体制改革须理顺人与自然关系

党的十一届三中全会拉开了我国改革开放的序幕。仅从处理人与自然的关系而言，十一届三中全会开启的改革主要从经济体制领域入手，通过理顺“人与人”之间的关系极大地激发了人们利用自然创造财富的热情与潜能，但同时也带来了不可忽视的生态环境问题。生态文明体制改革不是旨在退守自然以换取自然的庇佑，而是遵从生命共同体的认知，通过构建科学的制度体系和合理的机制规约人们的行为，束缚那些为所欲为破坏自然以谋取利益者的手脚，重塑敬畏自然的理性，形成尊重自然的自觉，进而科学有序地利用自然。

三、生态文明体制改革的“锚定”与“试点”

改革是革故鼎新，于“立”中“破”除桎梏，于“破”中“立”起新规。一般而言，体制由制度体系、组织架构和运行机制构成，生态文明体制改革的主要任务是建立与生态文明建设相适应的制度体系、组织架构及运行机制。新时代我国实行自上而下的全面部署和自下而上的积极探索相结合，在“破”与“立”中有序推进生态文明体制改革。

（一）顶层设计于全局中“锚定”共同责任

“生态环境是关系党的使命宗旨的重大政治问题，也是关系民生的重大社会问题”[①]。“重大政治问题”与“重大社会问题”,这是党中央对生态环境问题的精准判断，说明生态环境问题绝非通过部分人的努力依靠局部治理和枝节修整就能解决，而是需要党中央运筹帷幄统一部署，在改革中锚定责任形成合力。

其一，建立与健全制度体系。生态文明体制改革的首要任务是形成一套与生态文明建设相适应的制度体系。党的十八大从四个方面对生态文明建设进行了专题部署，其中第四个方面就是“加强生态文明制度建设”。2015年中共中央政治局审议通过了《生态文明体制改革总体方案》，提出建立与健全八大制度，构建起生态文明制度的“四梁八柱”。党的十九大报告专门就“加快生态文明体制改革，建设美丽中国”进行阐述，部署构建生态文明制度体系，进一步明晰了生态文明体制改革的重点、难点、着力点。从重视制度建设到构建制度体系，这既是量的积累更是质的提升。党的二十大报告就“推动绿色发展，促进人与自然和谐共生”作出重要部署，进一步明晰了包括生态文明体制改革在内的生态文明建设目标。顶层

---

① 《习近平谈治国理政》第3卷，外文出版社，2020年，第359页。

设计锚定了方向擘画了蓝图，与生态文明建设要求相适应的制度体系已在我国初步确立。

综观党的十八大以来我国生态文明制度建设历程，用“用最严格制度最严密法治保护生态环境”是始终坚守的原则，构建科学合理的生态文明制度体系是目标，以改革为抓手在传承中创新是有效路径。也就是说，生态文明制度建设既包括对以往合理制度的继承，更需要根据新情况新形势改革原有不合理的制度和创设新的制度。以党的二十大报告强调的“深化集体林权制度改革”“健全碳排放权市场交易制度”为例，集体林是社会主义集体经济的重要组成部分，集体林权制度在我国早已确立。2013 年启动的新的一轮集体林权制度改革以“确权颁证”为主线，在前期所有权与承包权分置的基础上，构建了所有权、承包权、经营权三权分置的制度与运行机制。当下进一步深化集体林权制度改革需在确权的基础上，注重林权制度与其他制度的协调，这其中就包括与碳排放权市场交易制度的统筹协调，在提高集体森林资源管护水平，守护其生态效益的同时提升经济效益，做到更好地保护好、开发好、利用好集体林资源。从集体林权制度改革可以看出，从具体领域着手逐步构建系统科学的制度体系，才能为生态文明建设提供有力的制度保障。

其二，理顺与完善组织架构。推进生态文明建设，政府承载着主导责任，实施机构改革理顺与完善组织架构是更好地发挥政府主导作用的重要举措。党的十八大以来，我国生态文明建设管理机构改革主要从如下两方面展开：一方面，彰显生命共同体意识，推行“大部制”改革。“人与自然是生命共同体”，自然内部山水林田湖草沙等同样是生命共同体。生态环境治理的职能部门构建彰显生命共同体意识，摒弃了九龙治水的旧模式，按照功能导向原则推进“大部制”改革，将原来散落在不同部门的各种重叠职能进行整合。如新组建的生态环境部、国家林业和草原局分别整合了原机构设置中七个部门的相关职能，自然资源部则涉及八个部门的相关职能整合。与“大部制”相匹配，将原来散落在各部门的执法职责、队伍进行整合，组建统一的生态环境执法队伍。另一方面，条块结合推进环保“垂改”。环保“垂改”于 2016 年启动，以建立条块结合的管理体制为基本方向，以落实各方责任为主线，旨在解决以往地方环保管理体制存在的以块为主、条块分割、环保责任难落实等突出问题。环保“垂改”不仅仅是机构隶属关系的调整，更是环境监测、监察、执法等环保基础管理制度的重构，是环境治理的底盘性制度改革。实行生态环境治理“大部制”和“垂改”，不是要复活大包大揽的“大政府”，而是要让市场在资源配置中起决定性作用的前提下，提高政府的办事效率，着力解决以往机构设置中职能交叉重复、多头治理，甚至争抢权力、推卸责任等问题。组织架构重建、机构职能调整只是改革的“面”上工作，真正按照既定改革方案切实完成职责优化整合、服务提质增效才是“质”上工作。目前，“面”上的上半程工作已经完成，“质”上的下半程工作也已有序展开。

其三，建构与优化运行机制。党的十九大报告指出，要“构建政府为主导、企业为主体、社会组织和公众共同参与的环境治理体系”①。推进生态文明体制改革，在健全制度体系、完善组织机构的同时，需构建政府、市场、社会机制等运行机制，并注重在理清各自责任的基础上，于相互制衡中协同运转。

党的十八大以来，我国生态文明建设运行机制的建构与优化主要从如下三方面着力：一是强调政府的主导作用。推进生态文明建设，各级政府需主动承担责任。不仅生态环保机构等具体的职能部门需主动担责，且各级地方党委和政府的主要领导需负责本地区的生态环境保护工作，实行党政同责、终身追责。强调政府主动担责尽职，这是我国生态文明建设的特色与优势。二是发挥市场的引导作用。坚持“谁污染谁治理，谁受益谁补偿”的原则，构建资源有偿使用制度，试行并逐步推进碳排放权、排污权、水权交易制度，通过市场这只无形之手引导企业承担生态文明建设的主体责任。三是重视社会力量参与作用。社会组织和广大公众既是生态文明的直接建设者，也是政府、企业履职尽责的监督者，社会治理是生态环境治理与生态文明建设的重要组成部分。

（二）地方实践于“试点”中积累改革经验

中央的顶层设计需要在实践中落实与校验，地方的试点与实践能为中央顶层设计提供实践基础与经验支撑。为确保生态文明体制改革既积极又稳妥地推进，在中央锚定总体方案之后，对于一些条件成熟且预期成效基本明朗的领域，采取不试点直接全面推进的模式；对于条件不成熟或预期成效不明朗的领域，采取试点后全面推进的模式。循序渐进是我国改革的成功经验之一，很多改革基本沿着试点——总结反思——全面推广的路径进行。生态文明体制改革也不例外，通过试点再全面推广是主要的改革模式，开展生态文明先行示范区建设就是典型的试点举措。通过先行先试的改革试点，能为全国的生态文明建设提供可资借鉴的经验。2013 年 12 月，国家发展和改革委员会印发了《关于印发生态文明先行示范区建设方案

① 《习近平谈治国理政》第 3 卷，外文出版社，2020 年，第 40 页。

（试行）的通知》，拉开了生态文明先行示范区建设的序幕。此后，国家发展和改革委员会等 6 个部门分别于 2014 年和 2015 年分 2 批遴选不同发展水平、不同资源环境禀赋、不同主体功能要求的地区开展生态文明先行示范区建设。入选地区承担“试点与创新”的责任，其中制度创新是核心任务，30 多项制度被重点列入创新试点之中。可以这么认为，生态文明先行示范区建设既是种“实验田”也是造“样板间”，是在实验的基础上示范。试点工作基本遵循以下两条原则：

其一，不同地区制度创新的重点不尽相同。以湖南为例，湖南第一批入选生态文明先行示范区建设的地区有两个，即湖南省湘江源头区域和湖南省武陵山片区（武陵山片区几省交界，需要协同治理，因此第一批入选的还有重庆市渝东南武陵山区），第二批入选地区是衡阳市和宁乡县。四个先行示范区禀赋不同，试点的具体职责不同，制度创新的重点存在明显差别。其中湘江源头区域和武陵山片区的制度创新立足资源型特色，突出区域性协同；而衡阳市和宁乡县分别立足城市、乡村污染治理，突出区域内协同与领导干部的生态绩效考核。即使同属武陵山片区，湖南与重庆围绕着自然资源保护与利用这一核心问题，其制度创新重点有相通之处，但具体领域也不尽相同：湖南重在自然资源所有权的确权与用途管制，重庆侧重于自然资源有偿使用制度和生态补偿机制；湖南侧重于领导干部评价考核体系，重庆则着力完善公众参与监督机制，两地相互联系相互补充。不同的生态文明先行示范区建设制度创新的重点之所以有所不同，其目的在于较短的时间内让各项制度创新的试点得到全面铺开，有助于尽快形成生态文明建设的制度体系。

其二，同一制度创新在不同地区同时进行试点。如第一批开展生态文明先行示范区建设的地区中，就有贵州省、天津市武清区、河北省张家口市、陕西省延安市、甘肃省定西市等地就“建立领导干部自然资源资产离任审计制度”进行重点探索。在第二批开展生态文明先行示范区建设的地区中，就有北京市怀柔区、天津市静海区、内蒙古自治区包头市、辽宁省大连市、江苏省南通市、山东省济南市、广东省东莞市、海南省儋州市、山东省青岛红岛经济区、陕西省西安浐灞生态区等就“‘多规合一’的规划制度”进行重点探索；有上海青浦区、江苏省南通市、安徽省宣城市、陕西省神木县（2017 年改为神木市）等探索建立横向生态补偿机制。开展生态文明先行示范区建设，就是希望这些地区先行先试干在实处，走在前面，探索可复制可推广的经验，以便更好地推动全国的生态文明建设。而同一制度在不同地区同时进行试点，能让不同地区所构建的制度相互检验、对比、支撑与补充，形成更加科学有效、更适合全面推广的制度体系。

总之，党的十八大以来，我国通过顶层设计与地方试点相结合的方式推进生态文明体制改革，通过约束与激励机制使各责任主体协调配合，围绕着做好生态修复的“加法”、节能降耗的“减法”、生态经济的“乘法”、生态综合治理的“除法”等方面展开探索，目前改革已取得了一系列积极进展。通过先行先试全力推进，打造了一批生态文明建设的“样板间”。与生态文明建设要求相适应的制度体系基本确立，生态文明建设能力整体得到了较大提升。如资源总量管理和全面节约制度不断完善，自然资源资产确权和生态补偿制度逐步落实；“多规合一”的国土空间规划有序推进；自然资源资产离任审计制度全面推开，党政同责、终身追责、责权明确的生态环境保护责任制度有效推进；中央生态环保督察力度大，成效明显，省级生态环保督察格局也已基本形成；环境领域监管体制框架基本建立，环保执法能力得到了一定程度的增强；财税支持体制逐步落实，费改税、税率提升、环保税归地方政府所有的三大举措推动环保税收制度落地；等等。这些阶段性的积极成果彰显了“人与自然是生命共同体”的价值理念，是对人与自然的共同命运是最高价值主体的有效确认；既强化了人类善待自然的主体责任，也在理顺人与自然之间的关系保障生态权益中让人的价值主体地位得到了更好体现；既为生态文明建设提供了良好的体制支撑，也为后续深化改革的推进打下了坚实的基础。

四、生态文明体制改革重心的“坚守”与“转移”

生态文明建设以人与自然的和解为远期愿景以和谐为近期目标，无论是和解还是和谐都需要将改革引向深入。总体而言，在生态文明建设组织架构已明晰的基础之上，深化生态文明体制改革应注重多阶段、多主体的整合与统筹，根据变化的情况注意重心的转移与坚守，以确保制度体系和运行机制更具整体性连续性，能更好地实现协同增效。

（一）“防、控、惩”的重心转移与协同坚守

生态文明建设是系统工程，需按照“源头严防、过程严控、后果严惩”相结合构建制度体系及相应的运行机制，以便让生态环境得到整体保护、系统修复、综合治理。源头严防是防患于未然，过程严控是将生态环境保护与治理落在实处的关键，后果严惩是不可或缺的末端环节，起到补救和警示作用。“防、控、惩”三个环节的制度构建应同时展开并全面落实，但不同时期重点不同，同一制度在三个环节所用的力度不一定完全

相同。

其一，“防、控、惩”各有侧重，重心应逐步向严防转移以补齐短板。生态环境治理是系统工程，需实施“源头严防、过程严控、后果严惩”三者相结合。迄今我国的生态环境治理已基本由以“惩”为主、“防”“控”结合，逐步过渡到了以“惩”与“控”为主、以“防”为辅的格局。也就是说，在生态文明建设初期，由于长期积累的生态环境问题多而治理经验明显不足，对一些问题或者难以预判可能产生的消极后果，或者虽然对后果能够预判但应有的一系列措施无法在短期内快速跟上，因此难以做到源头严防和过程严控。于是，制度构建多针对看得见的生态环境损害后果，在末端环节即后果严“惩”上着力较多，对于源头和过程中的“防”与“控”明显力度不足。随着生态文明建设的推进，制度构建也更具有前瞻性、预防性，工作重心已由“惩”逐步向“控”转移，过程严控的力度与作用已得到明显增强。不过，没有严“防”的有力支撑，严“惩”与严“控”在制度构建上就没有坚实的根基，在实践操作中“控”而不严、“违”而未“惩”的现象就屡见不鲜。

当前，我国已积累了一定的生态环境保护与治理经验，同时对存在的问题及其症结有着更为清醒的认识，因此，从现阶段开始工作重心应由“惩”与“控”向“防”转移。以大气污染治理为例，从“大气十条”的实施，到《打赢蓝天保卫战三年行动计划》的落实，成效显著。但随着治理从“保卫战”向常态化过渡，紧急关停污染企业、盯住重点行业超标排放改造等都不足以解决问题，必须调整产业结构、能源结构等，切实从源头治理上下足功夫。2021 年 10 月，全国 10 余个省出现拉闸限电，一些人质疑污染防治和“能耗双控”。其实，经济复苏导致电力需求增长强劲，煤炭价格大涨导致火电企业亏损发电积极性不高是导致拉闸限电的直接原因，而我国目前能源结构中煤炭占比较高，以及单位 GDP 能耗较高是深层次原因。迄今我国“重化工为主的产业结构、以煤为主的能源结构和以公路货运为主的运输结构没有根本改变”①。实现产业升级和提升清洁能源的比重是源头严“防”之策，治本之道。

“防”住源头是根本，“控”住过程是关键，“惩”处损害生态环境的行为是事后无奈的补救。现阶段的工作重心要由“惩”和“控”向“防”转移，不是因为过去“惩”和“控”干出了成效可以放弃坚守，而是要补齐“防”的制度短板并在实践中有效落实。即使补齐了源头严防短板，过

① 蒋洪强：《解决生态文明领域深层次问题还要靠统筹协调》，《光明日报》2020 年 11 月 7 日，第 5 版。

程严控和后果严惩也丝毫不能松懈，因为生态环境损害具有显著的负外部性特征，很难通过诉诸责任主体的自觉解决全部问题，放松对损害行为的控制与惩处会让前期的治理成效大打折扣。只有真正做到严防、严控、严惩协同推进，才能为生态文明建设提供有效的制度支撑。

其二，“防、控、惩”相辅相成，注重协同是应有的坚守。严格地说，“防、控、惩”三环节为什么需要协同不是问题，但如何协同是一个需要持续探讨的问题。在信息透明的现代社会，信用是个人和所有社会组织的重要名片，完善环保信用评价制度是注重协同增效不容忽视的环节。

其实，针对企业的环保信用评价制度已在我国试行，原环境保护部等四部委于2013年印发了《企业环境信用评价办法（试行）》，其附件即《企业环境信用评价指标及评分方法》规定了污染防治、生态保护、环境管理、社会监督四个方面共21项子指标。新修订的《环境保护法》也规定“应当将企业事业单位和其他生产经营者的环境违法信息记入社会诚信档案，及时向社会公布违法者名单”。据笔者了解，全国除安徽、内蒙古、青海、海南直接执行环保部等制定的《企业环境信用评价指标及评分方法》外，其余各省、自治区、直辖市均进一步细化了具体操作标准，但不同地方的评价办法和评分标准差异明显。不过，目前全国如海南实行自查自报、主管部门审核制，评审对象为行政区域内的企业事业单位、其他生产经营者和从事环境技术服务的第三方机构，评价结果分为诚信、良好、警示、不良四个等级；广西则主要根据公共信用信息平台中的相关生态环境行为信息进行评价，评价对象为生态环境主管部门发布的年度重点排污单位和重点管理的排污单位等4类重点企业和重点管理的排污单位等4类重点企业，评价结果分为守信、普通、一般失信和严重失信4个等级。长三角三省一市已启动生态环境领域“红黑名单”互认，实行信用联合奖惩。浙江丽水实行“绿谷分”（包括公共信用积分和生态信用积分两部分）制度，对守信者进行奖励，对失信者进行惩罚，等等。

已试行或实行的生态环境信用评价制度取得了有益的成果，但仍存在一些问题：如没有实现评价对象的全覆盖，基本只盯住重点单位；很多地方没有将失信单位的主要负责人、环境损害事件的直接责任人纳入失信名单，让其承担应有的失信责任；以省份为界限的具体评价体系导致难以在全国范围内实现信息共享，对失信者的联合惩戒不够；目前的环境信用评价采用职能部门直接评价为主，第三方机构评价为辅的方式，但职能部门面对庞杂的事务精力不足，第三方评价机构水平良莠不齐，导致环评信息不精准。如2019年生态环境部启用了环评信用平台，对环评机构与从业者进行监管，但部分在信用平台上建立诚信档案的机构和从业人员，提交给平台的基本信息弄虚作假，毫无诚信可言，此类机构与从业者的环评质量和提供的环评信息可信度可见一斑。

党的十九大报告提出健全环保信用评价制度。赋予信用“绿色”底色，需在协同上下功夫。笔者认为，环评对象不能局限于重点行业重点企业，而应该是我国境内的所有企业、社会组织和个人。也就是说，在全国企业和个人等征信系统中均需加入生态环境保护条目，实行环评信息数据共享，将造成生态环境损害事件等致使环评不合格的企业、社会组织及其负责人、环境损害事件直接责任人纳入生态损害黑名单，协同各方力量强化对失信者的信用联合惩戒，让环保失信者付出应有的代价，让诚实守信者获得应有的肯定。具体而言，进入“黑名单”的企业、社会组织，必须全面整改才能进行信用修复，且整改达标前实行融资限制，取消相关政策优惠等措施，整改不力或拒不整改的必须取缔关停。被列入黑名单的企业、社会组织负责人和环境损害事件直接责任人，也应进入个人失信黑名单。进入环保失信名单的个人，除与其他领域的失信人一样受到基本的限制之外，还应实行“行业禁入”，避免其通过腾挪地址、改变企业名称、经营范围等表面文章而重操旧业，继续损害生态环境以牟取私利。没有健全个人的环保信用制度，整个环保信用制度的效用会大打折扣；而健全的环保信用制度既是事后严惩的表现，也是源头严防的举措，能较好地起到惩罚与警示作用。

（二）“三类制度”“四方责任”形成合力，不可偏废一方

“三类制度”是指强制性制度、选择性制度、引领性制度；“四方责任”指政府、企业、社会组织和公众四个责任主体。“三类制度”“四方责任”协同努力，共同推进生态文明建设，这其中也有着重点工作的坚守与转移问题。

其一，“三类制度”不可偏废，但不同时期侧重点不尽相同。一个完整的制度体系是强制性制度、选择性制度、引领性制度的有机结合。以针对企业这一责任主体而言，强制性制度包括产业行业准入制度、污染物排放达标制度等，企业必须严格按要求执行，违反规定就要受到应有的处罚；选择性制度包括资源有偿使用制度、生态保护补偿制度、碳交易制度等，企业可根据自身情况权衡利弊而做出选择；引领性制度包括绿色企业创立制度、绿色产品标识制度等，通过对企业及其相关产品的绿色认证，引导其开展绿色生产。我国目前仍处于工业化进程之中，产业升级步伐加快，但低端产能仍占有相当高的比重，生态文明建设难度依然很大，市场

主体生态自觉明显不足。因此，当前条件下构建生态文明制度体系，强制性制度仍是重点，通过最严制度的规约，可以比较有效地威慑制止破坏生态环境的行为，增加投机者的机会成本。不过，随着生态文明建设的持续推进，市场主体生态意识将逐步增强，特别是消费者日渐增强的绿色需求会从需求侧倒逼企业选择绿色化生产，选择性制度、引领性制度将会发挥更大的作用。甚至当下为吸引企业发展绿色生产而实施的税收优惠、财政补贴、融资便利等选择性制度的作用会逐渐弱化，引领性制度的作用会进一步增强，并逐步形成以强制性制度为前提，引领性制度为主体，选择性制度为补充的制度体系格局。

其二，“四方责任”协同，政府需回归主导本位。如前所述，党的十八大以来，我国生态文明建设朝着政府、市场、社会各司其职又相互协同的格局构建运行机制。其中，政府起主导作用、企业处于主体地位，社会组织与公众则应积极参与生态文明建设。也就是说，政府主要通过制定制度规划等进行指导与监督，一般不直接参与具体的生态文明建设事宜，不是生态文明建设具体事务的责任主体。然而，由于在过去很长一段时间生态环境治理权责不清，企业往往通过市场手段享受生态权益却没有承担应有的责任，导致迄今各级政府在生态环境治理中既起着主导作用也事实上处于主体地位。

随着生态文明建设的持续推进，政府应回归主导本位而压实企业的主体责任，同时社会组织与公众也要承担应有的责任。这不仅体现在强制性制度领域，也应体现在选择性和引领性制度领域。党的二十大报告强调的“完善生态保护补偿制度”就是典型的选择性制度。福建省于 2003 年在全省 10 个重要水库库区的水源地开展了流域生态保护补偿试点，是我国省级层面最早尝试构建生态保护补偿机制的省份。2016 年，中央全面深化改革领导小组通过的《关于健全生态保护补偿机制的意见》，开启了我国生态保护补偿工作的新阶段。总体而言，我国生态保护补偿工作成效明显，但迄今的生态保护补偿仍以国家财政纵向补偿为主，地方政府之间的地区横向补偿为辅，市场化的生态保护补偿则随着碳交易、水权交易等上市而逐步启动。不过，迄今众多享受着生态资源收益的企业没有成为生态补偿的责任主体。“完善生态保护补偿制度”在优化政府补偿制度的同时，压实企业的责任是重中之重。

“三类制度”“四方责任”形成合力，还涉及另一个问题，即不能忽视环保 NGO 的作用。我国社会组织不少，环保又是社会组织最活跃的领域之一。一些环保 NGO 如“自然之友”“地球村”“绿家园”等等，在全国均有不小的影响力。笔者是湖南省生态文明研究与促进会成员，身边活跃着一批环保人士，或进行理论研究，或提供决策咨询参考，或坚守在护绿治污的第一线，或开展生态文明教育……但实践中我们也深切地感受到，环保公益活动特别是污染治理日常监督与公益诉讼等方面仍面临太多的难题而难以有效开展。推进生态文明体制改革需进一步完善社会治理机制，以便更好地对环保 NGO 进行合理的规约与引导，使其在生态文明建设中发挥更积极的作用。

总之，生态文明体制改革以确认人与自然的共同命运价值主体地位为理论前提，以理顺人与自然关系为核心要义，以构建生态文明制度体系为基本任务。党的十八大以来，生态文明体制改革坚持破立相融，顶层设计于全局中“锚定”共同责任，地方实践于“试点”中积累改革经验，我国生态文明制度体系已基本建立。落实党的二十大提出的“深入推进改革创新”“改革开放迈出新步伐”精神，进一步深化生态文明体制改革，一要完善个人和企业的环保信用联合奖惩制度等，坚持“防、控、惩”协同，重心应逐步向严防转移以补齐短板；二要切实做到“三类制度”“四方责任”形成合力，政府在生态环境治理中需逐步回归主导本位而非发挥主体作用。不过，新时代深化生态文明体制改革无论采取什么样的具体策略，都必须始终以坚持正确的政治方向为前提，这是应该贯穿改革始终的“红线”。确认人与自然共同命运的最高价值主体地位，全面理顺人与自然之间的关系是资本主义私有制不能交出的答卷。因此，生态文明体制改革必须以“红色”为主线，以“绿色”为主题。只“红”不“绿”的改革，会让民众的获得感弱化；只“绿”不“红”的改革，会走上邪路，误入歧途。丢弃“红色”，最终意味着放弃“绿色”。因此，全面深化改革，一定是一场“红”与“绿”交相辉映的改革，既“红”且“绿”的改革才能为构建生态文明提供强有力的支撑。

第三节　生态文明建设以全面依法治国为保障

全面依法治国作为“四个全面”战略布局的重要组成部分，其目标是实现国家治理的全面法治化。依法治国是党领导人民治理国家的基本方略，全面依法治国为推进国家治理体系和治理能力现代化铺就法治路径，为推进生态文明建设提供有力的法治保障。

一、用法治推进生态文明建设取得新突破

新时代对保护生态环境构建生态文明提出了许多新要求，当然也面临着许多新挑战。生态环境领域要做到既不欠新账又还清历史旧账，实现生产发展、生活富裕、生态良好三者的有机统一，必须有强有力的法治保障。习近平同志指出：“保护生态环境必须依靠制度、依靠法治。只有实行最严格的制度、最严密的法治，才能为生态文明建设提供可靠保障。”[①]用“最严”法治保护生态环境，一是因为生态环境污染影响面广、危害性大，关系到民众的生存与发展大计，关系到人类的前途命运，也关系到非人存在物的兴衰存亡。二是因为生态环境污染与破坏具有典型的负外部性特征，但以往对相关行为缺乏强有力的惩处，较低的违法成本让生态环境治理与保护异常棘手。用最严法治保护生态环境推进生态文明建设，充分显示了中国共产党坚持人民至上保护人民生态权益的信心与决心。党的十八大以来，用法治推进生态文明建设取得了新突破，彰显新力度。

（一）最严“法制”初成体系

用最严法治推进生态文明建设，首先要构建最严的法律与制度。法治是遵循法律而治，立法是基础。党的十八大以来，我国加快了生态环境领域法律的制定、修订、完善，构建最严法制体系取得了一系列成果。

宪法是国家的根本大法，是治国安邦的总章程，坚持依法治国首先要坚持依宪治国。2018 年通过的《宪法修正案》，生态文明已被明确载入宪法。宪法的序言部分规定，“推动物质文明、政治文明、精神文明、社会文明、生态文明协调发展，把我国建设成为富强民主文明和谐美丽的社会主义现代化强国”，第八十九条规定“国务院行使下列职权”，其中第六款明确规定“领导和管理经济工作和城乡建设、生态文明建设”。生态文明被载入宪法，这是党的主张、国家意志、人民意愿高度统一的表现，是用最严法制保护生态环境推进生态文明建设的一大突破，从此我国的生态文明建设迈入了宪法提供明确保障的新阶段。

新修订的《环境保护法》于 2015 年 1 月 1 日实施，被称为史上最严的环保法。该法明确规定，企业事业单位和其他生产经营者受到罚款处罚却拒不改正的，实施“按日连续处罚”不封顶；政府及有关部门有“不符合行政许可条件准予行政许可的”等 8 种情形且造成严重后果的，主要负责人应当引咎辞职；如此等等，较好体现了最严法治精神。而《党政领导

① 中共中央文献研究室编:《习近平关于全面深化改革论述摘编》，中央文献出版社，2014，第 104 页。

干部生态环境损害责任追究办法（试行）》规定生态环境保护执行“党政同责”“一岗双责”。抓住领导干部这个关键少数，对生态环境损害责任做出明确约定，这是对《环境保护法》第二十六条、第六十七条、第六十八条所规定的目标责任制、考核评价制度、监督、责任追究等相关法律条款的细化、完善与落实。

《环境保护法》修订实施之后，生态环境保护领域系列相关的法律法规也得到了修订或制定，这其中包括《大气污染防治法》《水污染防治法》《土壤污染防治法》《固体废物污染环境防治法》《环境影响评价法》《海洋环境保护法》《核安全法》《长江保护法》《排污许可条例》等等。2020 年通过的《民法典》明确了“民事主体从事民事活动，应当有利于节约资源、保护生态环境”，并在物权编、合同编、侵权责任编用近 30 个条文建立起绿色规则体系[①]，体现绿色规则体系的《民法典》，是法制绿色化的又一里程碑。已通过的《刑法修正案（八）》和《刑法修正案（十一）》，对污染环境罪，以及非法猎捕、杀害珍贵、濒危野生动物罪等有了更准确更详细的法律条文规定，刑法在惩治生态环境犯罪、预防生态环境风险中发挥着更大作用。《行政诉讼法》《民事诉讼法》也积极回应建立健全与生态文明建设相适应的法制体系新需求，传统的地方性法规和部门规章适应生态文明建设要求的绿色化革新也正在迅速推进。

（二）最严“法治”初显成效

最严法治保障生态文明建设，法制绿色化只是严的起点，法治绿色化才能严出实效，由“制”而“治”，由“良法”到“善治”，重在落实。修订后的《环境保护法》实施以来，我国加大了查处违法行为的力度，这其中不乏一些大案要案。如 2017 年 7 月，中办国办就甘肃祁连山国家级自然保护区生态环境问题发出通报，“不作为、不担当、不碰硬”，“监管层层失守”，“弄虚作假、包庇纵容”，“性质恶劣”等严厉措辞频现，包括 3 名副省级干部在内的一批人被问责。备受关注的秦岭北麓违建别墅，数量达 1194 栋之多，习近平同志为此作出六次重要批示指示，中央指派中纪委副书记、国家监委副主任徐令义担任专项整治工作组组长，彻底拆违恢复生态，包括陕西省委原书记赵正永在内的相关涉事领导干部被严肃追责。2020 年 4 月习近平同志到陕西考察的第一站便是秦岭牛背梁国家级自然保护区，他强调，“陕西要深刻吸取秦岭违建别墅问题的教训……当好秦

① 参见吕忠梅：《〈民法典〉“绿色规则”的环境法透视》，《法学杂志》2020 年第 10 期。

岭生态卫士，决不能重蹈覆辙，决不能在历史上留下骂名”①。整治祁连山违规开发和秦岭违建别墅群，只是我国用最严法治保护生态环境的一个缩影。总体而言，最严法治既在法律条款中得到了较好体现，也在实践环节得到了逐步落实。

二、用法治推进生态文明建设需有新举措

如前所述，党的十八大以来，我国开启了用最严法治推进生态文明建设的新征程。不过，最严之“最”相对于过往而言是严出了结果，相对于将来而言则是需要不断努力达到的目标，保持最严永远在路上。况且，生态文明建设系统复杂，面临着不少新问题新挑战，需进一步在立法、执法、司法、守法各环节恪守最严法治精神，真正干在实处，干出实效。

（一）秉承“绿色化”的立法精神，科学立法

亚里士多德曾指出：“已成立的法律获得普遍的服从，而大家所服从的法律又应该是本身制定得良好的法律。”② 罗斯科·庞德认为：“法律是文明的产物，同时又是维系文明和促进文明的一种手段。”③ 法治是依法而治，而且应依良法而治，是有法可依、依法办事和良法善治的统一。迄今我国与生态文明建设要求相适应的法制体系已基本建立，但法制的健全与完善仍需付出很大的努力。如已有的法律多着力于保护生态环境，聚焦于环境污染防治，但生态资源立法相对欠缺。其实生态文明建设是系统工程，着眼于生态环境保护只是其中最基础的方面；部分法律条款只列出了指导性原则，缺乏明确的规范性和可操作性；不同法律之间相互冲突，特别是一些非生态环境领域的法律没有很好地秉承“绿色化”的立法精神，掣肘生态环境领域法律法规的执行，损害法律的权威等；生态环境领域相关法律已得到逐步完善，但仍有不少纰漏。如环保“垂改”之后，县级生态环境分局作为派出机构只有进行现场检查的权力，不具备独立的执法主体资格。尽管如此规定有利于规范执法，但又无疑降低了县级生态环境分局对生态环境污染的威慑力度和查处能力。通过法律手段完善并提升环保“垂改”下的督察执法力度，赋予县级生态环境分局独立的执法主体资格，明确乡镇（街道）人民政府、产业园区管理机构的环保职责等，都是亟待解决的问题。再如《野生动物保护法》于1988年开始实施，2004年、2009

---

① 《扎实做好“六稳”工作落实“六保”任务 奋力谱写陕西新时代追赶超越新篇章》，《人民日报》2020年4月24日，第1版。

② ［古希腊］亚里士多德：《政治学》，吴寿彭译，商务印书馆，1996，第199页。

③ ［美］罗斯科·庞德：《法理学》第3卷，廖德宇译，法律出版社，2007，第4页。

年、2016年、2018先后四次修订，但现有的法律条款离最严法治仍有距离。被称为史上最严的《环境保护法》，最严也是针对过去不严或不太严而言的，不代表现在和将来仍然最严，如果不与时俱进，最严就会变成较严甚至不严。因此，法律需随着变化的情况不断完善，持续保持最严法治的高压态势。

生态文明建设法治化关系着所有人的当前和长远利益，立法工作应以构建生态文明为核心，实现节约资源、保护环境、维护生态平衡三者的协调统一。这既需要清理陈旧过时的法律法规，又要补齐法律盲区等短板，真正做到有法可依。特别是针对当前生态环境领域不同法律条文之间相互掣肘等问题，可借鉴民法典编纂经验，适时推进生态环境法典编纂工作。用最严法治保护生态环境推进生态文明建设，立法工作相当复杂与细致，需要各立法主体通力合作以产生相互贯通的法律文本，并建立与之相适应的运行体制和机制，逐步完善落实；需广开言路，充分发挥立法民主，审慎周密地开展立法工作。适时编纂生态环境法典，能将立法工作推上一个新高度。需要特别指出的是，当前我国生态文明建设进行了许多大胆的试点和改革，各项试点的积极成果应适时融入法律文本，以更好地发挥法治的规约作用。

（二）借力环保督察优化内在机能，严格执法

中央生态环境保护督察制度是习近平同志亲自谋划、部署、推动的一项重大制度创新。2015年确立中央生态环境保护督察制度，2019年6月，《中央生态环境保护督察工作规定》发布实施。中央设立专职督察机构，通过例行督察、专项督察和“回头看”等方式展开全面督察。第一轮督察于2018年完成，此轮督察实现了31个省（自治区、直辖市）以及新疆生产建设兵团的全覆盖，完成了20个省的督察“回头看”。第二轮督察2019年正式启动，2022年全面完成。此轮督察在覆盖31个省（自治区、直辖市）和新疆生产建设兵团的基础上，还对国务院的2个部门，以及6家央企进行了督察。同时，我国省级环保督察格局也已基本形成。从“督查”到“督察”，最核心差异是从“督事”变成了“督政”，强化了地方党委、政府在生态文明建设中应担负的责任。

《环境保护法》第6条规定：“地方各级人民政府应当对本行政区域的环境质量负责”，立法的本意是强化地方政府的生态环境保护义务。然而，由于一些人长期存在泛经济理性的发展理念和官本位治理思维，很容易产生权力寻租、执法不严问题。常态化的督察、监测监察全面落实，各主体的责任担当意识与履职尽责行为正在规范并有望得到进一步加强。生态环

境领域的执法不严现象已有明显改观，违法行为已有较大收敛。但毋庸讳言，即使是中央生态环保督察转办案件，各责任主体仍然阳奉阴违想方设法应付了事的现象并不鲜见。

执法不严甚至明显护短行为大大降低了违法成本，增加了生态环境治理的难度。突破执法中仍然存在的种种弊端，仅靠外在的督察监察难以根除病根，在执法体系内部对症下药才是解决问题的重点与根本，只有做到内外兼治方能卓有成效。当前急需建立生态环境保护综合执法机关、执法队伍，继续畅通行政执法和刑事司法的衔接，重点解决执法不及时、不规范、不透明、慢作为、不作为、乱作为等突出问题，坚决摒弃先经济后环境、先发展后治理、以罚代法、以权代法等错误的执法理念与执法方式，下大力气整治生态环境保护执法中普遍存在的地方保护主义、弄虚作假等行为。真正用好执法这把利器保护生态环境，才能为生态文明建设提供有力的法治保障。

（三）推进生态环境司法专门化和扩大公益诉讼主体资格，公正司法

习近平同志指出：“公正司法是维护社会公平正义的最后一道防线。”[①]司法是法治的重要环节，当然也是生态环境领域以法治维护公平正义的终极手段。不过，相对于立法与执法环节而言，我国司法发展明显滞后。用公正司法筑起生态文明建设的牢固防线，要从以下两方面着手：

一方面，应进一步推进司法专门化，着力改变一些地方涉生态环境案件不同程度存在的立案难、取证难、诉讼时效确认难、法律适用难、裁量审判难、执行难上加难等系列难题。2014 年 7 月，最高人民法院设立环境资源审判庭，此后，全国环境资源专门审判机构相继成立，环境资源司法专门化的机构体系已具雏形。不过，推进生态环境司法专门化、科学化、高效化，不只是设立专门的审判机构就能解决问题，还涉及高素质的人才配备、资金保障等一系列问题需要进一步解决。而且，因涉及生态环境的案件多，现有的专门司法机构仅从数量上来说也存在明显不足，生态环境司法专门化需持续推进。

另一方面，进一步扩大涉生态环境案件的公益诉讼主体资格。环保 NGO 是指不特定多数的公众在保护生态环境的共同价值追求之下所集合成的社会组织。国内外的实践均证明，在公民个人、国家机关等主体不愿或不能涉足的领域，环保 NGO 可以在一定程度上起到补位作用，这其中就包括司法领域的公益诉讼。我国的《环境保护法》第 58 条对公益诉讼

---

① 中共中央文献研究室编：《习近平关于全面依法治国论述摘编》，中央文献出版社，2015，第 67 页。

作出了相应规定，即具有诉讼资格的社会组织必须“依法在设区的市级以上人民政府民政部门登记，专门从事环境保护公益活动连续五年以上且无违法记录”。法律如此规定是基于司法的公正严谨而言，但目前符合条件的社会组织不多。我国在完善监管措施和加大支持力度让环保 NGO 顺利成长的同时，也可以考虑适当放宽公益诉讼的准入门槛，让环保 NGO 能更便捷更广泛地通过履行诉讼主体资格以维护公众权益。甚至随着生态环境领域司法专门化的逐步落实，以及公众环保意识、诉讼能力等不断提高，可适时考虑赋予公民个人生态环境公益诉讼主体资格。

（四）突破“等靠要闹”等生态文明建设误区，全民守法

当下，公众的生态意识已明显增强，法治意识也已得到逐步提升，良法善治的社会氛围正在有效形成。不过也需清醒认识到，由于生态环境法治长期滞后，目前仍有不少民众确实存在着良好生态环境“等靠要”、公益生态环境保护尽量“绕道”、损害维权用“闹”等非理性的思维与行为。一些人不愿意为生态环境保护积极出力，作为权益主体要求多，作为责任主体履责少，公共性环保活动鲜有参与。不过，公民面对已经或者可能遭受的生态环境损害维权意识明显增强，这是一大进步。但毋庸讳言，无论是过去还是现在，“闹”甚至成为一些人维权的首选。引爆网络舆论，让舆情发酵是当下“闹”的惯常表达形式。部分民众以“闹”维权，法律意识淡薄是很重要的原因，但一些地方对生态环境事件重视不够，一些问题通过正规途径处理周期长甚至根本得不到处理也难辞其咎。一些职能部门怕“闹”不怕“法”是法治之痛、发展之痛。当然，在“闹”的过程中，也不乏一些人为一己之私裹挟民意，甚至因“闹”而成，起到了错误示范作用。习近平同志针对此种情况曾明确指出，“要引导全体人民遵守法律，有问题依靠法律来解决，决不能让那种大闹大解决、小闹小解决、不闹不解决现象蔓延开来”[①]。

用最严法治保护生态环境推进生态文明建设，科学立法、严格执法、公正司法、全民守法缺一不可。一方面，要加强立法、执法、司法工作，相关职能部门提高服务意识和办事效率，想办法及时解决群众关切的生态环境问题。另一方面，必须加大生态知识与法治的宣传普及力度，构筑生态与法治理性，做到全民学法、懂法、用法、守法、护法，依法维护自身和他人的生态权益。“最严”法治要发挥“最佳”效应，全民守法是“最坚实”基础和“最强有力”保障。

① 中共中央文献研究室编：《习近平关于全面依法治国论述摘编》，中央文献出版社，2015，第 88 页。

第四节 生态文明建设以全面从严治党为内核

中国共产党领导和团结全体人民完成了开天辟地的建国大业、改天换地的兴国大业、翻天覆地的富国大业。在新时代新征程，中国共产党要带领全体人民实现惊天动地的强国大业，实现中华民族的伟大复兴；要担当起应有的国际责任，为构建人类命运共同体作出更大贡献。现代化强国是政治、经济、文化、社会、生态的统一，人类命运共同体是人与人、人与自然命运的统一，推动生态文明建设是中国共产党在新时代的重要历史课题。勇于自我革命、从严管党治党是中国共产党最鲜明的品格和最大的优势，是党永葆生机的源泉。新时代中国共产党要领导人民更好地推进生态文明建设，必须全面从严治党，重点是抓住领导干部这一关键少数，深入推进党的建设新的伟大工程。

一、个体、国家向度的使命担当

（一）立足个体、国家向度推进生态文明建设，党需不辱使命

个体是国家和社会的细胞，中国共产党作为有责任与担当的执政党，关心关爱着所有个体，想方设法维护人民的根本利益。从个体向度而言，新时代人民对美好生活的向往，有着比富裕的物质生活更丰富的内容，生态环境良好就是美好生活的构成要件之一。深入推进生态文明建设，不断满足人民对优美生态环境的期待是党义不容辞的责任。

从国家向度来看，生态文明建设的目标是建成美丽中国，实现中华民族永续发展。美丽中国是14亿多中国人生态权益获得保障的根基，超脱国家层面生态文明建设而奢谈个体层面的美好生态是痴人说梦。美丽中国是一张亮丽的名片，是展示中国力量、讲好中国故事、传递中国声音的生动图景，是夯实我国生态环境国际话语权的强有力保证。也正因为于此，党的十九大报告以“加快生态文明体制改革，建设美丽中国”为专题进行部署，为新时代生态文明建设提供了基本遵循。不仅如此，党的十九大报告首次将“美丽”纳入强国目标之中。

曾经，中国摘掉了“贫穷落后”的旧帽子，却被贴上了全球“严重污染”国家的新标签，尽管这种新标签夸大其词，但言过其实的际遇在很大程度上折射出我国生态环境的困境，以及国际话语权的严重不足。2014年，APEC领导人非正式会议在北京召开之际，“APEC蓝”成为热词。习近平同志曾坦诚回应：“这几天我每天早晨起来以后的第一件事，就是看

看北京空气质量如何……好在人努力，天帮忙，这些天北京的空气质量总体好多了……希望并相信通过不懈的努力，APEC 蓝能保持下去。”①“APEC 蓝”需要“天帮忙”，这是何等无奈！生态环境受伤太深，痊愈需要时日，“不懈的努力”是治愈创伤的良药。习近平同志事后指出：“北京亚太经合组织非正式会议期间，出现了‘APEC 蓝’。这次压力测试证明，只要有关方面携手努力、下大决心，生态环境是可以治理好的，不是什么绝症。”②生态环境被折腾病了，而且病得不轻，但不是不可治愈的绝症，下大气力治理生态环境污染的历史顽疾，需要有壮士断腕的决心和精准施策的谋略。

个体向度与国家向度的生态目标互为条件、相互依存。中国共产党是中国特色社会主义的领导核心，民众对良好的生态环境有着强烈的期待，民有所需，党必有所为。“现在的社会不是坚实的结晶体，而是一个能够变化并且经常处于变化过程中的有机体。”③可以这么认为，生态环境治理成效也是检验党的执政能力的重要方面。如果恶化的生态环境长期得不到有效改善，民众可能对中央的治理理念、治理策略、甚至治理能力产生怀疑。因此，全党必须与党中央保持高度一致狠抓生态文明建设，既将中央精神与地方实际相结合严抓落实，避免形式僵化效果不佳；更要防止以尊重地方实际为由违背中央精神，导致好的政策与制度因“践行赤字”而走样。全面从严治党，核心是坚持和加强党的全面领导，基础在全面，关键在严，要害在治，从严而治。立足个体、国家向度推进生态文明建设，党需不辱使命，全面提高党的领导水平和执政水平。

（二）以纠治“四风”为抓手，全面提高党领导和推进生态文明建设的能力

全面从严治党以提高党领导和推进生态文明建设能力，涉及的内容很多，笔者拟以纠治“四风”为切入口进行阐释。这主要是因为，“四风”危及生态文明建设，且“四风”问题具有顽固性、变异性。全面从严治党，需持续深化纠治“四风”。具体到生态文明建设领域，则主要体现在如下方面：

其一，治理应“严”抓落实，反对形式主义。一方面，要坚决杜绝在

---

① 《习近平在 APEC 欢迎宴会上的致辞》，新华网，http://www.xinhuanet.com/world/2014-11/11/c_1113191112.htm。

② 中共中央文献研究室编：《习近平关于社会主义生态文明建设论述摘编》，中央文献出版社，2017，第 88 页。

③ 《马克思恩格斯文集》第 5 卷，人民出版社，2009，第 10-13 页。

生态文明建设中的各种好大喜功不求实效的面子工程，严肃查处借生态环保之名向相关企业吃拿卡要等违法违纪行为，重拳整治对环保督察表面整改的失职失责行为。另一方面，也要特别警惕环保执法简单粗暴，不顾实际情况的一刀切现象。习近平同志曾指出，建设美丽乡村不能“‘涂脂抹粉’，房子外面刷层白灰，一白遮百丑”[①]。建设生态城市不能“大树进城、开山造地、人造景观、填湖填海”[②]。粉饰于表面能遮一时之丑，但被遮掩的问题不但不能自愈甚至还会因久拖不治而发生癌变；急功近利式的改造自然生态，建造一些高大上的人造景观，表面而言成绩斐然，实则可能违背自然规律而后患无穷。如此面子工程，都是一些人的偏颇政绩观作祟。生态环境治理与生态文明建设能力应成为考核选拔干部的标准之一。生态文明建设必须始终坚持民生为本发展为要，做到标本兼治。

其二，决策应“严”明责任，反对官僚主义。党员特别是党的领导干部是生态文明建设的重要参与者、决策者，需要有履职尽责的定力、魄力和能力。生态文明建设任务艰巨复杂，是系统工程、科学工程，决策者需广开言路，问计于民，问计于专家学者。“对那些不顾生态环境盲目决策、造成严重后果的人，必须追究其责任，而且应该终身追究。”[③]落实责任追究且终身追责是中国共产党刀刃向内惩治官僚主义推进生态文明建设的有力举措，当前和今后的重点是由严“制”而严“治”，坚决压实党员特别是党的领导干部生态文明建设责任，对敷衍塞责“造成严重后果”者全面全程追究责任，对造成后果不甚严重的行为也要进行警醒教育。

其三，生活应“严”守绿色环保，反对享乐主义和奢靡之风。中国共产党驰而不息，其目标就是要让人民过上好日子。共产党员不必是苦行僧，但须时刻警醒一些人利用手中的职权贪图享乐而忘却了初心使命。曾经，享乐主义和奢靡之风在部分党的领导干部中盛行，严重腐蚀人的灵魂，弱化使命担当，败坏党的形象，影响党群干群关系，不利于凝心聚力推进社会主义建设事业。从生态文明建设的角度反对享乐主义和奢靡之风，就要求广大党员特别是党的领导干部“严”守绿色环保低碳的生活方式，带头节约资源保护环境。党员干部需率先垂范，做绿色消费方式和生活方式的倡导者、践行者。

① 《习近平：建设美丽乡村不是“涂脂抹粉”》，人民网，http://politics.people.com.cn/n/2013/0722/c1024-22284047.html。

② 《习近平谈生态文明》，中国共产党新闻网，http://cpc.people.com.cn/n/2014/0829/c164113-25567379-3.html。

③ 中共中央文献研究室编：《习近平关于全面深化改革论述摘编》，中央文献出版社，2014，第105页。

生态环境治理具有典型的正外部性、长周期性等特征，各级党委和所有领导干部要有“政治判断力、政治领悟力、政治执行力，心怀‘国之大者’,担负起生态文明建设的政治责任”[①]。在以习近平同志为核心的党中央坚强领导之下，我国生态文明建设取得了明显成效，但一些地方在落实中央精神时也存在“渗漏效应”。生态文明建设必须常抓不懈，党员干部在其中起着非常重要的作用。全面从严治党要抓好领导干部这一关键少数，但不能只抓关键少数，广大党员都应该是生态文明建设的积极推动者。能否积极推进生态文明建设是广大党员特别是党的领导干部是否具有政治意识，是否讲政治的试金石。

二、人类向度的生态治理责任

（一）着眼人类向度引领全球生态环境治理，党需勇挑责任

推进生态文明建设，国内无疑是主战场与主阵地。不过，生态文明建设并非以满足人民对美好生活的期待和实现美丽中国为终极追求，而是着眼当下放眼未来、着眼国内放眼全球，有着更广博的胸怀和更丰富的构想。实现个体向度、国家向度到人类向度的升华是生态文明建设的必然要求。从个体向度而言，生态文明建设以实现“美好生活”为指向。从国家向度而言，生态文明建设以“美丽中国”为指向。从人类向度而言，生态文明建设以“清洁美丽的世界”为指向。从当前的情况来看，个体、国家向度的生态文明是内在基质，人类向度的生态文明是追求的目标。因为只有从人类向度构建生态文明，才能真正实现人与自然和谐共生。诚然，人类向度生态文明的实现非即期目标而只是远期愿景，但推动并引领全球的生态文明建设是当下的责任，中国共产党已经并将继续肩负起这份责任勇毅前行。

其一，很多发展中国家至今仍面临着发展困境，一些民众甚至仍然过着衣不蔽体、食不果腹的生活。在衣食无从保障的国家开展生态环境保护，需要超强的政治远见和卓越的政治担当。况且，当今全球最不发达的国家往往又是生态异常脆弱，最需要大量资金与技术支持以改善生态环境的地方。资金匮乏技术落后的困境让生态环境改善无望，现实的生存难题又让很多人毫不犹豫地选择牺牲长远利益以维护当下的生存，脆弱的生态环境被进一步破坏。历史与现实都反复证明，在落后的国家和地区倡导保护生态环境是一个异常艰难的过程。

① 《习近平谈治国理政》第4卷，外文出版社，2022，第366页。

其二，发达资本主义国家物质生活优越，有经济、科技能力与实力改善生态环境，但制度的制约让资本主义国家的生态文明建设难有大作为。如前所述，资本主义制度是全球性生态危机的根源，要想根治生态环境问题，必须从根本上改变社会制度。当下，谈资本主义制度的全面性根本性变革时期和条件尚不成熟，不过，资本主义国家经过系列改革，吸取了许多社会主义的因素，社会制度已有一些改良，但逐利剥削的制度根基没有改变。因此，对一些发达资本主义国家在全球生态环境治理中所发挥的作用，需要用全面的视角看清其“双标”的本质。一方面，发达资本主义国家国内生态环境有了很大的改观且积累了一些生态环境治理的经验，不过，资本的逐利本性不会改变，只是为了赢得更多更长久的利润而改变剥削方式。而且，其国内生态环境的改善在一定程度上是建立在将污染和治理成本转移到发展中国家的基础之上。关于这一内容，前文已有论述，不再赘述。另一方面，有的发达资本主义国家在全球环境治理中表现得比较积极，但其承担全球环境治理责任往往以利益的回报作为前提。这种利益的考量，多以市场规则与政治操弄为叠加手段，谋求经济、政治、文化等硬实力与软实力的多重回报。如欧盟凭借其经济、科技、文化实力和较早觉醒的环境保护意识，掌握着全球气候治理的话语主导权：一些在气候谈判与治理领域熟知的观点，如2℃警戒线、全球碳市场、碳交易机制等，均由欧盟率先提出来；国际贸易中很多商品的环境标准、碳排放标准均由欧盟率先制定出来。这些标准提升了欧盟话语权的同时，也给其带来了非常可观的收益。诚然，合理利用先进的科技成果和先期的治理经验获取一定收益本无可厚非，但一些发达资本主义国家罔顾其发展过程中所造成的生态环境污染的事实，推卸其应承担的全球生态环境治理责任，不对发展中国家积极提供资金与技术的支持，甚至不给发展中国家改善生态环境的时间与空间。他们打着全球环境治理的幌子给发展中国家的发展设置层层障碍，要求发展中国家跨越发展阶段在生态环境治理领域与发达国家看齐，是典型的生态霸权。因此，要让发达资本主义国家承载起全球生态文明建设的责任，不现实也不可能，他们充其量只会在保护自身权益的前提下，有限地兼顾生态环境治理以获取更丰厚更广博的利益。

（二）引领全球的生态环境治理考验党的智慧与能力

生态利益是人类最广泛的共同利益，是维系人类命运共同体最基本、最持久的纽带之一。我国积极参与全球生态环境治理，“引导应对气候变化国际合作，成为全球生态文明建设的重要参与者、贡献者、引领者”[①]。从参与者到引领者，角色的转换意味着倍增的责任。

面对全球严重的生态环境问题，以及全球生态环境治理中的政治博弈严重致使合作治理艰难的困境，中国既要致力于推进国内的生态文明建设，持续改善国内的生态环境；又要承担相应的国际重任引领全球的生态环境治理，推动构建良好的人类命运共同体、人与自然的生命共同体。中国特色社会主义进入新时代，我国的实力和影响力不断提升，发达资本主义国家希望我国承担更多责任的呼声不绝于耳，广大发展中国家也对我国更好地发挥国际作用有着更多的期待。尽管发达资本主义国家与发展中国家的立场不同，所提出的诉求也不尽相同，希望达到的目标存在明显差别，但要求中国承担更多责任的指向明确、相同。如何平衡国内与国际责任？如何引领全球的生态文明建设？如何更好地在国际舞台讲好中国故事回应西方的生态诘难？如此等等，都考验中国共产党的智慧与能力！只有全面从严治党，锤炼全体党员特别是党的领导干部过硬的政治素质、高超的业务能力，才能肩负起国内与国际的双重责任。

马克思曾天才地预测，未来的共产主义社会是“人和自然界之间、人和人之间的矛盾的真正解决”[②]。“两个和解”相互规定，在人与人实现彻底和解之前，人与自然不可能实现真正的和解。新时代要建设的生态文明以人与自然和谐共生为指向，这种和谐共生的人与自然关系是个体向度的“美好生活”、国家向度的“美丽中国”和人类向度的“清洁美丽的世界”的统一。习近平同志在不同场合反复表达着对“清洁美丽的世界”的期待，且我国一直以实际行动支持改善全球的生态环境。美好生活、美丽中国、清洁美丽的世界，三张图景相融相生，为人与自然的和谐——和解提供现实支点；三张图景相映成趣，需要中国共产党领导全体人民做出巨大的努力。

① 《习近平谈治国理政》第 3 卷，外文出版社，2020，第 5 页。
② 《马克思恩格斯文集》第 1 卷，人民出版社，2009，第 185 页。

第七章　绿色发展：新时代生态文明建设的科学路径

绿色是自然的底色，绿水青山是生机盎然的象征，是资源丰富的坚实基础，是良好生态环境的直观写照。绿色也是高质量发展应有的成色，中国特色社会主义进入新时代、新征程需要新的发展理念与发展方式，绿色发展是适应高质量发展的必然要求，是推进生态文明建设的科学路径。习近平同志指出："绿色发展是生态文明建设的必然要求，代表了当今科技和产业变革方向，是最有前途的发展领域。"[①]绿色发展作为五大发展理念之一，这是中国共产党治理理念的跃升。"问渠哪得清如许？为有源头活水来"，绿色发展就是生态文明建设的"源头活水"！以绿色发展为主线，将绿色发展贯穿于生产、生活的方方面面，方能让人与自然发展之舟荡漾于碧波之中，让生态文明之花娇艳绽放。

第一节　绿色发展的要义：理性绿色追求中求发展

倡导并坚持绿色发展理念，集中问诊发展中存在的生态环境问题，这是对粗放型发展模式的精准纠偏，既为经济高质量发展助力，也为成就美好生活、美丽中国和清洁美丽的世界铺路。坚持绿色发展，必须抛弃因蒙昧而生的对自然的畏惧，去除因狂妄而生的对自然的蔑视，谨从因理性而生的对自然的尊重，科学理智理性地追求发展。理智理性是针对盲目僵化而言的，既不能一味地保护绿色而放弃发展，也不能因为追求发展而舍弃绿色。倡导理性的绿色追求，必须认识到绿色与发展是对立的统一体，尽管两者之间不乏矛盾与冲突，但人类作为理性的动物，就应该尽可能地协

① 中共中央文献研究室编：《习近平关于社会主义生态文明建设论述摘编》，中央文献出版社，2017，第 34 页。

调矛盾使之统一，用理性绿色追求助推科学发展是绿色发展的要义。

一、绿色是不可偏离的路径，发展必须绿色化

发展必须绿色化，即必须始终以保护和改善生态环境为刚性约束，秉承低污染、低消耗、甚至无污染、高产出、高效益的要求谋求发展，最终实现经济社会发展与资源能源消耗增长、生态环境恶化的脱钩。"'绿色'是对具体发展方式的规定，'发展'则是践行绿色理念时必须要达到的目标。"[①] 没有绿色的基本遵循，发展难以持续高效；没有发展的目标引领，绿色追求就可能偏离了航向。牺牲生态环境谋求经济社会发展，或者只重生态环境保护而忽视经济社会发展均有违绿色发展的初衷。

关于发展必须绿色化，笔者想从生产（劳动）与休闲两个视角来进行分析。从生产的视角分析绿色发展已受到高度关注，笔者将从中央精神与地方实践的成功案例两个维度进行分析。至于将休闲引入绿色发展话题，一方面是因为休闲产业在推动经济社会发展中发挥着越来越重要的作用，另一方面是因为休闲是美好生活的构成要件，是实现人的自由全面发展的重要形式。也就是说，休闲虽发生于"闲时"，满足于"闲情"，却并非"闲事"，它关系着经济社会的发展，关系着人的发展，关系着自然生态平衡。但当下存在的一些病态休闲理念与休闲方式对生态环境破坏严重，却没有引起应有的重视。

（一）坚持生产绿色化，走出唯 GDP 是从的政绩观

生态环境问题已成为制约全球经济社会发展的瓶颈，究其原因，不恰当发展理念引领下的非理性生产生活方式难辞其咎。当前，全球生态赤字十分严重，而且这一势头没有扭转甚至呈现恶化趋势。我国传统的粗放型发展模式也使生态环境遭受严重破坏。据 2013 年 10 月公布的《全国生态保护与建设规划（2013—2020 年）》提供的数据，全国水土流失面积 295 万平方公里，沙化土地面积 173 万平方公里，石漠化土地面积 12 万平方公里，人均森林面积只有世界平均水平的 23%，乔木林每公顷蓄积量只有世界平均水平的 78%，可利用天然草原 90% 存在不同程度退化……国内国际相关统计数据不少，一系列触目惊心的数据无一不敲响着生态安全的警钟。恶化的生态环境已危及人类的生存与发展，危及自然万物的生存与繁衍，下大气力推进生态文明建设是扭转生态环境恶化的态势，实现人与自然和谐共生的必然要求。

---

① 庄友刚：《准确把握绿色发展理念的科学规定性》，《中国特色社会主义研究》2016 年第 1 期。

习近平同志指出："我们在生态环境方面欠账太多了，如果不从现在起就把这项工作紧紧抓起来,将来会付出更大的代价。"[①]"当前生态文明建设正处于压力叠加、负重前行的关键期，已进入提供更多优质生态产品以满足人民日益增长的优美生态环境需要的攻坚期，也到了有条件有能力解决生态环境突出问题的窗口期。"[②]关键期、攻坚期、窗口期，既是对生态环境形势的客观评价，也是对生态文明建设任务与目标的科学判断。推进生态文明建设任务艰巨，需攻坚克难；目标笃定，应时不我待。因此，在谋求经济社会发展的过程中必须坚决绷紧生态文明建设这根弦，即使是生态环境相对较好而发展暂时落后的地方，也不能因为想实现赶超式发展而重蹈破坏生态环境的覆辙。

当下，全球经济增长乏力，我国经济整体稳中向好，但也面临着诸多不确定性，一些人对生态文明建设心存芥蒂，甚至颇有微词。推进生态文明建设或许会造成经济增长的阵痛，但阵痛之后能带来经济与生态的双向提升，当然决策及其实施的过程考验魄力、定力、实力，充满挑战。笔者曾到湖南、山东、宁夏等地调研，所到之处，均能见到累累伤痕的生态环境。如在宁夏，虽然塞上江南神奇宁夏独有的自然风光美不胜收，但一些地方破败的生态环境同样触目惊心。如贺兰山被称为宁夏的父亲山，但自20世纪50年代以来，以煤炭为代表的矿产资源被大量开发，尽管煤炭工业曾经撑起了宁夏经济的"半壁江山"，但也导致山体满目疮痍，生态环境急剧恶化。2017年，宁夏以壮士断腕的决心打响了贺兰山生态环境保卫战，目前治理初显成效。笔者走访了源石酒庄等几个葡萄酒庄，看到在矿区修复基础之上形成的葡萄种植葡萄酒酿造等托起的新产业，能真切地感受到当地经济转型发展中的"痛"与"通"。笔者所在的湖南省株洲市，是新中国首批重点建设的8大工业城市之一，工业是株洲的底色，也是株洲亮丽的名片。以清水塘工业区为例，规模最大时曾汇集了株洲冶炼集团股份有限公司、中盐湖南株洲化工集团有限责任公司等大型央企在内的261家化工企业，年产值300多亿元，累计上缴税收近500亿元，创造了160多项全国第一。不过，可观的经济效益也潜藏着可悲的生态环境污染：土壤矿物质严重超标，雾霾频发，水质恶化，十雨九酸，湘江株洲段水质劣Ⅴ类……株洲曾因此成了"全国十大空气污染城市"之一。痛定思痛，株洲背水一战。2018年底，261家化工企业全部关停，清水塘老工业区整

① 中共中央宣传部:《习近平总书记系列重要讲话读本》，学习出版社、人民出版社，2016，第234-235页。

② 《习近平谈治国理政》第4卷，外文出版社，2022年，第366页。

体搬迁改造，“腾笼换鸟”建设生态新城区获得国务院奖励，《湖南省株洲市绿色转型发展实践》获评全国生态文明建设与污染防治成功案例，蝶变之后的株洲清水塘老工业区正进行新的产业布局，因污染治理而暂时受损的经济也在逐步恢复之中。全国类似的案例还有很多，积累了许多可复制与推广的成功经验。

坚持绿色发展，必须扭转唯GDP是从的政绩评价体系，放弃那些能够创造物质财富却同时破坏生态环境的生产方式，取而代之一种既能促进发展又能保护生态环境的生产方式。“建立在过度资源消耗和环境污染基础上的增长得不偿失”①，“坚决摒弃以牺牲生态环境换取一时一地经济增长的做法”②。发展必须绿色化，当前的首要任务是尽最大努力实现生态赤字向生态平衡的转变。在全球经济发展存在着诸多不确定性和我国经济发展面临诸多挑战的情况下，推进绿色发展加大生态环境治理力度，这更考验和彰显党和国家的治理能力与治理水平。唯其艰难，方显勇毅；懈怠畏缩，最终会陷入生态破坏经济停滞的双重困境。

（二）坚持休闲绿色化，走出重“自我”轻“自然”的误区

“休闲是目的意义上的人生追求，是摆脱了外在义务的人们在自由的时间内开展自由的活动，享受愉悦心境的一种相对自由的生活。”③劳动与休闲是人的一体两面之事，拥有休闲的是人类古老的梦想。中国特色社会主义进入新时代，享受休闲已成为人之为人的基本生活样态。如果仅从主观愿望出发，休闲本为人之闲事，与自然无直接相关；但人生存生活于自然，处于休闲中的人们也无时无刻不与自然发生各种各样的关系，只是这种关系或直接或间接罢了。

其一，从理论上而言，休闲有利于生态文明建设的有序推进。一方面，休闲具有给自然减压与放假的功能。休闲无论以“休息”还是“休养”来呈现，“休”是其中的共性。人们从劳动（包括学习等）中解脱出来放慢生活的脚步享受休闲时光，其实也放慢了人与自然之间的物质变换过程。因为，与劳动一定要不同程度地消耗自然物质资源不同，休闲并不必然占有和消耗包括自然资源在内的物质对象。诚然，人们在休闲中又或多或少、或直接或间接与自然发生关系，哪怕在休闲时光中只是呆呆地躺着、静静地坐着，在放缓了与自然物质变换步伐的同时也依赖于一定的物质基础，绝缘于自然的休闲方式不存在，但慢节奏慢生活的休闲总体而言有利

① 习近平：《深化改革开放 共创美好亚太》，《人民日报》2013年10月8日，第3版。

② 《习近平谈治国理政》第2卷，外文出版社，2017，第395页。

③ 张永红：《马克思的休闲观及其当代价值》，湖南人民出版社，2010，第54页。

于自然万物的休养生息。另一方面，休闲能在一定程度上培养人们的生态意识。一般而言，休闲中的人们会通过自由的活动充盈生活促进自身全面发展，读一本好书、听一首好歌、来一次美好的旅行……都会让人精神愉悦、阅历丰富。当下，不少身居闹市的人们钟情于休闲中回归自然、亲近自然。休闲中的人与自然的关系是审美的，人们以欣赏与体验的视角怡情山水放松身心，一般不会对自然造成大的损伤与破坏。同时，人们在亲近自然时既能欣赏秀美山川，也可直面人类破坏自然留下的破败痕迹。美与丑的现实对比能触动心灵，可较好地唤起人们的生态环境保护意识，最终有利于人与自然和谐相处。

其二，从现实情况来看，休闲中的生态环境破坏严重且没有引起足够的重视。当下，拥有闲时闲钱闲情的人们，既需要“休”中的闲适，更希望“闲”出个性、“闲”出精彩。策划休闲活动“晒”出休闲成果成了一些人生活中很重要的部分。休闲的重要性无须赘述，但常态化的休闲没有很好地起到促进人与自然和谐相处的作用，如颇受人们青睐的生态休闲对生态环境的破坏甚至有些触目惊心。一方面，一些休闲资源的开发者为了抢占市场甚至不惜侵占耕地、毁损森林草原、围占滩涂河湖，占领生态实验区、突破缓冲区、窥视核心区，超范围经营，超承载能力接待，严重破坏生态平衡。另一方面，休闲中的人们或置身城市园林中，或漫步杨柳岸旁，或怡情青山绿水间，或徜徉乡间田野上，或驰骋于草原戈壁，与大自然亲密接触。然而，一些人寻得了一份“复得返自然”的快感，却忘却了爱护自然的责任，随意丢撒垃圾、毁坏植被、捕杀动物……人迹所至，破坏所及，其广度与深度往往超乎想象。至于休闲中物化消费、符号消费对自然所造成的破坏更是不容小觑。

其三，发展必须绿色化，需要坚持休闲绿色化，还原休闲给自然减压的功能。这就需要从两个主要的休闲主体，即休闲资源开发者和享用者两方面着力，让人们在绿色中享受休闲，在休闲中守护绿色。

对休闲资源的开发要按照生产绿色化的相关要求严格规约。以农村一家一户式的“农家乐”为例，近年来，随着以“农家乐”为代表的乡村生态休闲旅游的持续发展，乡村经济有了很大的改观，乡村振兴有了更多的支点，但因此而产生的生态环境污染是不争的事实。可以这么认为，大气、水、固体废弃物等污染由城镇向农村蔓延，生态休闲旅游的发展是其中的重要推手。“农家乐”多属于农民自主经营范畴，分散、多元，规划与监管的难度大，需要通过健全法制、完善规划评价体系等予以整改。当前，最紧要的问题是解决侵占耕地林地等违规开发行为，以及生活废弃物的回收处置等问题。以污染问题为例，在农户高度分散、村级污染处置管网目前没有建成或者无法全面覆盖的地方，“农家乐”的开发者要通过安装生物污水处理设备，建化粪池沼气池等污水自净系统，将固体污染物送至村级回收点集中处置等措施，自行主动解决相关问题。谁开发谁负责、谁污染谁治理是最基本的治理原则。

对于作为休闲主体的广大民众而言，笔者一直倡导的绿色休闲包括如下两个方面：一方面是文化式休闲，即在文化中享受休闲。在休闲中消费文化产品接受文化熏陶，这是文化式休闲的主要表现形式。以文化作为休闲的客体与环境，休闲又能起到传承、衍生、创造文化的作用。很多文化产品不是源起于缜密的工作之中，而是在放松身心的休闲中获得灵感而成。文化式休闲是对文化产品的消费、传承与创造的统一，它能丰富与提升人们的休闲生活，又不会对生态环境造成损伤与破坏，可谓一举多得。另一方面是文明化休闲，即恪守人与人、人与自然的相处之道，在休闲中传承美德和在美德中享受休闲。倡导文化式休闲，不等于只能选择阅读、听歌、看剧、切磋琴棋书画技艺等等休闲方式，亲近自然、物质消费等都是必不可少的休闲形式。不过，人们无论以哪种方式进行休闲，只有秉承文明的美德，才能在自律的同时较好地遵从制度与规章的他律，也才能尽可能地避免对自然的伤害与破坏。

二、发展是既定目标，绿色化必须有利于发展

发展必须绿色化，绿色是不可偏离的路径；绿色化必须有利于发展，发展是既定的目标；绿色化与发展须在动态中维持平衡。下面，笔者就合理绿色化助科学发展谈点看法。

（一）绿色化是绿色发展的必要前提

我国地域广阔，人口众多，很多地方自然环境恶劣，荒漠滩涂众多，缺林少绿是我国的现实国情。植绿护绿、植树造林不等于绿色化，却是绿色化的重要途径。在革命、建设与改革的进程中一直坚持植树造林、绿化祖国，其根本目的就是让绿色为发展提供不竭动力，让绿色造福人民造福子孙后代。

践行绿色发展理念，植绿护绿就是不变的主题之一。以义务植树为例，我国实行全民义务植树已 40 余年，党中央率先垂范，全国上下积极参与，久久为功，驰而不息，成效十分明显。习近平同志虽然日理万机，但坚持每年参加义务植树活动，并不断就植树造林、绿化祖国发出号召，做出具体安排。“每一个公民都要自觉履行法定植树义务，各级领导干部更要身

体力行”①。“扩大城乡绿色空间，为人民群众植树造林，努力打造青山常在、绿水长流、空气常新的美丽中国。”②“新发展阶段对生态文明建设提出了更高要求……增加森林面积、提高森林质量，提升生态系统碳汇增量，为实现我国碳达峰碳中和目标、维护全球生态安全作出更大贡献。”③“森林既是水库、钱库、粮库，也是碳库。植树造林是一件很有意义的事情，是一项功在当代、利在千秋的崇高事业”④。如此等等，不一而足。以习近平同志为核心的党中央对植树造林的重视，也从一个侧面反映出对绿色化的重视，对绿色发展的重视，对生态文明建设的重视。

无论从让绿水青山变成金山银山的资源角度考量，还是从守护绿水青山以改善生态环境的生态民生角度考量，植树造林都是绿色化的重要途径。绿化祖国，建造秀美山川责无旁贷。正是全国各族人民齐心协力、锲而不舍，我国人工造林规模世界第一。在全球森林覆盖率不断走低的情况下，我国森林覆盖率实现了不降反升，成为全球森林资源增长最多的国家，是维持全球森林覆盖面积基本平衡的主要贡献者，这是一个非常了不起的成就。不过，植树造林只是绿色化的途径之一，以绿色化促进绿色发展是一个需各方协同努力精准施策的系统工程。

（二）走出简单“绿化”自然的误区

绿色化是绿色发展的前提，绿色化的目标是发展。既不能因为发展而放弃绿色，也不能因为增绿、护绿而使发展停滞。用绿色创造发展，走出简单绿化自然的误区。

一方面，要反对绿色化过程中的面子工程、形象工程。绿色发展而应表里如一、因地制宜、标本兼治，其直接和终极目标均是为民富民、造福于民。另一方面，要反对绿色化过程中盲目决策的拍脑袋工程，不能将政绩评价体系简单地从 GDP 切换为绿化率。绿色化涉及人与自然、人与人、人与社会的关系，事关国家的发展、民族的未来、人民的福祉，任何决策特别是一些大的项目的决策一定要经过反复论证，充分调研。否则，即使美好的初衷也难以达到绿色与发展兼得的结果。

绿化自然不能简单化，实践反复证明绿色是生态良好的重要表现形式，

---

① 霍小光、陈菲：《一代人接着一代人干下去 坚定不移爱绿植绿护绿》，《人民日报》2014 年 4 月 5 日，第 1 版。

② 吴晶、杨依军：《牢固树立绿水青山就是金山银山理念 打造青山常在绿水长流空气常新美丽中国》，《人民日报》2020 年 4 月 4 日，第 1 版。

③《倡导人人爱绿植绿护绿的文明风尚 共同建设人与自然和谐共生的美丽家园》，《人民日报》2021 年 4 月 3 日，第 1 版。

④《掀起造林绿化热潮 绘出美丽中国的更新画卷》，人民日报 2023 年 4 月 5 日，第 1 版。

但并非有绿就生态有树有草就环保。20 世纪 70 年代，北非 5 国曾大规模植树造林试图阻止撒哈拉沙漠北侵步伐，最终基本无功而返，完全违背自然规律的植绿护绿终将是徒劳。我国在推进生态文明建设的进程中，绿化自然也存在一定的误区：如一些地方不考虑经济价值只考虑绿化面积，不考虑当地自然条件盲目引进外地甚至境外的苗木等，绿色发展的效果都大打折扣；城市在绿化过程中，从农村移植大树、草皮等速成方式屡见不鲜。笔者在湖南调研时发现，不少从事苗木种植销售的农村将苗圃建在良田（原本种植水稻的水田），一些参天大树被暂时移栽在马路两边的良田中以招揽顾客；至于草皮的培植与销售，更导致种植地掘地三尺，植被毁损、土壤破坏，复种复耕相当困难。如此操作，城市快速披上新绿，农村也收到了相应的经济收入，只是不断被蚕食的良田危及 18 亿亩耕地红线，同样危及民众的生存。2013 年，习近平同志在中央城镇工作会议上强调，城市建设要“依托现有山水脉络等独特风光，让城市融入大自然，让居民望得见山、看得见水、记得住乡愁。”[①]“融入”两字很好地说明城镇的发展与规划需要良好的生态环境，而“依托”两字则彰显了绿色化应遵循基本的自然规律。自然需要绿化，但不适合绿化的地方盲目绿化忽视自然规律，适合绿化的地方错误绿化违背自然规律，简单地搬迁树木花草拆东墙补西墙式的绿化不符合自然规律。

总之，绿色化是绿色发展的前提，但不能将绿色发展简单地等同于绿色化；绿色化不能忽视植绿护绿，但不能将绿色化等同于植树造林、植草种花等增绿护绿工程。绿色发展所需要的绿色化是发展理念和发展模式的深刻革命，是生产生活方式的重大变革。绿色化要为发展创造机会与条件，通过增加绿色投资，发展绿色科技，推进绿色产业，促进经济发展，创造就业岗位，形成绿色观念——绿色制度——绿色实践——绿色价值追求的良性循环，实现绿水青山与金山银山相得益彰。当前，世界各国特别是发达资本主义国家纷纷加大绿色产业的政策支持与生产要素投入力度，以绿色促发展已成为越来越多国家和人民的共同追求。我国是发展中的大国，实现绿色发展显得尤为紧迫和艰巨。

三、简单回归自然，削弱绿色发展的前行动力

以征服自然为表征的传统发展模式导致生态环境急剧恶化。为走出生态环境恶化的困境，一些人提出回归自然的主张。对于回归自然的主张应

① 《中央城镇化工作会议在北京举行》,《人民日报》2013 年 12 月 15 日，第 1 版。

实事求是地进行分析。人是自然的一部分，人类活动始终不能离开自然，遵循自然规律理性地回归自然无疑与绿色发展要求相契合。不过，也有一些人将回归自然机械化、简单化，认为人只能是大自然的守护者，让自然自在自由地发展，反对运用现代科学技术利用自然。偏执一端地回归自然的荒野自然观与绿色发展背道而驰。

（一）荒野自然观的影响力仍不容小觑

荒野自然观早就受到口诛笔伐，其荒谬主张不必在此赘述。但时至今日，仍有一些人扛着“自然至上”的大旗摇旗呐喊。瑞典女孩格蕾塔·通贝里是不少人眼里的环保少女，是全球数十万学生的偶像，2018 年 8 月，她在瑞典大选前发起“星期五为未来”学生环保运动而迅速走红。格蕾塔·通贝里被美国《时代》周刊评为 2019 年“年度人物”，获得了 2020 年诺贝尔和平奖提名，是达沃斯经济论坛嘉宾，受邀参加联合国气候大会并发表演讲。在笔者看来，格蕾塔·通贝里呼吁各国政府遵守《巴黎协定》减少碳排放，这是环保意识觉醒的积极表现。不过，她不顾客观实际要求立即停止化石能源的使用，完全取缔燃油车、燃油飞机，全人类改吃素等等言论与主张是偏执的荒野自然观的典型表现；而鼓励学生以罢课游行的方式给各国政府施压，更是一种不负责任的行为。因此，笔者不认同格蕾塔·通贝里是典型的环保人士，更不认同其倡导的脱离实际回归荒野自然的主张。其实，在她身后有着明显的资本运作和环境政治博弈的痕迹，一些国家的领导人公开表达支持，或者是国内政治博弈的需要，或者是争夺全球“气候政治”话语权的表现。不过，从全球而言，偏执的荒野自然观的支持者仍有不小影响力，不容忽视。

也有一些人表面上坚持理性回归自然，但遇到现实问题时又滑入荒野自然观的泥潭。如遇到物种锐减、生态环境退化等难题，就以建立自然保护区实行物“进”人“退”为上策。表面看来这是对自然规律的尊重，实质上却是强调了自然的修复功能而忽略了人类改善生态环境的主观能动性，是荒野自然观的另一种表现。合理地有规划地设立自然保护区保护特有的物种、保护自然生态平衡是“对策”，但盲目地设立自然保护区造成大面积的人员被迫搬迁是“失策”。人们可以姑且相信自然强大的自我修复功能，但大量的生态移民有可能对迁入地区造成新的破坏！在笔者看来，扛着“自然至上”的大旗摇旗呐喊的显性荒野自然观易于辨识与警惕，但慵懒保守的隐性荒野自然观难于认识与防范。

（二）简单回归自然实质上与绿色发展相悖

表面而言，简单地回归自然既可让人们回归心灵的宁静，也有利于自然在休养生息中重归生态平衡，看似一举两得，实则有违绿色发展的初衷。简单地回归自然的倡导者与拥趸者，至少存在如下不足：

其一，偏颇地认为自在自然是人类与非人存在物理想的栖居之所。其实，自然是一个丰富多样复杂多变的系统，既有茂密的森林、广袤的草原，也有沙漠荒滩、盐碱沼泽地，更有火山地震等自然灾害。科学早已证明，在人类诞生之前包括恐龙在内的大量物种早已不复存在。自在自然并不是人与非人存在物的理想家园。而让人类简单地回归自然，即使只维持全球逾 80 亿人最基本的生存也超过了自然的承载能力，最终必然为争夺自然资源而造成人与人之间的争斗、人对自然更疯狂的控制，完全违背了绿色发展的初衷。

其二，荒谬地认定人类劳动必然破坏自然，在臆想中将人与自然对立。荒野自然观过分强调人类活动对自然的不利影响，甚至只看到人类劳动对自然的损伤，而有意无意忽略了人与自然之间正常的物质变换，忽略了人类为改善生态环境所做的各种努力以及取得的各种有益的成果。人类对于自然界的认识越深远，“就越是不仅再次地感觉到，而且也认识到自身和自然界的一体性，那种关于精神和物质、人类和自然、灵魂和肉体之间的对立的荒谬的、反自然的观点，也就越不可能成立了”[①]。自人类诞生以来，人与自然就对立统一地存在着，片面夸大甚至只看到对立性而忽视统一性，是对客观规律的有意漠视。

其三，逃避了人类保护与改善自然的责任。人不是消极地适应环境而是能动地改变环境，实践是人之为人的根本标志。绿色发展不是让人类简单地回归自然，而是在尊重自然的前提下适度地利用与改造自然。一方面，人类需要在尊重自然的前提下利用自然，立即终止各种使自然超出其承载能力阈值的行动是绿色发展的题中应有之义；另一方面，人类要发挥主观能动性改善恶劣的自在自然，修缮被破坏的人化自然。2021 年 9 月 4 日，世界自然保护联盟（IUCN）更新濒危物种红色名录。此次评估的物种总数为 138374 种，受气候变化与栖息地减少等因素影响，全球高达 38543 种生物面临物种灭绝的风险，占评估总数的 30%。其中，80 个物种确认野外灭绝（只存在于人类保护区），8404 个物种处于极危状态，14647 种处于濒危状态，易危和近危的物种也分别有 15492 和 8127 种[②]。但同时也应该注意到，“大熊猫野外种群数量 40 年间从 1114 只增加到 1864 只，朱

---

① 《马克思恩格斯文集》第 9 卷，人民出版社，2009，第 560 页。

② 《世界自然保护联盟：全球高达 3.8 万物种面临灭绝风险》，光明网，https://m.gmw.cn/2021-09/06/content_1302555156.htm。

鹮由发现之初的 7 只增长至目前野外种群和人工繁育种群总数超过 5000 只”[①]。没有人们的极力拯救，包括大熊猫在内的很多濒危物种恐怕早已绝迹。消极地回归自然其实也是逃避人类对自然应承载的责任。

四、“绿色成为普遍形态”的三重维度

坚持绿色发展是生态文明建设的科学路径。绿色发展不是权宜之计，而是必须始终坚持的发展理念与发展模式。党的十九届六中全会审议通过的《中共中央关于党的百年奋斗重大成就和历史经验的决议》（以下简称《决议》）就明确指出，“实现创新成为第一动力、协调成为内生特点、绿色成为普遍形态、开放成为必由之路、共享成为根本目的的高质量发展”[②]。让“绿色成为普遍形态”推动高质量发展，这与生态文明建设要求高度契合，能有效促进经济社会发展与生态文明建设同频共振。将绿色发展融入“五大发展理念”之后，党中央进一步提出“绿色成为普遍形态”，这是有着深厚哲学底蕴的科学理念，可以从如下三重维度来理解：

（一）坚持辩证唯物主义自然观，强调高质量发展应有的绿色底色

辩证唯物主义认为，人来源于自然也受制于自然。无论过去、现在还是将来，“我们连同我们的肉、血和头脑都是属于自然界和存在于自然界之中的”[③]。自然界之于人类生存与发展的价值，既以资源的形式提供“生活资料的自然富源”和“劳动资料的自然富源”，也以生态环境形式提供栖居之所和生态家园。

党的十八届五中全会将绿色融入“五大发展理念”，《决议》进一步提出“绿色成为普遍形态”，这反映出以习近平同志为核心的党中央对绿色发展理念的坚守和认识的深化。实践反复证明，尊重自然是顺应与保护自然的前提，缺乏尊重自然优先地位、尊重自然规律的自觉，难有顺应自然、保护自然的自律。高扬人的能动性而忽略人的受动性，盲目地征服与控制自然，自然必定无情地报复人类。以习近平同志为核心的党中央深刻总结人类利用自然的经验与教训，其“两山论”是绿色发展理念的直观表达。立足于生命共同体的新认知，坚持保护和改善生态环境的刚性约束，秉承节能降耗提质增效的要求，赋予发展应有的绿色底色，是对马克思主义自

① 李曾骙、任维东《相聚春城，为了一个共同的约定》，《光明日报》2021 年 10 月 12 日，第 9 版。

② 《中共中央关于党的百年奋斗重大成就和历史经验的决议》，人民出版社，2021，第 34 页。

③ 《马克思恩格斯文集》第 9 卷，人民出版社，2009，第 560 页。

然观的坚持与发展，能为人与自然的和谐甚至和解立起现实的支点。

（二）运用系统整体工作方法，强调让绿色成为发展的普遍形态

唯物辩证法认为，孤立的事物是不可能存在的，任何事物都处于普遍联系之中。山水林田湖草沙……自然内部、人与自然之间相互联系，不可分割；整个人类社会也是一个有机整体，不同国家、不同地区、不同部门、不同个体等既相互区别又紧密联系。事物的普遍联系性生成自然和人类社会的系统性、整体性。

强调绿色成为发展的普遍形态，是坚持事物普遍联系性，用系统整体的工作方法推进绿色发展。实践证明，人们在利用自然的过程中，任何缺乏系统思维而重自我轻自然、重眼前轻长远、重局部轻整体，强调工具理性忽视价值理性的利用自然行为，最终造成自然的毁损与破坏，与绿色发展相背相违。要改变条件险恶的自在自然，修缮破败的人化自然，同样需要进行系统修复、综合治理，头痛医头、脚痛医脚，九龙治水式生态治理往往收效甚微甚至无功而返。实现绿色成为发展的普遍形态，就要求绿色发展理念和发展方式融入国家治理和人们生产生活的方方面面。从顶层设计而言，党中央站在政治高度统筹绿色发展，这是治国理政理念的跃升。与此相对应，环保“大部制”的构建和“垂改”的推行，有利于生态环境的系统治理和绿色发展的整体推进。不过，绿色发展理念的全面落实，需要政府、企业、个人、社会组织等协同联动，绿色生产、绿色生活、绿色创新等成为普遍形态。

（三）彰显人民至上价值目标，强调普遍绿色促推高质量发展

坚持人民至上是党的根本价值立场。《决定》提出“绿色成为普遍形态”，是以绿色规约发展，绿色是高质量发展的要件；以发展引导绿色，高质量发展是绿色的旨归。将绿色与发展相融，以回应新时代人民对美好生活的新期待。

一方面，以高质量发展为美好生活奠定坚实的物质基础。发展是硬道理，发展是党执政兴国的第一要务。因发展而放弃绿色，实际上是“竭泽而渔”；因守护绿色而放弃发展，无异于“缘木求鱼”。毋庸讳言，当下国内外一些人走出了人类中心主义的深渊，却又陷入生态中心主义的泥淖。然而，偏执一端的绿色追求只会葬送我国良好的发展大局，最终损害人民群众的根本利益。坚持绿色发展，必须走出以牺牲生态环境为代价谋求经济社会发展的误区，让绿色为高质量的发展赋能。通过创新绿色科技、增加绿色投资、发展绿色产业、推进绿色消费等途径，真正实现以绿色促发展。另一方面，以绿色为径让民众的生态权益得到有效保障。实现“绿色

成为普遍形态”的高质量发展，需要在锚定发展目标的同时采取科学有效的发展路径。特别是当下国际局势复杂多变，全球经济社会发展面临着诸多挑战，更要求我国既保持珍爱“绿色”的定力，更增加谋求“发展”的活力。以实现“双碳”目标为例，习近平同志深刻指出要“先立后破”，“不能把手里吃饭的家伙先扔了”。“先立后破”，立起的是发展的高度、民生的厚度，彰显着人民至上的价值立场。

五、推动绿色发展，促进人与自然和谐共生

党的十八大将生态文明融入“五位一体”总体布局以来，我国生态文明建设目标笃定，步履坚实。党的二十大报告在总结新时代十年生态文明建设经验与成就的基础之上，进一步就“推动绿色发展，促进人与自然和谐共生”进行了专题部署，既体现了生态文明建设必须始终坚持和加强党的全面领导、坚持中国特色社会主义道路、坚持以人民为中心的原则立场，也体现出新时代新征程生态文明建设理念、方法、路径的发展与创新。

（一）绿色转型在“快”上下功夫

高质量发展是全面建设社会主义现代化国家的首要任务。绿色是高质量发展应有的成色，绿色化是高质量发展的关键环节。新时代新征程需“加快发展方式绿色转型”，既表明我国发展方式绿色转型成效明显，又凸显绿色转型的时间紧迫，需在全面推进中突出重点加快转型。发展绿色低碳产业，推进新型工业化就是其中的重点。党的二十大报告强调要推动“制造业高端化、智能化、绿色化发展”，构建“新能源、新材料、高端装备、绿色环保”等新的增长引擎，加快“节能降碳先进技术研发和推广应用”，完善“支持绿色发展的财税、金融、投资、价格政策和标准体系”等。党的二十大报告坚持绿色制造、绿色科技、绿色服务统筹布局充分说明：一方面，我国将进入科学化、现代化、集群化的绿色产业发展新阶段，发展方式绿色转型将步入快车道；另一方面，实现工业绿色化转型是重要环节和重点领域，这又在具体路径上进一步明确了在优化工业化和工业文明中实现生态文明具有可行性、现实性。

（二）污染防治在“深入”中扎实推进

实现高质量发展，不仅需要发展方式绿色转型所形成的强劲牵引力，还需要通过污染防治形成良好生态环境产生的推动力。环境污染是历史顽疾，我国在发展的过程中积累了大量的生态环境问题。党的十八大以来，我国开展了蓝天、碧水、净土保卫战为代表的生态环境污染治理，党的二十大报告在肯定与总结前期治理成效、经验的基础之上，强调要“持续深

入打好蓝天、碧水、净土保卫战”。“持续深入”体现出污染防治的难度、力度、广度、精度，表明污染防治既要全面展开，更要突出成效与质量；既要在治理上下功夫解决历史遗留问题，更要在预防上下功夫做好前瞻性工作，这说明新时代新征程污染防治也进入了新阶段。解决生态环境污染问题，就能为高质量发展奠定良好的生态环境基础。

（三）生态系统多元共生在“提升”中着力

治理——修复——提升，这是一个逐层跃升的过程，要求在治理生态环境修复生态系统的基础上，提升生态系统多样性、稳定性、持续性，提升生态资源的数量与质量，以期实现更高水平的生态平衡。为提升生态系统多元共生水平，党的二十大报告强调加快实施“重要生态系统保护和修复重大工程”，在设立第一批国家公园的基础上，继续“推进以国家公园为主体的自然保护地体系建设”，这是提升生态系统多元共生的重要举措；实行“长江十年禁渔”“耕地休耕轮作”等，让自然生态系统在休养生息中更好地实现自我修复；实施“生物多样性保护重大工程”，立足国内放眼全球提升生物多样性的量与质，我国已承诺“出资 15 亿元人民币，成立昆明生物多样性基金，支持发展中国家生物多样性保护事业”[①]。需要特别指出的是，党的二十大报告提到“加强生物安全管理，防治外来物种侵害”，在党中央的报告中关注外来物种入侵尚属首次，这充分说明防治外来物种侵害是保护生物多样性和提升生态系统动态平衡能力的需要。而“建立生态产品价值实现机制，完善生态保护补偿制度”，则是以有形有量的价值、有利有责的生态成本核算等手段彰显良好生态环境的重要性，有利于提升生态系统多元共生的水平。

（四）碳达峰碳中和在“积极稳妥”中有序展开

当前全球气候变暖是不争的事实，其造成的损害已逐步显现但至今仍无法全面预测。我国是负责任的发展中大国，总是尽自己所能承担应有的国际责任。在巴黎气候变化峰会上我国主动承诺碳减排，并于 2020 年进一步宣布力争 2030 年前实现碳达峰 2060 年前实现碳中和。党的二十大报告站在人类命运共同体和人与自然生命共同体的高度部署推进碳达峰碳中和，以能源革命为重点，同时完善碳市场提升碳汇能力，为应对气候变化尽责。从碳减排——碳达峰——碳中和，这是量变向质变升级。实现“双碳”目标务必“积极稳妥”，“积极”表明需竭尽全力不懈怠，“稳妥”则要求实事求是不鲁莽。改变能源消费与生产结构推进能源革命绝非易事，

① 习近平：《共同构建地球生命共同体》，《人民日报》2021 年 10 月 13 日，第 2 版。

必须先立后破，有计划分步骤实施。

第二节　绿色发展的根本：坚持与发展生态生产力

生产力是社会发展的根本动力，马克思恩格斯曾在《共产党宣言》中旗帜鲜明地指出："工人革命的第一步就是使无产阶级上升为统治阶级，争得民主……并且尽可能快地增加生产力的总量。"[①]没有生产力的发展，就不可能有社会的进步。实现绿色发展构建生态文明，其中发展始终是根本要求，而不断推动生产力的发展是根本手段。不过，绿色发展所要求的生产力不是传统生产力，而是生态生产力。为了更好地理解生态生产力在绿色发展中的作用，下面将从生态生产力与传统生产力相比较的维度进行分析。

一、保护改善生态环境并举：正发展"绿色"之道

人与自然的关系是生产力的重要内容。生态生产力与传统生产力的区别较多，而其中最大的区别，就在于对待与处理与自然之间的态度、方式不同。

（一）传统生产力以"征服、控制、改造"自然为要义

传统生产力以征服与改造自然为要义，它受传统生产力理论影响而成并在实践中被广为推崇。我国传统的生产力理论形成于新中国成立初期。当时，我国主要学习与借鉴苏联的国家建设经验，模仿苏联的治理模式，这其中就包括生产力理论与发展生产力的种种实践。理论界对生产力的界定均彰显"征服、控制、改造"自然的理念。如"人们改造自然和征服自然的能力，是生产力。"[②]"生产力，即'社会生产力'……它表明某一社会的人们控制与征服自然的能力。"[③]"生产力，亦称'社会生产力'。广义指人控制和改造自然的物质的和精神的、潜在的和现实的各种能力的总和。狭义指体现于生产过程中的人们控制和改造自然的客观物质力量。"[④]当时的理论界，普遍将生产力等同于社会生产力，并围绕着如何征服与控制自然以提高社会生产力展开论述。2001 年新修订出版的《哲学大辞典》尽

① 《马克思恩格斯文集》第 2 卷，人民出版社，2009，第 52 页。
② 于光远、苏星：《政治经济学（资本主义部分）》，人民出版社，1977，第 1 页。
③ 许涤新：《政治经济学辞典（上册）》，人民出版社，1980，第 78 页。
④ 冯契：《哲学大辞典》，上海：上海辞书出版社，1992，第 387 页。

管对原有内容进行了重大修改，但对“生产力”词条的解释没做任何变动，这在一定程度上反映出传统生产力理念根深蒂固，影响深远。尽管以征服与改造自然为基本遵循的传统生产力，有利于激发人们的生产热情以获取更多的物质生产资料，有利于改变我国贫穷落后的社会面貌，但其缺陷十分明显：

其一，鼓吹人的能力“无限”性。传统的生产力理论从自利理性的“经济人”视角出发，片面地强调人的主观能动性，过于追求物质利益与物质享受，因而对人与自然之间的关系出现了认识与实践的偏差。具体而言，传统生产力理论认为人是绝对的唯一的主体，自然只是被人类征服与改造的对象，是处于被动地位的客体；生产活动就是人类发挥主体性能动性，将自然资源变换为人类所需物质财富的单向性活动。可见，以征服与改造自然为基本遵循的传统生产力理论忽视了外部自然的优先性和人对自然的依赖性，忽略了生产力必须具备的自然前提。从割裂人与自然的有机联系入手孤立地侈谈人的能力，以无所顾忌的“无限”言行企及无所不能的“无限”野心，最终造成的是对自然、对人类自身的“无限”伤害。

其二，宣扬自然“无价”性。传统的生产力理论认为自然资源是自在天成基本无人类劳动凝结，是不能用价值和交换价值来予以衡量的取之不尽用之不竭的公共产品，人类可以零成本地占有自然资源。“无价”意味着“无成本”，“无成本”基本意味着“无责任”，最终必然导致“无节制”地征服与控制自然，造成大量资源浪费与毁损，生态环境被破坏。

其三，造成人与自然的“对立”性。传统的生产力理论强调人类征服控制自然，片面地将自然看成具有纯粹有用性能满足人类需要的异己之物，基本忽略了自然的主体性，否认或忽视了人与自然是生命共同体。以传统生产力理论为指导，人类发展生产力的壮美诗篇被矮化为一部悲壮的天人对立的“斗争史”！

由是观之，传统生产力理论是从“经济人”而非“生态人”的角度出发思考问题，强化了人的能动性弱化了人的受动性，偏颇地否认自然的主体性，主张人类无限制地向自然索取却忽略了人类应承担的尊重自然保护自然的责任。以传统生产力理论为指导的生产实践活动以物质财富的增长为目标，甚至毁林开荒、围湖造田等行为被认定为生产力提升的表现而大加褒奖。这种向自然单向片面索取的生产活动最终伤害自然也伤及人自身。以人类最基本的生存资源如洁净的水源和清新的空气为例，这些原本唾手可得的公共资源甚至成了当下的稀缺资源。现代科学技术的发展让空气净化器、净水器等相关设备不断更新换代，但“好水、好空气”以这种人工净化形式回归，很难用生产力提高和生活品质提升来自我慰藉。人类为寻找最原初的生态资源而在现代科技上煞费苦心，只能说明生态环境破败的无情现实。铁的事实反复警告人们，征服与控制自然发展了社会生产力，却破坏生态环境，破坏生态环境最终就是破坏生产力。总体而言，传统生产力是一种与生态文明建设相背离的生产力。

（二）生态生产力以“保护与改善”生态环境为内核

与传统生产力主张“征服与控制”自然不同，生态生产力强调在“保护与改善”生态环境中追求生产力的发展。党的十八大以来，以习近平同志为核心的党中央深刻认识到传统生产力对自然和人类自身所造成的危害，敏锐地洞察到良好生态环境是推动生产力健康发展的内在动力，强调“保护生态环境就是保护生产力、改善生态环境就是发展生产力”[①]。保护与改善生态环境就是保护与发展生产力，这是生态生产力的核心要义。

其一，生态生产力强调保护与改善生态环境同时并举，主张在协调人与自然的关系中不断发展生产力。发展生态生产力，不仅承认自然资源“有限”“有价”，而且相对于广袤的大自然而言，人的能力具有“有限”性，人类活动也需要“有畏”才能更好地“有为”。坚持与发展生态生产力表达的是合理利用自然以实现人与自然和谐共生的良好诉求，是对在征服与控制自然中彰显生产能力的传统生产力的根本否定。

保护生态环境，即保护好生态环境中良好的一面，保持生态系统的动态平衡。这就要求既要保护好那些暂时还没有留下人类活动痕迹的自在自然，也要保护好已进入人类生产系统被人类利用改造过的人化自然。我们要“像保护眼睛一样保护生态环境，像对待生命一样对待生态环境”[②]。坚持在保护中开发，在开发中保护是生态生产力的原则立场。

改善生态环境，即改变、修缮生态环境中那些不好的方面。既改善自在自然中不好的生态环境，也修缮那些被人类破坏的生态环境。以长江的生态环境修复为例，习近平同志曾指出，“当前和今后相当长一个时期，要把修复长江生态环境摆在压倒性位置，共抓大保护，不搞大开发”[③]。修复被破坏的自然，保护人类赖以栖息的家园是刻不容缓的责任。然而，当下仍有一些人固执地认为保护和改善生态环境成本太高，社会效益好但经

① 《习近平谈治国理政》第1卷，外文出版社，2018，第209页。

② 习近平：《在省部级主要领导干部学习贯彻党的十八届五中全会精神专题研讨班上的讲话》，《人民日报》2016年5月10日，第2版。

③ 《走生态优先绿色发展之路 让中华民族母亲河永葆生机活力》，《人民日报》2016年1月8日，第1版。

济效益不明显，甚至认为生态环境治理是导致经济增长乏力的原因之一，呼吁在全球经济疲软的态势下应放宽对生态环境管治，减少生态环境治理投入。如此主张，只顾眼前利益忽视长远利益，是对生态生产力的漠视。

生态生产力承认人的能力的有限性，强调良好生态环境的有价性和稀缺性。以有限的能力保护有价的生态环境，需要以尊重自然的自觉取代占有自然的贪念，以保护自然的自律取代征服自然的狂妄，以改善自然的担当取代破坏自然的鲁莽。保护与改善生态环境并举，培育生态生产力。诚然，培育生态生产力投入大周期长，甚至需要牺牲局部的暂时的发展速度为代价；但从根本与长远而言，只有生态生产力才能为人类社会的发展提供持续的动力。习近平同志曾叮嘱："各级领导干部对保护生态环境务必坚定信念……决不能再以牺牲生态环境为代价换取一时一地的经济增长。"[①]

其二，"两山论"是倡导生态生产力的直观体现。"我们既要绿水青山，也要金山银山。宁要绿水青山，不要金山银山，而且绿水青山就是金山银山。"[②] 在绿水青山与金山银山这两大美好图景之间，是决心与决策的展示。从"既要""也要"的两全目标，到"宁要""不要"的科学取舍，到"就是"的完美结果，"两山论"简明直观地阐述了保护与改善生态环境与发展生产力的关系。

2005 年 8 月，习近平同志在浙江省湖州市安吉县天荒坪镇余村首次提出"绿水青山就是金山银山"理念。正是在这一理念的指导之下，余村关闭了污染严重的矿区，发展特色农业、休闲旅游等富民产业，走出了一条生态美、产业兴、百姓富的"绿水青山就是金山银山"的绿色发展之路。2020 年 3 月习近平同志再次到余村考察时指出："余村现在取得的成绩证明，绿色发展的路子是正确的。生态本身就是经济，保护生态，生态就会回馈你。"[③] 位于河北承德的塞罕坝的生态环境治理，曾被习近平同志多次点赞。塞罕坝的生态环境曾遭到严重破坏，从 20 世纪 60 年代开始，三代塞罕坝人驰而不息，在沙地里播种、在石头缝儿里栽绿，像钉钉子一样，"钉"出百万亩林海。习近平同志曾指出，塞罕坝林场的建设者们"用实

① 习近平：《在省部级主要领导干部学习贯彻党的十八届五中全会精神专题研讨班上的讲话》，《人民日报》2016 年 5 月 10 日，第 2 版。

② 中共中央文献研究室编：《习近平关于社会主义生态文明建设论述摘编》，中央文献出版社，2017，第 21 页。

③ 《守护绿水青山 共建天蓝、地绿、水清的美丽中国》，人民网，http://env.people.com.cn . /n1/2020/0604/c1010-31735757.html。

际行动诠释了绿水青山就是金山银山的理念"①。2021年8月习近平同志到塞罕坝考察时指出："塞罕坝精神是中国共产党精神谱系的组成部分。全党全国人民要发扬这种精神，把绿色经济和生态文明发展好。"②现在，塞罕坝发展了生态旅游等产业，实现了生态效益与经济效益的双赢。安吉、塞罕坝的实践很好地例证了绿水青山"就是"金山银山的理念，全国类似的成功事例还有很多，不一一枚举。无数事实已反复地证明，保护、改善生态环境与发展经济能并行不悖、相得益彰。生态生产力既是人类开发利用自然以满足自身生存与发展的能力，也是人类尊重自然保护自然以促进人与自然协调发展的能力。

二、资源、环境、生态并重：导发展"绿色"之航

资源、环境与生态是既有联系又相互区别的范畴。资源，一般指直接服务于生产和生活的各种自然物质，强调自然对于人类的直接有用性；环境，一般指与人类生存和发展有关的各种自然要素的总和，它侧重于自然容纳并消解废弃物的受纳功能和为所有生物的生存繁衍提供栖息地的服务功能；生态，则是指一定空间范围内，包括人与非人存在物所组成的相互联系协同进化的统一体。不过，人们经常将生态与环境并列使用，生态环境既注重自然的受纳与服务功能，更注重自然的系统性，注重人与自然的协同进化功能。

（一）自然生产力强调资源在生产力中的重要作用

相对于生态环境而言，人们对自然资源在生产力中的重要性认识要早一些。马克思主义经典作家在其论著中反复使用自然力、自然生产力、劳动的自然生产力等概念。"撇开自然物质不说，各种不费分文的自然力，也可以作为要素，以或大或小的效能并入生产过程。"③"外界自然条件在经济上可以分为两大类：生活资料的自然富源，例如土壤的肥力，鱼产丰富的水域等等；劳动资料的自然富源，如奔腾的瀑布、可以航行的河流、森林、金属、煤炭等等。"④马克思主义经典作家对生产力的考察与论证，非但没有将自然要素排除在外，而且反复强调劳动资料和劳动对象具有自然性、客观性。外部自然界的各种自然力只有进入生产过程才能成为自然生

① 《习近平谈治国理政》第2卷，外文出版社，2017，第397页。

② 《习近平：发扬塞罕坝精神，在新征程上再建功立业》，新华网，http://www.news.cn/politics/leaders/2021-08/24/c_1127789970.htm。

③ 《马克思恩格斯文集》第6卷，人民出版社，2009，第394页。

④ 《马克思恩格斯文集》第5卷，人民出版社，2009，第586页。

产力，自然生产力与社会生产力是劳动生产力的两个不可或缺的组成部分。在一定程度上而言，自然生产力是最基本的生产力，科学技术的进步可能暂时掩盖自然生产力的光芒，但不能从根本上动摇自然对象在生产力中的基础地位。

马克思主义经典作家对自然要素在生产力中的作用作了开创性的研究，为人们认识自然力、自然生产力奠定了基础。不过，相对于社会生产力而言，马克思主义经典作家对自然生产力的研究并不深入，这主要是因为：一方面，为了科学揭示人类社会发展演变的规律，马克思恩格斯着力于从社会经济系统内部来研究物质资料再生产的过程及其规律性，通过分析生产力与生产关系的矛盾运动揭示人类社会发展的普遍规律。社会生产力是其研究的核心范畴，自然力、自然生产力并不是马克思理论研究的重点；另一方面，在马克思恩格斯所生活的年代，自然资源相对比较富足，生态环境相对比较良好，尽管他们对人类盲目利用自然会遭到自然的无情报复作出过科学预测，但当今严峻的现实远超出了马克思恩格斯当年的预期。因此，综观马克思主义经典作家关于自然力或自然生产力的相关论述不难发现，他们主要将通过生产工具和劳动对象等形式进入生产过程，对生产有直接影响的自然资源纳入自然生产力范畴，只承认那些直接进入生产过程的自然力能提高社会生产力。可见，马克思主义经典作家所指的自然生产力实质上是一种直接影响生产过程的自然“资源”生产力，那些暂时未进入生产过程的自然力，那些间接影响生产活动的“生态环境”在生产力中的作用，并没有引起他们足够的重视。尽管不能苛求马克思主义经典作家穷尽所有理论认知和预测所有未知的事物，但分析其生产力理论缺陷，有助于深化人们对生态生产力的认知。

（二）生态生产力将资源、生态、环境三者并重

与自然生产力理念不同，生态生产力理念将生态环境作为潜在的要素和内生的变量纳入生产力范畴，为人们更深入地认识自然在生产力中的地位与作用提供了科学指南。不过，对生态环境在生产力中作用的认知经历了一个逐步深化的过程。1996 年，江泽民同志在第四次全国环境保护工作会议上就强调：“保护环境的实质就是保护生产力”[①]。2001 年他在海南考察时进一步指出：“破坏资源环境就是破坏生产力，保护资源环境就是保护生产力，改善资源环境就是发展生产力。”[②]2004 年，胡锦涛同志在

① 《江泽民文选》第 1 卷，人民出版社，2006，第 534 页。

② 中共中央文献研究室编：《江泽民论有中国特色社会主义（专题摘编）》，中央文献出版社，2002，第 282 页。

中央人口资源环境工作座谈会上指出，“良好生态环境是社会生产力持续发展和人们生存质量不断提高的重要基础”[①]。2013年，习近平同志更是明确地指出，“保护生态环境就是保护生产力、改善生态环境就是发展生产力”[②]。2020年，习近平同志在浙江湖州市安吉县考察时又进一步指出，“生态本身就是经济，保护生态就是发展生产力”[③]。党和国家领导人的系列论述逐步彰显了资源、生态、环境并重的立体图景。诚然，与自然资源直接进入生产过程在生产力中是一种显性存在不同，生态环境对生产力的影响隐蔽、间接。不过，隐蔽不等于可以被忽略，良好生态环境在生产力中的重要性不可替代。

其一，良好的生态环境能为人类的生产和生活孕育更多更优质的资源，能提高单位劳动的产出，这是生产力提高的表现。人类一直在自然馈赠的资源中存在与发展着，即使现代科技已比较发达，科学技术已成为第一生产力，但作为第一生产力的科学技术离开了自然资源的支撑就成了无源之水，而良好的生态环境能让先进的技术产生更好的效应。

其二，良好的生态环境能提供更有利的条件，让有限的物质资源得到充分有效的利用。以农业生产为例，直接纳入生产过程的土地资源，只有借助充足的阳光、适宜的温度、水分、气候等良好的生态环境条件，才能提高利用价值，形成较高的生产效能。相反，阳光、温度、水分、气候等任何一个要素缺失或者不符合要求，都可能让人类的一切辛劳变成徒劳。即使现代农业通过对温、湿、光等进行调控，让其对外部环境的依存度有所降低，但这种人工再造的适宜生态环境不可能完全脱离外部自然而成，这从另一个层面也说明良好生态环境对发展生产力的重要性。

其三，良好的生态环境“受纳”和“服务”功能强，能较好地净化生产和生活的废弃之物，让自然生态系统在人与自然的物质变换之中维持动态平衡。生态环境自我净化能力的提高可以节约治理生态环境成本，包括活的劳动成本和物化成本的节约，这种节约的成本可用于研发与生产更符合需求的产品。可见，提升环境自净能力实际上也是生产力提高的表现。

其四，良好的生态环境有益于劳动者的发展，有利于提高生产力。人是生产力中能动的要素，人的素质直接决定着生产力水平。恶化的生态环境轻则影响劳动者的身心健康，重则危及生命安全，这是对生产力最直接、

---

① 《胡锦涛文选》第2卷，人民出版社，2016，第171页。

② 《习近平谈治国理政》第1卷，外文出版社，2018，第209页。

③ 《统筹推进疫情防控和经济社会发展工作 奋力实现今年经济社会发展目标任务》，《人民日报》2020年4月2日，第1版。

最严重的威胁与破坏。相反，良好的生态环境有利于人的身心健康，有利于劳动者愉悦地工作与学习，有利于激发劳动者的创造潜能，这些均对生产力的提高有促进作用。

（三）生态生产力对“发展”生产力有着新认知

从资源是生产力→资源环境是生产力→生态环境是生产力，这看似简单的两小步，实则是对生产力认知的重要理论跃升，它既反映了生态环境在生产力中的地位与作用被逐步认识和重视的过程，也反映出对“发展”生产力的认识逐步深化的过程。

从生态环境的视角考虑“发展”生产力，经历了一个从“改善”环境到“保护与改善”生态环境并举的过程。如前所述，江泽民同志在1996年提出“保护环境的实质就是保护生产力，这方面的工作要继续加强”①。习近平同志在2013年指出“保护生态环境就是保护生产力、改善生态环境就是发展生产力”②。2020年，习近平同志又进一步指出，“生态本身就是经济，保护生态就是发展生产力”③。从这一系列关于保护与发展生产力的相关论述，可以清楚地看出：

一方面，改善生态环境能发展生产力。修复那些被人类在生产的过程中破坏的生态环境，或者是改善那些原本恶劣不适合于人类与非人存在物生存的生态环境，都能孕育更好的自然资源，蓄积更好的生态动能，能促进生产力的发展。另一方面，保护生态环境也是发展生产力。对良好生态环境的保护，不只是外在地保护了生产力的发展水平，而且内在地促进着生产力的发展。因为，保护良好的生态环境，既能节约治理生态环境的成本，又能在合理利用中让生态环境发挥最大的效用。保护良好的生态环境和改善那些已被破坏的生态环境，都是发展生产力，这是对发展生产力的新界定、新认知，同时在生产力的视角特别强调了保护生态环境的重要性，真正为绿色发展护航。

总之，将保护和改善生态环境直接与保护和发展生产力紧密联系，将生态环境内化为生产力的内生变量，这是生态生产力的核心表达。可见，生态生产力是内在地包含着自然生产力与社会生产力的复合系统，强调资源、环境、生态三者并重，这说明对生产力的认知已跳出工具理性的狭隘范畴，蕴含着谋求人与自然和谐发展的生态理念和价值诉求，是马克思主

---

① 《江泽民文选》第1卷，人民出版社，2006，第534页。

② 《习近平谈治国理政》第1卷，外文出版社，2018，第209页。

③ 《统筹推进疫情防控和经济社会发展工作 奋力实现今年经济社会发展目标任务》，《人民日报》2020年4月2日，第1版。

义生产力理论的最新成果和当代发展。坚持和发展生态生产力是绿色发展的根本，当然也是推进生态文明建设的根本。

第八章　生态消费：新时代生态文明建设的内生动力

消费是一种经济活动，是人之为人的存在方式之一，但理解消费不能仅有经济的视角。马克思曾明确指出："消费这个不仅被看成终点而且被看成最后目的的结束行为，除了它又会反过来作用于起点并重新引起整个过程之外，本来不属于经济学的范围。"[①] 应该说，无论从人类的源起还是个体的生存而言，消费首先指向的并不是经济活动而是直接源于人的本能；不过，从人类历史的演进与个体发展相互促进的视角而言，消费又超脱了人的本能而成为社会生活的一部分。人们于社会生活中形成的消费理念和消费方式基本不诉诸人的本能，而主要诉诸人的自觉。"用刀叉吃熟肉来解除的饥饿不同于用手、指甲和牙齿啃生肉来解除的饥饿。"[②] 消费不仅与个体的生存与发展紧密相连，还关系着社会的和谐稳定，也关系到整个生态系统良性运行，关系到生态文明的有效推进。导致生态环境恶化的原因很多，不合理的消费理念与消费模式是其中的原因之一。《21 世纪议程》就曾明确指出："全球环境不断退化的主要原因是非持续消费和生产模式，尤其是工业化国家的这类模式……为保护和增进环境所采取的国际措施，必须充分考虑到目前全世界消费和生产模式的协调。"[③] 如果生态消费缺席，生态文明难以实现。习近平同志曾指出："要强化公民环境意识，倡导勤俭节约、绿色低碳消费，推广节能、节水用品和绿色环保家具、建材等，推广绿色低碳出行，鼓励引导消费者购买节能环保再生产品，推动形成节约适度、绿色低碳、文明健康的生活方式和消费模式。"[④] 倡导生态消费既有利于培养新的消费需求促进消费升级，又有利于在节约资源与保

① 《马克思恩格斯文集》第 8 卷，人民出版社，2009，第 13 页。

② 《马克思恩格斯文集》第 8 卷，人民出版社，2009，第 16 页。

③ 联合国：《21 世纪议程》，国家环境保护局译，中国环境科学出版社，1993，第 16 页。

④ 中共中央文献研究室编：《习近平关于社会主义生态文明建设论述摘编》，中央文献出版社，2017，第 122 页。

护环境中促进人与自然和谐共生。因此，推进生态文明建设必须在全社会倡导生态消费理念与消费模式，从“需求侧”为绿色发展搭建新动能，为生态文明建设构建内生动力。

第一节　生态消费概说

生态消费行为古已有之，不过早期的生态消费多是一种无意识的自发行为。生态消费作为一种自觉的理念、模式与行为，则是源于对生态环境恶化的反思，源于对物化、异化消费的反思，是消费领域的一种深刻变革。著名消费经济学家尹世杰教授曾指出：“生态消费是一种绿化的或生态化的消费模式，它是指既符合物质生产的发展水平，又符合生态生产的发展水平，既能满足人的消费需求，又不对生态环境造成危害的一种消费行为。”① 生态消费强调人们在消费各种消费资料（包括劳务，下同）的过程中，既满足自身生存与发展的需要又不威胁生态安全破坏生态平衡。简要而言，生态消费作为一种消费理念与消费模式，“生态”是其内在质的规定性，“适度”是其外在量的规定性，“全面、全程、全效”生态性是其发展要求和价值目标。

一、生态消费的“三全”要求

首先，生态消费着眼“全程”生态性。全程，顾名思义是全链条全过程，也就是说，生态消费不是单纯截取消费断面进行生态考量，而是要以消费为节点向前后延伸。生态消费中的“生态”一词，不只是对消费资料的静态描述，而是对整个消费过程的动态展示。一方面，生态消费主张消费“生态的”消费资料，即要求各种消费资料健康绿色，对消费者的身心健康有益，这是生态消费最直观的指向；另一方面，生态消费主张“生态地”消费各种消费资料，既要求消费资料在生产过程中绿色环保低碳，也要求在消费过程中不对他人和周围环境产生不利影响，还要求消费后所产生的废弃物可回收、易分解。“生态地”消费是生态消费的内在基质，更能彰显生态消费的品位与追求。生态消费是从人与自然的关系出发来关注消费，只关注消费资料本身是否健康绿色，不是真正意义上的生态消费，甚至根本就不能算生态消费。如猎杀珍稀野生动物破坏生态资源等以满足

① 尹世杰：《关于生态消费的几个问题》，《求索》2000 年第 6 期。

消费需求的行为，其消费资料可能是绿色健康的，但消费行为本身就是有违生态平衡的，根本不是生态消费。倡导“全程”生态消费，其积极作用也是全程的。生产与消费相互联系，“没有需要，就没有生产。而消费则把需要再生产出来”[①]。“消费生产出生产者的素质,因为它在生产者身上引起追求一定目的的需要。”[②]在生产力已高度发达，消费品日益丰腴的当代社会，有效需求对生产的作用日益明显。生态消费生成生态需求，生态需求能促进生态生产。如果消费者有“全程”生态消费的高度自觉，就能倒逼生产者遵守生态规律增加生态投入采用生态技术生产生态产品，既契合消费者的消费需求，又能促进生产转型升级。

其次，生态消费注重“全面”生态性。全面，既指消费主体具有全面性，即所有人都进行生态消费，也指消费客体具有全面性，即消费资料不能囿于生态型的物质产品。消费主体的全面性内涵简单明了，只是其实现需要一个较长时期，笔者在这里重点讨论消费客体的全面性。一般而言，生态消费的客体是健康绿色的物质资料，但物质消费不是消费的全部内容，更不是生态消费的全部内容。生态消费注重“全面”生态性，其消费客体应是物质产品和精神文化产品的有机结合。也就是说，生态消费注重消费物质产品以满足人们的生理需求，但它不受物欲奴役，不拘泥于物质消费本身。“绿化”精神生态，消费精神文化产品是生态消费的题中应有之义。甚至可以认为，以资源消解为基本特征以满足生理需要为基本目标的物质消费只是较低层次的生态消费，而以慰藉心灵愉悦精神为目标的文化消费才是更高层次的生态消费。物质消费资料或直接或间接来源于自然，离开与自然之间的物质变换，物质消费资料不可能生成；文化产品是人的智力成果，自然可以是文艺创作的题材，但文化产品一般不以自然资源为物质加工对象。诚然，文化产品也或多或少要借助一定的物质载体来呈现，但这种对自然的有限利用在自然的承载能力范围之内。因此，相对于物质产品而言，生产文化产品对自然资源的消耗很低，从这个意义上而言，消费文化产品其实就是一种生态消费。况且，部分以生态为题材的文化产品能唤起人们的生态意识，培养生态自觉。重物质轻精神的观点偏颇、庸俗，不是生态消费的真正表现。

第三，生态消费讲求“全效”生态性。生态消费是以人与自然和谐共生为价值引领，通过生态地消费生态的消费资料，既有效地促进人的发展，又有效地促进自然生态平衡。本来这是一个不言自明的道理，但有人

① 《马克思恩格斯文集》第8卷，人民出版社，2009，第15页。

② 《马克思恩格斯文集》第8卷，人民出版社，2009，第16页。

固执地坚持“零和”博弈思维，偏颇地认为生态消费就是倡导节制性消费以保护生态环境，让笔者觉得有赘述一下的必要。马克思曾指出，消费是人的“感性展现,就是说,是人的实现或人的现实”[①]。“一个人可以像僧侣之类那样整天灭绝情欲，自己折磨自己等等，但是他所作出的这些牺牲不会提供任何东西。”[②]倡导生态消费，既反对过度消费自然资源，也反对以牺牲人的生存与发展为代价保护自然。当然，这里的“人”，是个体与类的统一，是当代人与子孙后代的统一。“过度与不及是恶的特点，而适度则是德性的特点”[③]。生态消费不是节制性消费，更非享受性消费，而是合理性消费，需要用“全程”的眼光、“全面”的思维、达到“全效”的目的，实现人与自然和谐共生。

二、生态消费力“四力”要素

探讨生态消费，还需研究生态消费力。消费力即消费的能力，它是消费得以顺利进行的前提条件。“消费的能力是消费的条件，因而是消费的首要手段,而这种能力是一种个人才能的发展,生产力的发展。”[④]“生态消费力就是满足生态需要而消费生态消费品(包括劳务)的能力。”[⑤]生态消费力是消费者消费各种生态消费资料的能力，它与生产能力密切相关，但又与生产能力存在显著区别。生态消费力内在地包含“四力”要素：

一是生态消费需求力，即消费者消费生态消费品的意识与欲求。需要是消费的首要前提，没有需求很难有消费，需求力越强消费的可能性越大。马克思曾指出：“消费创造出生产的动力；它也创造出在生产中作为决定目的的东西而发生作用的对象……消费创造出还是在主观形式上的生产对象。”[⑥]崇尚生态消费的主观自觉，有利于形成理性的生态消费，既可以在消费过程中减少对自然的损伤，也能倒逼和引导生产者注重生态生产。需要指出的是，生态消费既是生存消费，也是享受、发展消费，既应满足消费者从自身利益出发的“利己”需求，又承担着保护与改善生态环境的“利他”责任。生态消费很难用动物本能式的自发需求来驱动，它更需要觉醒的生态意识引领下的生态需求力来支撑。正因为如此，相对于一般性消费需求而言，生态消费需求弹性大，如果消费者的生态意识和生态责任

---

① 《马克思恩格斯文集》第1卷，人民出版社，2009，第186页。
② 《马克思恩格斯全集》第30卷，人民出版社，1995，第618页。
③ [古希腊]亚里士多德:《尼各马可伦理学》，廖申白译，商务印书馆，2008，第47页。
④ 《马克思恩格斯全集》第31卷，人民出版社，1998，第107页。
⑤ 尹世杰:《关于发展生态消费力的几个问题》,《经济学家》2010年第9期。
⑥ 《马克思恩格斯文集》第8卷，人民出版社，2009，第15页。

感强，生态消费就能成为“刚需”，需求力强，生态消费就具备了一定的需求动力；相反，如果消费者生态意识与生态责任不足，生态消费就成了可有可无的“软需”，需求力弱，生态消费难以成行。

二是生态消费支付力，即消费者基于即期或预期收入而具备的对所需生态消费资料的支付能力。一般而言，基于支付力的需求力才可能成为有效需求力，仅有生态需求难以促成最终的生态消费。马克思曾指出：“生产过剩不是因为缺乏需求，而是因为缺乏有支付能力的需求。”[①] 在市场经济条件下，除部分自给自足型消费和社会福利性消费外，绝大多数消费都需要支付力作支撑，生态消费尤其如此。当前，生态消费市场远未成熟，生态消费资料的价格普遍偏高，如果生态消费支付力不足，民众即使有强烈的消费需求也可能放弃生态消费。不过，需要说明一点，笔者所说的生态消费需要一定的支付力作支撑是就一般情况而言的，生态消费中还有一种特殊情况需要考虑进去，那就是节约型消费也属于生态消费范畴，如水、电等生活必需品无可替代，民众节约这些必需品属于生态消费行为，显然这种节约型生态消费与支付力无关。

三是生态消费选择力，即消费者基于消费经验、生态知识等对生态消费资料进行辨别取舍的能力。在琳琅满目参差不齐的消费资料面前，选择困难并非偶然现象，生态消费尤为考验消费者的选择力。睿智的选择力有利于促成生态消费，相反，如果选择力缺失或不足，即使需求力和支付力均表现不俗，消费者还是可能放弃消费，或者凭着感觉盲目消费，生态消费难以真正实现。

四是生态消费内化力，即消费者消化生态消费资料促进自身发展和生态系统良性运行的能力。因此，这里所指的“内化力”包括如下两个方面的内容：一方面，是指生物意义上的机能内化力，即消费者消化各种物质形态的生态产品以维持各项生理机能的能力；另一方面，是指社会文化意义上的理念内化力，即消费者内化人与自然是生命共同体的生态理念，从而形成尊重自然爱护自然的生态自觉。机能内化力诉诸人的身体素质体现人的本能，理念内化力诉诸人的政治文化素养等是人之为人的标志，是生态消费由需求变成现实的重要动力。而且，机能内化力与理念内化力二者有机结合，更能不断催生新的消费需求促成生态消费的良性循环。

学界有一种声音，认为“个人消费力是由其收入水平所决定的。全面提高城乡居民收入可以全面提高消费力”[②]。依此而论，消费力决定于收入

---

① 《马克思恩格斯全集》（第 48 卷），人民出版社，1985，第 303 页。

② 洪银兴：《消费需求、消费力、消费经济和经济增长》，《中国经济问题》2013 年第 1 期。

水平，生态消费力的实质就是生态消费支付力。不过，笔者并不认同将消费力一元化简单化，消费主要表现为收入的函数，但支付力只是生态消费力的"第一"要素，但绝非"唯一"的决定因素。如果生态消费需求力、选择力、内化力缺失，生态支付力可能是潜在支付力，甚至只考虑支付力的消费力，极有可能成为反生态的消费力。当下，一些消费者在消费至上意识主导下的物质狂欢式追求，支付力就成了浪费资源、破坏环境的推手。

由是观之，生态消费力并不是一个从需求力——支付力——选择力——内化力的单向展开的简单序列，而是四个要素相互依存、相互影响、循环往复而构成的合力，任何要素的缺失都会让生态消费力受损甚至崩塌。马克思曾指出："消费的能力是消费的条件，因而是消费的首要手段，而这种能力是一种个人才能的发展，一种生产力的发展。"[①] 也就是说，消费能力不仅仅是消费的条件，而且是个人才能的展现，生态消费力的提高更能彰显个人才能的发展。很明显，这里消费力不仅仅是支付力或购买力，等同于支付力的消费力能在一定程度上促进"个人才能的发展"，但它对"个人才能的发展"作用非常有限。集成了需求力、支付力、选择力、内化力的生态消费力，更能让消费者将生态消费的着眼点从关注自身健康向关注他人的权益、社会的可持续发展转变，从关注当前利益向关注长远利益转变，实现生态权利与生态责任并存，个人与他人、社会同在，这样的生态消费力更符合人的自由全面发展要求，更能促进持续、健康的生态消费。

第二节　生态消费的现实困境

1999 年，由商务部等 12 个部门联合实施提倡绿色消费、培育绿色市场、开辟绿色通道的"三绿工程"，标志着国家层面生态消费工作的正式启动。此后，我国在投资、教育、立法等方面开展了许多工作，2013 年修订实施的《消费者权益保护法》第 5 条新增的第 3 款规定，"国家倡导文明、健康、节约资源和保护环境的消费方式，反对浪费"。2015 年修订实施的《环境保护法》第 6 条新增了第 4 款，即"公民应当增强环境保护意识，采取低碳、节俭的生活方式，自觉履行环境保护义务"。如此增改，

① 《马克思恩格斯全集》第 31 卷，人民出版社，1998，第 107 页。

直接为生态消费立法。不过，我国生态环境治理欠账较多，促进生态消费的各项工作总体而言起步较晚，加之推进过程中存在着措施不力等等问题，至今生态消费水平仍不尽如人意。

一、生态消费需求力不足，消费重物质轻精神

随着生态文明建设的持续推进，民众的生态意识逐步觉醒，生态消费需求力明显提升，生态消费也被越来越多的人所接受与推崇，甚至一些人坚持只消费生态的消费资料。然而，如果对这一“热”现象进行“冷”思考会发现，人们或多或少、或直接或间接、或主动或被动参与了生态消费。不过总体而言，民众对生态消费的需求存在明显差别，不少民众动员性生态消费参与较多，自主性生态消费参与较少，总体而言生态消费需求力仍存在明显不足。

首先，部分消费者生态消费需求力“主动性”缺失。这部分消费者收入水平较高，甚至是有一定社会地位的所谓成功人士，对于生态环境保护的重要性相对有或者应该有一定的了解。不过，这些人为彰显自己的所谓身份与价值，而忽视节约资源保护环境的责任。波德里亚等学者把我们所处的时代称为消费社会，在消费社会中，一些人在消费时往往不在乎商品的使用价值，而是凭借消费进入某“圈”升入某“层”以彰显自己的身份与地位，消费因而被物化和符号化。“现代的消费可以用这样一个公式来表示：我所占有和所消费的东西即是我的生存。”①我国仍处于社会主义初级阶段，断言我国已处于消费社会不尽合理。不过也需承认，我国确实有一部分人被人类中心主义所毒害，他们无法把握人生坐标而以物化符号化消费为乐。当下，一些人借助自媒体等工具，不断炫耀自己与众不同的“珍、稀、贵、奇”式消费经历，成为损害生态环境的重要推手。习近平同志曾指出，现在一些人“奢侈浪费之风也开始起来了，特别是‘土豪’式的生活方式，纵欲而无节制……对这种奢侈炫耀、浪费无度的消费行为要进行制约”②。尽管这些人只占极少数，但产生的负面影响极其深远。特别是一些社会公众人物如政府官员、网红、明星等恶俗的“显摆”消费心理和消费行为，示范效应非常明显，严重影响社会风气，毒害消费者特别是年轻消费者的消费认知。

其次，部分消费者生态消费需求力“被动性”缺乏。所谓“被动性”

① [美]埃利希·弗洛姆:《占有还是生存》，关山译，上海：三联书店，1989，第32页。

② 中共中央文献研究室编:《习近平关于社会主义生态文明建设论述摘编》，中央文献出版社，2017，第118页。

缺乏，是指一些消费者原本有生态消费需求，甚至生态消费需求还比较强烈，不过或者由于支付力不行、选择力不足，或者是生态产品的质量不尽如人意等原因，一些人被迫故意压抑自己的消费欲望，希望借此以平静心情、平和心态。长久的压抑使一些人对生态消费无知无感，最终同样落入无欲无为的窘境。特别是在农村地区，一些农民的生态消费需求明显增强，但生态产品相对偏高的价格，以及农村相对散乱的消费环境等，都可能让消费者放弃生态消费的念头。近些年，随着人们生活水平的提高，农村的消费环境已有了一定的改观，但农村市场消费品质量参差不齐仍是不争的事实。尽管目前交通便利信息发达，网购已经非常普及，很多农民已成为网上购物一族。不过，笔者在调研中发现，很多农民乐意于网上购物主要是因为其便捷、实惠，重“全网比价”轻“全网比质”是很多农民的消费偏好，而一些年龄偏大的农民还是习惯于传统消费方式。总体而言，农民的消费观念相对保守，或者为节省开支，或者为避免误选误用上当受骗等，一些农民选择放弃生态消费需求，或者借自己生产的东西聊以自慰。

第三，部分消费者生态消费需求力“选择性”缺失。民众的生态消费意识已逐步觉醒，但一些人的生态消费需求往往是从自己的爱好与利益出发：对免费型消费需求力强，而自费型消费需求力弱；于己有利的需求力强，于己不利或利益不明显的需求力弱，一些人对于己无直接利益的生态消费或无动于衷，或阳奉阴违甚至故意抵制。特别是在生态环境较好的地方，一些人觉得雾霾很轻、污水很少、距沙尘很远……不愿或不积极承担生态责任，于是，生态生产与消费基本囿于自己的需求范围。值得一提的是，在生态消费需求力相对较弱的农村，由于人员流动性较低，人们相对熟悉，宗族关系相对稳固，血缘＋地缘的双重影响，使生态消费需求力“选择性”缺失往往突破了家庭边界，而带有一定的血缘或地域性特征。

第四，部分消费者生态消费需求力“全面性”缺失。确切地说，是仍有一些民众完全不了解当前的生态环境状况，完全不具备生态知识和生态意识。因为对生态“无知”因而对生态需求“无欲”最终导致生态消费“无着”。以农村为例，部分农民尤其是中老年农民长期生活于农村，文化水平较低、消费观念落后，生态消费需求也就无从谈起。笔者在调研中发现，他们既不会有意识地保证自己生产的农产品生态环保，更不愿意为购买生态产品买单。如种植的农作物即将收割之时，仍有人喷洒农药以防病虫害保产量，农药包装瓶（袋）随意丢弃污染水源，如此等等，不一而足。总体而言，因为部分消费者的生态消费需求力全面缺失，导致“自觉性”生态消费全面缺位。请注意，此处之所以凸显“自觉性”，这主要是因为无生态消费的主观自觉并不排除有生态消费的客观事实，消费者可能无意中购买了生态产品，也可能免费享受了生态产品，特别是一些农民经常在无意中自给自足地消费了生态产品，生态消费并非绝对趋于零。不过，这种非自觉的消费具有不确定性，不符合生态消费全程、全面、全效的“三全”要求，很难保证生态消费持续健康有序进行。

第五，部分消费者生态消费需求力层级偏低。尹世杰曾指出：“人们的消费需要，不仅包括物质需要和精神文化需要，还应包括生态需要在内。”[①] 也就是说，生态需要是人们对良好的生态环境、和谐的人与自然关系的一种需求，它不同于物质需要和精神文化需要，但往往通过物质需要和精神文化需要体现出来。在物质生活日益丰腴的当下，良好的精神文化需求更有利于促进美好生态环境的生成，如前所述，消费文化产品其实也是一种生态消费。新时代特别是新阶段我国广大民众的精神文化消费需求、消费能力、消费水平已有明显提高，文化事业与文化产业已呈现蓬勃发展之势。但也不得不承认，目前仍有不少民众较多关注生存而较少关注发展，物质消费需求较多文化消费需求少，消费需要力层次明显偏低。诚然，少数家庭确因经济能力有限无文化消费支付能力，不得不压抑自己的消费需求，但也有部分民众支付能力强但文化消费需求力弱，归根结底，还是因为消费理念和消费价值观出现了偏差。偏颇的消费需求力导致文化消费存在被弱化、虚化、俗化甚至恶化倾向。如一些家庭的文化消费基本等同于玩手机、看电视。有的家庭除小孩的课本及课外书外，经年累月没有购买任何书籍（包括电子书籍）。有人喜欢在牌桌上酣战，却对有益的文化产品毫无兴趣；有人钟爱娱乐、选秀类节目，却冷落科普、法治类节目；有人对各种所谓的“惊天大秘密”“重磅头条”等无厘头新闻津津乐道，对主流媒体的各种消息则基本不闻不问。其实，数字文化的推广、智能手机的普及，让人们随时随地可享受文化大餐，看书、上网课、读新闻、学技艺……几乎应有尽有；更为主要的是，数字技术已大大降低了文化消费的成本，支付力对消费的制约已明显降低。不过，便利的条件远没有被很好地利用，必须引起警觉。

二、生态消费支付力不强，消费多心动少行动

并非所有的生态消费都需要支付力的支撑，如一些公共性资源消费，消费者无须承担费用；节能、节水等节约型消费也属于生态消费的范畴，

① 尹世杰：《关于发展生态消费力的几个问题》，《经济学家》2010 年第 9 期。

是应该大力提倡的生态消费理念和消费方式。不过，推进生态消费不能全依赖于公共性资源消费，也不能局限于节约型范畴而要有发展型理念，消费生态的产品是生态消费的题中应有之义。在物质消费领域，相对于传统产品而言，生态消费品的价格普遍偏高，存在着较为明显的生态溢价；至于生态消费较高层级的文化消费，尽管数字文化的普及降低了消费成本，但终归需要一定的支出，一般而言，生态消费需要相对较高的支付力作支撑。我国当前部分民众生态消费支付力不足，主要体现在收入水平有限导致内生性支付力不足和外在挤压式消费导致支付力下降两方面。

首先，部分民众整体收入水平偏低，收入增长预期不尽理想，导致生态消费支付力不足。改革开放以来，我国民众收入来源多元化收入水平持续提高。进入新时代步入新阶段，我国经济稳中向好的态势没有变，随着收入水平的稳步提升，民众的生态消费支付力也得到了相应提高。然而，当前我国民众的收入差距仍然较大，地区经济发展不平衡，生态消费支付力也因此呈现出明显差别。东部地区生态消费支付力整体较强，西部地区整体偏低；城市生态消费支付力整体较高，农村整体偏低。

农村特别是中西部地区的农村，来源于农业的收入增长动力整体而言仍比较疲软，支付能力不足是制约生态消费的首要原因。农业是农村的支柱产业，由于长期的粗放经营，土壤"地力"严重下降，农业投入增加生产成本明显上涨，但农产品价格整体不高；同时，一些地方专业合作社等经济形式发展滞后，一家一户的分散经营既无规模经济效益，又难抵御自然灾害和市场风险，增产增收效应不强，土地撂荒或变相撂荒现象并不少见。为节约生产成本，一些农民不惜破坏生态环境。随着精准扶贫政策的有效实施和全面小康社会的如期建成，我国迎来了实现中华民族伟大复兴中国梦最清晰最铿锵的脚步声，包括农民在内的所有人收入水平持续增长可为、可期，不断提高的收入水平就是有效提升生态消费硬实力。

其次，一些人整体收入水平不高，但外在挤压式消费导致生态消费支付力不足。所谓外在挤压式消费导致的生态消费支付力不足，是指对于众多的消费者特别是收入水平不高的消费者而言，生态消费属于非"刚需"范畴，当其他"刚需"型支出份额较大时，生态消费就会被挤压在狭小的空间，甚至趋向于零。当前，民众消费支出中占比较高的无疑是住房、教育、医疗。随着教育和医疗改革的逐步推进，这两项的支出压力将会有所缓解，但住房支出的压力在一定时期内仍会持续存在，生态消费支付力也因此受到制约。

农村的情况则更为特殊，60后、70后甚至80后的农民工，多愿意在城镇打工在农村扎根，其打工所获收益对推进农村发展作用非常明显。90后、00后新生代农民工多渴望从村民变成市民，为扎根城镇，他们“反哺”农村少，从农村“抽血”多。从长远来看，越来越多的农民市民化是发展的必然，但从近期来看，扎根城市所需的住房、创业等成本，让农民工及其家人的日常消费会受到不同程度的影响，被很多人视为可有可无的生态消费无疑成为很容易被忽略的选项。不过，无论在哪个地区哪个行业，总有一部分人因各种原因导致收入减少但支出增加，在这种支出与收入“加”与“减”的较量中，往往叠加着生态意识淡薄的认知窘境，生态消费因此被无情边缘化。

三、生态消费选择力欠缺，消费多盲从少理性

作为生态消费的主体，消费者有权利也应该有能力对消费什么、怎么消费等进行合理选择，即使是部分福利性消费资料，也在一定范围和一定程度上考量消费者的选择能力。当前，我国消费市场日趋成熟，市场上的生态产品日趋多样但品质不一，一些产品或粘贴生态标签以次充好，或炒作生态概念夸大生态功能，这更考验消费者的生态消费选择力。经过历练与培养，大部分消费者已积累了消费经验，具备一定的生态消费选择力，但不少消费者生态消费选择力仍存在明显不足。

其一，部分消费者缺乏生态消费知识，盲目“自信”。一些消费者不认识或甚至不认同权威部门认定的生态标识，全凭自己的主观经验进行选择。其实，生态标识是产品的生态身份证明，消费者根据生态标志选择生态产品简单便捷。我国也已于1993年着手实施生态标识制度，当前有绿色食品、有机食品、无公害产品、绿色材料等认证标识。不过据笔者调查，我国市场上生态产品标识覆盖率非常低，消费者对生态标识的认知度更低，甚至有不少消费者对生态标识毫不知情。不少消费者在选择生态消费资料时跟着感觉走，凭直觉经验从外观进行判断，以“貌”定“质”，误判误选也就在所难免。一些农民更是仅仅相信自己或周围邻居生产的产品生态环保，不愿意接受即使是经过权威部门认定的生态产品，这种盲目自信其实也是生态消费知识匮乏的表现。

其二，部分消费者重“洋”亲“土”，盲目“他信”。不少消费者认为，来自外国的洋产品代表着绿色环保上档次、高端大气真品质，乡村的土特产则意味着原汁原味原生态、低调奢华有内涵。对于非“洋”非“土”的生态产品，则各种提防甚至拒绝。其实，无数事实反复证明，国外产品特别是通过非正规渠道购买的国外产品，其品质参差不齐，盲目迷信国外产

品其实也是生态消费选择力不高的表现。一些未经过任何检验、检测的土特产直接进入市场，更考量消费者的选择甄别能力。其实，一些土特产虽原汁原味，但并非完全生态环保。一些消费者选择生态消费资料时，或听从导购员的建议，选择销量较大的产品；或迷信广告，选择推广力度大的产品；或从朋友圈取经，刷抖音、上知乎、追网红式消费；或通过与左邻右舍交流习得选择经验。从众、比价是众多消费者的倾向性选择。然而，因为生态消费知识匮乏，这种多盲从少理性的选择，难免造成看似生态实则不生态的消费后果。

其三，部分消费者倾向于以价定质，盲目“追高”。这里的“高”，既指品质高，更指价格高。一些消费者坚信价格相对较高者品质更高更生态；甚至有消费者借高消费以获得社会认同，生态消费变成了炫耀性消费。诚然，商品的价格是价值的体现，人们平时也经常说“一分钱一分货”，同类商品中价格较高者一般品质相对较好。因此，对于以价定质的消费者而言，他们的主观愿望无可厚非，且他们的选择倾向也在一定程度上反映出生态消费品市场鱼龙混杂让人难于选择的困境。不过，价高质好不是铁定律，特别是市场中一些不法商家与媒体联手炒作，经常会出现价格虚高的产品侵害消费者权益。因此，消费者在选择生态产品时认准权威部门或机构颁发的生态标识等产品身份证明，是最基本的要求和最可靠的保证。至于通过高消费获得身份认同的消费偏好与消费倾向，则是非常明显的错误消费理念和消费选择。马克思认为：“奢侈是自然必要性的对立面。必要的需要就是本身归结为自然主体的那种个人的需要。”① 这种超出自然必要性的消费选择背离了生态消费的本意，尽管目前此类高消费参与者在整个社会中所占的比重不大，但不容忽视的是，高消费已成为一些人的追求，即使在并不富裕的农村，此类高消费也在一定程度一定范围内存在，其负面影响不可低估。

四、生态消费内化力失衡，消费重自我轻自然

如前所述，完整的生态消费内化力，应是生物意义上的内化力和社会文化意义上的生态理念内化力的有机结合。也就是说，生态消费内化力既包括顾及自我的生理机能考虑自身的身体健康，也要保护生态环境让自然生态系统正常运行。内化源于需要但不同于需要，需求是由内而外，内化由外而内；需要是消费的起点，内化既是消费的终点，又可以是新的消费

① 《马克思恩格斯全集》第30卷，人民出版社，1995，第525页。

起点。生态消费内化力既是一种能力，更是一种动力，它能不断催生出新的消费需求，健全的生态内化力催生出健康的生态消费，既有利于提升人体机能，也有利于优化生态环境。

当前，随着人们生活水平的提高和生态环境保护理念的增强，民众的生态消费内化力也有很大的提升，很多人能做到胸怀自然内化保护自然的责任。不过，仍有不少民众往往强调自身健康而忽视对自然的保护，仅有的生态消费处于自发而非自觉的较低层次。也就是说，部分消费者只注重自身的生理机能内化力，将消费看成一个简单孤立的过程，只关注他所消费的产品是否有利于自身的身心健康，而对于消费前即该产品的生产过程是否做到了资源有效利用，以及消费后是否会对生态环境造成污染破坏则不予关注或是较少关注。至于他人的消费需求，子孙后代的生活环境，当然不在这些民众的考虑范围之内。内化力严重失衡，消费倾向明显重自我轻自然。

最后说明一点，审视消费中存在的种种问题，不是否认我国民众生态文明素质整体提高的态势，而是为了发现问题解决问题以期更好地发展。而在审视问题的过程中，笔者对农村生态消费中存在的问题着墨较多，不是因为只有农村才有生态消费问题，更不是刻意渲染部分农村、农民的生态消费问题以丑化其形象。笔者在进行整体研究的同时，将生态消费的重点放在农村，主要基于：一方面，农村生态消费观念整体偏弱。尽管互联网时代消费者信息收集便捷，购物渠道多元，农村消费者不再囿于周边消费市场与消费环境的影响，可以“一网走天下”。不过，农村留守老人多，触网但不爱网甚至不会使用网络的现象仍普遍存在，消费观念更新相对较慢。加之部分农民文化层次偏低，很难甄别网上信息，不利于生态消费的有效形成。另一方面，农村生态环境相对较好，这也让部分农民缺乏生态消费的紧迫感。同时，农村很少有环保 NGO，很多农民认为生态环境治理主要是政府的责任，且治理的重点在城市，市民是主角，村民只是配角。短期而言，主动型生态消费的缺失对农村农民影响不是特别明显，但从长远来看，农村与农民如果缺乏生态素质，在分散经营监管不力的情况下，作为生产者与消费者的农民最终将为非生态的生产与消费买单。从整体上提高我国民众特别是农民的生态素质，是推进生态消费构建生态文明的重点，也是难点。

第三节　优化与推进生态消费

生态消费既是一项权利，也是一种责任，既是生存性消费，也是享受和发展性消费。随着人们生活水平的不断提高，消费对生态环境的影响越来越明显。当前，我国消费领域资源环境绩效呈下降趋势，这已部分抵消了生产领域资源环境绩效的改进成果。以碳减排为例，“研究表明，家庭消费贡献了70%的全球温室气体排放，在我国，居民消费产生的碳排放量约占碳排放总量的53%”[①]，“双碳”目标的实现不能没有生态消费的支撑。如何卓有成效地推进生态消费是摆在人们面前的现实课题。需在国家宏观政策的引导下采取灵活多样的对策，需要生产者、经营者、监管者、消费者等齐心协力形成合力。而对于广大农村而言，既要做好全国一盘棋的规定动作，保证“正餐”，也要研究体现农村特色的附加动作，享受“加餐”，从而摆脱当前部分农村“正餐”不保“加餐”无着，生态消费缺位、错位的窘境，从整体上扭转部分民众不敢、不愿、不会生态消费的困局。

一、提升生态消费硬实力，让民众敢于消费

论及消费，必然要考虑收入。尽管如前所述，并非所有的生态消费都需要支付力作前提，但绝大多数生态消费还是需要支付力做保障。当前生态消费品溢价比较明显，生态消费比一般消费更考验支付力。支付力是生态消费非“唯一”却是“第一”的决定因素，提高民众的收入水平是促进生态消费的前提。以习近平同志为核心的党中央想方设法“调结构，稳增长，促发展”，千方百计提高人民收入水平。理论界关于如何提高民众收入水平的研究成果也不少，但以生态消费为视角的成果不多，尤其是针对农村生态消费力提升的研究成果更少。因此，笔者着重就提高农民收入水平，提升农民生态消费硬实力进行探讨。

（一）在加、减、补中全面提升居民收入水平

收入始终是人们热议的话题之一，我国居民收入水平稳步提高是改革开放以来的显著成就之一，也是小康社会全面实现的显著标志。以2020年为例，受新冠肺炎疫情的影响，全球经济下滑明显，我国是全球各大经济体中唯一实现经济正增长的国家，这是非常了不起的成就，充分说明了我国经济的韧劲与活力。不过，聚焦2020年这一特殊年份的消费数据，

---

① 卢乐书、王翀：《以消费端绿色金融创新引导和鼓励绿色需求》，《光明日报》，2022年4月26日，第11版。

能为人们认识生态消费相对弱势的地位提供数据支撑。诚然，生态消费支出在国家统计局的数据中没有体现，但仔细分析居民消费支出的相关数据后，我们仍能发现一些问题。2020 年，在居民人均消费支出下降的大背景下，只有食品烟酒消费和居住消费出现增长，两项的增长率分别为 5.1% 和 3.2%，均超过了收入水平的增长幅度；两项消费占总消费支出的比重分别为 30.2% 和 24.6%[①]。这一数据也从一个侧面说明，居住消费支出与食品支出一样是刚性支出，在未来很长一段时间，居住支出占总支出的比重不会出现大的波动。也就是说，居住支出挤压生态消费支出空间的态势短期内不可能改变，这种挤压对需要在城市安居乐业的新市民而言甚至会表现得越来越明显。

推进生态消费，提升生态消费占总消费的比重，必须不断提高民众的收入水平。我国经济稳中向好的态势没有变，但面临的压力与挑战也不小，须以五大发展理念为指导，不断挖掘发展潜能，促进经济高质量发展，不断提高居民的收入水平。一是持续做好“加法”，适度持续增加居民收入特别是工资性和经营性收入。二是继续做好“减法”，通过进一步完善社会保障体系，减少民众在养老、医疗等方面的支出，提高民众转移性收入。三是发挥第三次分配的“补充”作用。关于收入中的“加法”与“减法”，理论界与实践界已有很多探索，不再赘述。下面仅就第三次分配的补充作用谈一点看法。笔者认为，第三次分配不仅对提高特定人群的收入有所补益，而且对推广生态消费有所作为。

党的十九届四中全会把“按劳分配为主体、多种分配方式并存”纳入我国基本经济制度，并首次提出要“重视发挥第三次分配作用，发展慈善等社会公益事业”，从根本上明确了第三次分配在我国经济和社会发展中的重要地位。初次分配主要靠市场这只“看不见的手”发挥作用，二次分配依靠政府这只“看得见的手”进行调控，三次分配是建立在自愿性的基础上“温柔之手”进行补益，能一定程度上弥合“看不见的手”与“看得见的手”之间存在的真空。在推进社会主义现代化建设的征程中，将产生越来越多的富足人士和中产阶层，这其中有不少人愿意给别人提供更多资助，因此，更好地发挥第三次分配的“补充”作用既有可能也是必然。有效地运用第三次分配，能为实现经济社会发展和共同富裕助力。

不过在笔者看来，随着社会的发展，第三次分配不只是承担着扶弱纾困的任务，不只是具有缩小收入差距实现共同富裕的功能。《慈善法》第

① 数据来源于《中华人民共和国 2020 年国民经济和社会发展统计公报》。

三条明确规定，“保护和改善生态环境”属于公益的慈善活动。也就是说，慈善可以通过捐赠和提供服务等形式很好地介入生态文明建设领域，我们可以把这种直接介入生态文明建设领域的相关慈善活动称为生态慈善。一方面，生态慈善可以通过开发与提供生态产品和生态服务等方式，帮助后发展地区优化生态项目、发展生态产业；同时，生态慈善组织自身的发展可以为社会创造就业岗位，这些都有助于提高居民收入水平，提高生态消费硬实力。另一方面，生态慈善可以通过指明生态用途的定向资金捐助，或者是直接捐助生态物资等，让受助对象改善生产和生活环境提升生活水平。消费存在边际效用递减规律，富裕的人群通过生态慈善不仅能提高受助者的生态消费水平，还能更好地发挥消费边际效用最大化功能。

（二）以生态科技为抓手，提高农民收入水平

重点关注农民的收入水平，主要是因为农民的生态消费支付力整体偏弱。诚然，提高农民收入水平是系统工程，在笔者看来以生态消费为视角探讨提高农民的收入水平，应抓住生态科技创新与推广的牛鼻子。也许有人认为生态科技创新与推广的首要目的是发展生产而不是提升生态消费，生态科技并非解决农村生态消费滞后问题的关键手段，在探寻生态消费问题时强调生态科技有些牵强。对于上述疑问笔者作三点说明，一是因为农村生态资源相对丰富，但产业生态化和生态产业化都相对滞后，重要原因之一就是生态科技创新滞后且成果转化率偏低，传统的生产方式让农村和农民在市场竞争中缺乏比较优势。二是与农业相关的生态科技，其创新主体不一定集中于农村，但其推广应用必然惠及农民。当前，我国生态科技创新的相关投入持续增加，生态科技成果也不断取得新突破。笔者认为，我们在注重生态科技创新的同时，要特别注重与农业相关的生态科技的推广。三是生态科技创新与推广所产生的积极作用关联性强辐射面广惠及人群多，它肯定不专门服务于生态消费，但它肯定不会无益于生态消费。下面，笔者从生态科技推广视角聚焦生态消费。

农业生态科技推广对促进生态消费的作用主要体现为：一方面，在农村推进生态消费，当务之急是提高农民的收入水平，着力突破支付力不足瓶颈。运用生态科技能为农民增收提供核心动力，为生态消费提供有效支撑；另一方面，借助生态科技普及生态知识，能为生态消费提供精神动力与智力支持。发展生态农业是大势所趋，农业科技必须致力于在维护生态平衡中促进农民增产增收。而广大农民在接触和掌握生态科技的过程中，也能逐步熟悉基本的生态知识，掌握一定的生态技能，内化相应的生态理念。可见，通过推广生态科技既可以充实农民的钱袋子，也可以在潜移默

化提升农民的生态素养，还可以服务好民众的米袋子、菜篮子。有“钱”有“智”，既能让农民敢于生态消费，也聚焦农产品从源头守护了食品安全，可谓一举多得。

如何推广生态科技？在笔者看来，推广力度要“狠”，推广方式要“活”。其一，灵活形式，让农民易于接受生态科技。当前，我国基层农技推广站点少、人员少，很多地方的农技推广往往是村干部发传单，推送群消息，转发朋友圈。乡镇农技站主要接受农民的日常咨询，也会不定期举办集中培训，但田间地头难以看到农技员或农技推广员的身影。然而，农村基本地广人稀，广大农民居住比较分散，工作普遍零散，生活相对闲散，且留守农民年龄偏大文化程度不高，“广播说、纸上印、课堂讲”的农技推广方式吸引力不强，效果不佳；“微信中传，朋友圈转”的方式方便、快捷，也有一定的吸引力，但无奈一些农民自学能力不强。放眼国际社会，美国的“田间日”活动、加拿大的“生态消费证书”培训制度等均注重现场实践教学。农技科研人员或推广员深入田间地头，或手把手地传授，面对面地讲解，或通过建立村级科技示范区、科技示范户，做给农民看、带着农民试、引导农民干，往往能事半功倍。著名的“土豆院士”朱有勇，不仅在田间地头教农民种土豆，还在人民大会堂人大代表通道吆喝着推销土豆。在朱有勇院士及其团队的努力之下，农民愿学好学，真爱真干，成效显著。其二，灵活时间，吸引农民工学习生态科技知识。农民工在城镇就业且很多人希望立足于城镇谋发展，但与农村的天然联系让农民工会比较关注农村的发展。同时，乡村振兴需要新生力量的支撑，需要大众创业、万众创新所激发的活力。因此，有意识地吸引农民工学习生态科技知识，可以利用周末等休息时间采取线上教学的方式，打好知识基础；利用农忙时节邀请农民工返乡进行现场教学，提高实践能力。农业科技与农民工在城镇学到的经营管理方法、生态消费方式相结合，既能夯实农业基础，促进规模经营，又能发展农产品加工等相关产业增加附加值。尽管农民工回乡创业有一定的筹备期甚至犹豫期，但乡村的广阔天地已吸纳不少农民工回乡发展。针对农民工的农技培训，总体而言无疑有利于促进农村发展和农民收入提高，有利于助推生态消费的良性运行。

二、激活生态消费软实力，让民众甘于消费

消费可以是一种本能，但生态消费更应理解为后天教化而形成的自觉。激活生态消费潜能，激发生态消费需求力，提高生态消费支付力，培养生态消费选择力，提升生态消费内化力，无一不需要加强生态消费教育。

良好的精神生态乃生态文明之灵魂，生态文明的实现有赖于民众生态素质的提高。2012 年，湖州市德清县成立我国首个国民生态消费教育中心，围绕社会普遍关注的消费热点开展生态消费教育论坛，取得了良好的社会反响。此后，生态消费教育陆续受到关注，特别是党的十八大以来，理论界与实践界围绕着生态消费教育进行了积极的探索，取得了一定的成效。而且需要说明的是，笔者已在第三章第二节就生态文明教育做了系列论述，一般而言，生态消费教育属于生态文明教育范畴，应不必赘述。不过，因为生态消费有其特殊性、广延性，完善生态消费教育仍任重而道远，笔者拟从教育内容与教育形式，特别是针对农村的生态消费教育进行进一步探讨。

（一）关于生态消费教育内容与形式

从教育的内容来看，要传授生态理念与生态知识，不可偏废一方。一方面，应强化尊重自然的生态理念。生态消费教育的内容丰富而复杂，不同时期、不同地区、不同场合、不一样的受众，其具体内容会不断变化，但尊重自然是必须始终贯穿的生态理念。如前所述，人与自然的共同命运是最高的价值主体，而尊重自然是确认“共同命运”这一价值主体的必然之“道”。因此，只有在教育过程中始终强化尊重自然的生态理念，民众才会有顺应自然保护自然的自觉，才会有生态消费的自觉。另一方面，传授生态消费知识。主要包括教会民众知晓生态消费的基本要求、辨识生态标识、甄别产品成分、掌握相关法律知识等。让民众既关注与自我消费密切相关的“小我”，也关注社会公众消费环境的“大我”。如果消费者具备生态消费知识并坚持全程、全面、全效的生态消费，就能以自己的消费需求影响供给侧的生产，能从被动适应型的消费者转变成主动参与型的建设者，从简单价值诉求型参与转变为决策型参与，积极为生态文明建设献计献策献力。

教育的形式要立足主阵地，突出灵活性。一方面，要保证生态消费知识进教材、进课堂、进学生头脑，守住学校教育这一主阵地，通过主题鲜明、形式多样的教育，让学生系统掌握生态消费知识。另一方面，要利用电视、杂志、报纸等传统媒体，通过新闻、评论、专题讲座、相声小品、动画等多种形式，让“老面孔”翻出“新花样”，普及生态消费知识，传递积极健康的消费理念。在快节奏、快生活的现代社会，生态消费教育更应挖掘网络、手机、移动电视等新媒体的潜能，通过短视频等受追捧的方式吸引受众。

（二）针对农村特殊情况的几点生态消费教育建议

农村生态消费水平整体较低，同时，农村存在着农业生产的独立性、农民生活的分散性，以及农民文化水平偏低和农村消费环境复杂等方面的原因，因此，笔者拟就农村生态消费教育提出如下几点建议：

其一，借科技推广之力传授生态消费知识。农业科技中也有生态知识，特别生态科技中蕴含着丰富的生态知识，传授农业科技能潜移默化地起到传输生态消费知识的作用。不过，对于消费观念相对保守的农民来说，要让其甘于为生态消费买单，必须让生态消费教育显性化，实现科技推广与生态消费教育有机结合，能一举多得。生产和消费紧密相连，农技人员可以所推广的技术为媒介，帮助农民了解生产和消费过程中常见的有毒有害物质，读懂并正确使用产品说明书，知晓生态消费的基本要求，进而打造"三品一标"产品等。如此结合，农民在提升自身生态消费力的同时，也为民众提供了健康生态的产品。农民接受系统性再教育的渠道非常有限，农技人员和农技推广员有机会、有能力、也有责任向农民传授生态消费知识。

其二，通过宣传和监管普及生态消费知识与法规。农民的生产生活方式比较特殊，采用定时定点定人数等方式集中学习生态消费知识及其相关知识，很难让农民心动和行动。因此，针对农民的生态消费教育，应充分利用年节活动、集市消费等农民自发集中的机会，建立流动课堂。如选取农民需求度较高的食品、衣服、家电等，进行生态产品与非生态产品的对比展示，让农民在消费过程中接受教育。同时，职级部门应加强监管与执法，围剿假冒伪劣产品，惩处损害生态环境的行为，让农民懂得生态消费是一种权利，保护生态环境是每一个公民的法定义务。

其三，优化消费环境培育生态消费理念。除需要优化人们熟知的市场环境外，笔者认为还有如下两个方面的消费环境需要优化：一是优化网络环境。农村要有意识地建立村级工作微信群，并尽量保证每户有代表入群，群管理员应为乡镇和村级相关干部，专人负责；有条件的村镇尽量运营自己的公众号，开发自己的网页。通过工作微信群、公众号、网页等，不仅能介绍生态消费知识，还能结合本地实际介绍生产知识、生活常识，宣传本地各种典型事例、先进个人等等，同时也及时辨别各种不实消息，传递正能量。二是优化生活环境。良好的生活环境是生态消费教育的"活教材"，经过持续的引导、投资与治理，我国大部分农村"垃圾靠风刮，污水靠蒸发"的状态已有明显改善。以垃圾收集处理为例，据《2017年中国生态环境状况公报》显示，农村生活垃圾得到处理的行政村比例为

74%。排查出2.7万余个非正规垃圾堆放点。《2020年中国生态环境状况公报》显示，农村生活垃圾收运处理的行政村比例超过90%，比几年前已有明显提高（注：2021、2022年的中国生态环境状况公报中没有农村生活垃圾处理情况的相关数据）。不过，笔者在调研中发现，已有相关收集处理设施的农村不同程度地存在着收集率低、无害化处理率低、民众自觉参与率低的“三低”现象。具体来说，在村民居住相对集中的农村，生活垃圾收集处理执行较好；在村民普遍散居的地方，如果由村集体逐户收运处理成本确实较高，让农民自己送到村、组收集点，很多人觉得太费事不乐意，实际上这些地方的生活垃圾基本处于无人处理状态。当然，农民会将一些可回收的废弃物积攒起来兑换点零花钱，但一些有害垃圾如废弃的塑料袋、农药瓶（袋）等，因无人收集而基本散落在田间地头。这些看似是不起眼的生活琐事，实则涉及生态环境保护大事。优化农村生活环境任重道远，需要各责任主体协同配合、持续发力。

三、引导生态消费行为，让民众乐于消费

生态消费的自觉形成需要一个过程，既要通过教育激活消费者的内在消费潜能，也要通过规约、激励引导消费行为，让民众在具体的消费活动中受到启迪，从而养成生态消费习惯，乐于生态消费。

（一）用规约机制引导生态消费行为

一是强化法治的作用。消费是社会生活的重要环节，生态消费法治化是依法治国的重要内容。梳理我国已有的法律不难发现，生态消费立法早已有之。如2002年修订通过的《水法》第8条规定：“国家厉行节约用水……单位和个人有节约用水的义务。”第49条规定：“用水实行计量收费和超定额累进加价制度。”2008年施行的修改后的《节约能源法》第9条规定：“任何单位和个人都应当依法履行节能义务，有权检举浪费能源的行为。”只不过在这些法律中，生产消费与生活消费没有严格区分，没有专门针对普通消费者的法律条款。2014年3月15日，修改后的《消费者权益保护法》开始实施，其中第5条新增了第3款，即“国家倡导文明、健康、节约资源和保护环境的消费方式，反对浪费”。2015年1月1日，修改后的《环境保护法》实施，其中第6条由原来的1款变成4款，新增的第4款规定，“公民应当增强环境保护意识，采取低碳、节俭的生活方式，自觉履行环境保护义务”。如此两处增改，直接规约消费者的消费方式（生活方式），针对性更强。进一步推动生态消费法治化，一方面应完善立法，用法律条款明确规定消费者的权利、权益与义务，特别要对违法

行为所应该承担的法律责任作出明确规定；另一方面，应抓紧已有法律法规的贯彻落实。以《水法》规定的“用水实行计量收费和超定额累进加价制度”为例，目前居民生活用水“阶梯水价”已在县级以上城市全面实施，现在的重点工作是向具备条件的建制镇逐步推广落实。同时，笔者建议仍需拉开阶梯水价的梯度，特别是二级与三级水价之间的梯度，在保证民众基本生活用水成本总体相对稳定的前提下，让高水耗者承担更高的成本，以此鞭策其形成节约用水、珍惜生态资源的意识，养成生态消费习惯。

二是注重道德的规约。道德是调整人与人、人与社会、人与自然关系的有效手段，推进生态消费需要道德的约束。道德规约能帮助人们克制灵魂深处的私欲和不合理的消费需求，弘扬爱护环境的善举，贬斥破坏生态环境的恶行。“法律是成文的道德，道德是内心的法律”，法律和道德相得益彰，共同规约消费者的消费行为。当下，可利用网络快速便捷聚焦快的特点，宣传生态消费正能量，贬斥破坏生态环境的恶习，有利于良好消费风气的形成。当然，用道德规约人们的消费行为，不等于利用舆论的力量进行道德绑架。特别是在当前互联网十分发达的情况下，生态、消费都很容易成为热点，极少数别有用心的人乐于站在道义的制高点，甚至通过“人肉搜索”等非法手段对一些人进行道德审问，通过引爆舆论造成对立情绪，这有违道德规约的本意。

（二）用激励机制引导生态消费行为

引导消费者的消费行为，还可以采用激励方法。2008 年 6 月 1 日起实施的《商品零售场所塑料购物袋有偿使用管理办法》，用收费方式遏制白色污染，让使用者分担成本其实也是对节约者变相的激励。一些地方采用积分兑换等方式，对生活垃圾分类回收进行奖励。其实，有偿使用也好，积分兑换也罢，虽着眼于日常生活小事，但关注的是生态环境保护大事。而类似于新能源车补贴、绿色节能家电补贴等，都是对生态消费的激励措施。今后，此类激励措施可在总结经验的基础上多维发展，如可考虑选取几种有代表性的非耐用日用品进行价格补贴，可对生态消费起到广泛的宣传引领作用。对于引导生态消费而言，这种有针对性的激励简单直接，效果更明显。

用规约引导消费行为有“力度”，用激励引导消费行为有“温度”，各有千秋，应相互补充。同样是针对垃圾分类回收这一老大难问题，积分奖励等是一种引导，违规处罚也是一种引导。上海于 2019 年 7 月 1 日正式实施史上最严垃圾分类管理。严格将垃圾分为干、湿、可回收、有害垃圾 4 类，拒不履行分类义务的单位和个人除依照《上海市生活垃圾管理条例》

实施处罚外，并将当事人的信息纳入公共信用平台，实施信用惩戒，“严”得有力度也容易“严”出好效果。在前期试点的基础之上，目前垃圾分类已在全国逐步推广与实施。从日常消费的细节入手，抓严抓实，无疑对推进生态消费具有十分重要的意义。

四、提升生态消费品位，让民众善于消费

“文化即‘人化’，文化事业即养人心志、育人情操的事业。人，本质上就是文化的人，而不是‘物化’的人；是能动的、全面的人，而不是僵化的、‘单向度’的人。”[①] 用文化引领提升生态消费品位，即倡导人们在满足必要的物质需求的同时，应更多地关注潜在的精神文化需求，通过消费文化产品，在文化式消费中“人文化成”。

（一）文化消费能“放假”自然，“充实”自身

与前所述，与物质消费资料总是或直接或间接与自然发生物质变换不同，文化产品可以自然为题材但不必然以自然为加工对象，文化产品有限的物质载体一般不会对自然造成不可逆转的损伤。且随着电子科技和网络技术的普及，文化的传统媒介需求越来越少，电子读物、互联网影视、书籍等日益受到消费者青睐。更为重要的是，与物质资料的消费基本具有排他性、易损性，多受时空限制不同，文化产品的消费基本具有共享性、保质性，往往能穿越时空，互联网技术让文化共享变得更为便捷高效。文化总是在不断被消费、欣赏、品评中获得传承与发展。一本好书可流传千古，一幅好画可世代鉴赏，一首好歌可跨越时空而传唱，一部好影片可让众多人追随，一个好故事可代代相传……

当然，要在消费文化中有效地提升自我，“好”是文化应有的质的规定性，低级、拙劣、淫秽的文化玷污人的心灵。马克思曾指出，“如果音乐很好，听者也懂音乐，那么消费音乐就比消费香槟酒高尚”[②]。不过，“对于没有音乐感的耳朵来说，最美的音乐也毫无意义”[③]。恩格斯同样指出：“文化上的每一个进步，都是迈向自由的一步。”[④] “音乐很好”“最美的音乐”这是马克思对音乐的描述，反映出好文化的重要性。尽管马克思恩格斯当时倡导文化消费并无强调生态环境保护的理论本意，但好的文化能陶冶人的情操，升华人的精神，文化消费属于生态消费的较高层级。好文化

① 习近平:《之江新语》，浙江人民出版社，2007，第150页。
② 《马克思恩格斯全集》第33卷，人民出版社，2004，第361页。
③ 《马克思恩格斯文集》第1卷，人民出版社，2009，第191页。
④ 《马克思恩格斯文集》第9卷，人民出版社，2009，第120页。

需要在传承中创新，而不是通过经营“饭圈”，靠“刷”流量、“造”人设、“控”评论、“营销”口碑等卑劣手段而迷惑大众。而“有音乐感的耳朵”代表着消费主体的素养，它不是与生俱来的潜能，而是需要在消费与培养中历练而成。

马克思恩格斯不仅褒扬“有音乐感的耳朵”的消费主体和“好的音乐”消费客体，而且旗帜鲜明地贬斥“下流”“龌龊”的消费行为。如针对早期资本主义社会工人的任性、盲从、无所追求的生活状况，马克思曾不无痛惜地指出，“他们除了下流的娱乐外，不可能有任何体育、智育和精神方面的消遣；他们与一切真正的生活乐趣是无缘的”。[①] 恩格斯曾将贪恋物欲等痛斥为庸人的龌龊行为，“庸人把唯物主义理解为贪吃、酗酒、娱目、肉欲、虚荣、爱财、吝啬、贪婪、牟利、投机，简言之，即他本人暗中迷恋着的一切龌龊的行为”[②]。反对“下流”“龌龊”的消费方式，倡导有礼、有节的文化消费是必然要求。

如前所述，目前我国很多民众的消费需求中，存在重物质消费轻精神文化消费的问题。随着我国经济社会的持续发展，民众的消费需求力与支付力将不断提升，偏执于物质消费无疑给生态文明建设平添难度。“思维着的精神”是“物质的最高精华”[③]。挣脱物欲的羁绊，用优秀的文化充盈人们的生活，既能给自我赋能也能给自然减压。而且，生态文化本身就是文化大家族的一员，消费和品位生态文化，弘扬生态精神，传承生态智慧，更有利于构建生态文明。

（二）倡导文化消费应注意的问题

其一，注重雅俗共赏。超越民众文化水平的精深理论很难被接受并产生共鸣，曲高和寡效果当然不佳；低俗、庸俗、恶俗的文化甚至受到一些人的追捧，但显然有悖文化消费的初衷。用文化引领生态消费，文化产品应在“精”字上下功夫，以“精美”“精神”求“精品”。所谓“精美”，就是内容丰富但不冗余，表达形式专业而不粗糙；所谓“精神”，就是坚持社会主义先进文化前进方向，做到能启迪思想、增长知识、升华感情。只有做到既“精美”又“精神”方能出“精品”。当然，“精品”不能只居庙堂之高，而应注重雅俗共赏，尽量做到内容高雅有内涵，表现通俗接地气。文化只有通俗才能被更多的受众悦纳，同样，文化只有重内涵才能感染人引领人。

① 《马克思恩格斯全集》第31卷，人民出版社，1998，第109-110页。
② 《马克思恩格斯文集》第4卷，人民出版社，2009，第286页。
③ 《马克思恩格斯文集》第9卷，人民出版社，2009，426页。

其二，实现城乡互动。城市文化消费资料相对丰富，加强城乡文化交流，注重将城市相对先进的文化传输到农村是主体。送文化下乡，能丰富农村的文化生活，有助于农民开阔眼界，提升文化水平。这些年，我国文化下乡真抓实干，取得了不错的成绩。但同时也必须承认，有些送下乡的文化，农民欢迎程度不高。究其原因，主要是因为下乡的文化不接地气，不对胃口，适应性不强，启发性不够。送文化下乡，一定要送对内容，选对方式。笔者所在的城市通过分类实施、民办公助等形式，在农村实施小广场、小书屋、小讲堂的“门前三小”工程，让文化下了乡、进了村，且参与者不少，成效不错。当然，实现城乡互动，也要注重乡土文化开发，特别注重农村非物质文化遗产的保护与传承，既让乡土文化服务于农民，也要让乡土文化吸引市民，成为开发乡村旅游的核心内容，还要让乡土文化走出农村，走向城镇，走进市民生活。

物质充其量只能强健人的体魄，而文化能升华人的灵魂。倡导文化消费，让人们在各种文化活动中激发热情，增进感情，愉悦心情，既有利于人的发展，也有利于人与自然和谐共生，其本身也是生态消费的重要内容。当前，我国物质生活水平大幅度提高，民众的精神文化生活也越来越丰富，不过，倡导文化消费，走出重物质消费轻文化消费的窘境仍是最棘手最迫切需要解决的问题之一，其解决方案远非本书能全面企及，需要政府、企业、社会团体和个人付出更多的努力。

第九章　生态民生：新时代生态文明建设的价值目标

民生，通俗地讲就是人民生计，它是一个内涵丰富、外延宽广的范畴。人是社会历史的主体，“全部人类历史的第一个前提无疑是有生命的个人的存在”[①]。“任何解放都是使人的世界即各种关系回归于人自身。”[②]谋求人的发展是马克思主义的原则立场，民生问题是最重要、最根本、最现实问题。中国共产党是为人民谋福祉的政党，全心全意为人民服务是党的根本宗旨。“必须坚持在发展中保障和改善民生，鼓励共同奋斗创造美好生活，不断实现人民对美好生活的向往。”[③]民为邦本，为人民谋幸福，发展为了人民，发展依靠人民，发展的成果由人民共享是中国共产党的庄严承诺。

第一节　生态文明建设的价值目标：保障和改善生态民生

生态文明建设的价值目标是什么？这是新时代推进生态文明建设必须回答的问题。西方在日益严重的生态环境危机之下被迫进行生态环境治理，不过，其生态环境治理的首要目标不是保障民众的生态权益而是为了更好地实现资本增殖。诚然，西方的生态环境治理让民众的生态权益得到了一定维护，但这只是保障资本权益的副产品。将民众的利益放在第一位不符合资本增殖的目的，但完全不考虑民众的利益不可能实现资本增殖的目的，因此，我们也会看到民众的诉求在西方生态环境治理中发挥了一定的作用。我国治理生态环境推进生态文明建设的目的，不为资本的利益所裹挟，而以人民的利益为考量。我国“发展经济是为了民生，保护生态环

① 《马克思恩格斯文集》第1卷，人民出版社，2009，第519页。

② 《马克思恩格斯文集》第1卷，人民出版社，2009，第46页。

③ 习近平：《高举中国特色社会主义伟大旗帜 为全面建设社会主义现代化国家而团结奋斗》，《人民日报》2022年10月26日，第1版。

境同样也是为了民生。既要创造更多的物质财富和精神财富以满足人民日益增长的美好生活需要，也要提供更多优质生态产品以满足人民日益增长的优美生态环境需要”[①]。生态文明建设的首要价值目标是保障和改善生态民生，并在此基础上促进人的自由全面发展。

一、民生问题的生态转向

民生是一个动态范畴，不同的时期内涵不尽相同。在前工业文明时期，因为当时的生态环境相对良好和人的认知能力有限，更由于生产力水平不高导致生活资料严重不足，人们整日因短缺的物资犯愁，终年为眼前的生计奔波，无法甚至无暇对未来的发展作出更多的预测与判断，当然也无力关注生态环境变化将产生的深远影响。于是，物质民生成了“第一”甚至“唯一”的民生问题，解决民生问题被狭义地界定为生产更多的物质生活资料满足人们的生存需求，民众的生态权益完全被排除在民生范畴之外。或者说，良好的生态环境对人们生存与发展的重要性基本潜藏于无意识之中，生态民生基本处于一种内隐的无意识状态。

诚然，在物质资源匮乏的年代将解决“肠胃之饿”的物质民生视为首要的民生问题无可厚非，当人们面临眼前的生存困境时，很难为长远的生态环境做出很好的考虑。在几千年的历史长河之中，生活物资曾长期匮乏，为改变衣不蔽体、食不果腹的困境，人类在不断进取的同时，也不得不向自然不断索取。习近平同志曾指出，“过去由于生产力水平低，为了多产粮食不得不毁林开荒、毁草开荒、填湖造地”[②]。不过，囿于物质脱贫的“近忧”也埋下了生态威胁的“隐忧”。

随着全球工业化进程的推进和工业文明的兴起，人类所获得的物质财富明显增长，以吃穿住用等为代表的物质民生需求逐步得到满足，但日益严重的生态环境问题影响甚至威胁人类的生存与发展。“实践反复证明，在与人类发生对象性关系的自然界和人类生命世界里，生态安全和生命安全具有相互依赖、相互影响和相互作用的辩证关系，生态生命化和生命生态化的双向运动构成新形势下的生态—生命一体化安全态势。”[③]守护民生，守护生命安全，不能忽视生态安全。

---

① 《习近平：推动我国生态文明建设迈上新台阶》，人民网，http://jhsjk.people.cn/article/30603656。

② 《习近平谈治国理政》第2卷，外文出版社，2017，第392页。

③ 方世南：《人类命运共同体视域下的生态—生命一体化安全研究》，《理论与改革》2020年第5期。

我国自改革开放以来，随着生产的发展和物质财富的不断累积，物质民生需求在一定程度上得到了较好的满足，人们的生活水平得到了明显提高，但长期的粗放经营也带来了生态环境恶化的苦果。严重的生态环境问题威胁人们的身心健康，也在一定程度上消解着物质丰腴所带来的获得感与幸福感。正如习近平同志所言："改革开放以来，我国经济发展取得历史性成就，这是值得我们自豪和骄傲的，也是世界上很多国家羡慕我们的地方。同时必须看到，我们也积累了大量生态环境问题，成为明显的短板，成为人民群众反映强烈的突出问题。比如，各类环境污染呈高发态势，成为民生之患、民心之痛。"①

中国特色社会主义进入新时代，人们对美好生活的向往与追求并非局限于丰腴的物质产品，正视并解决恶化的生态环境问题，拥有良好的生态环境内在地包含在民生需求之中。"老百姓过去'盼温饱'，现在'盼环保'；过去'求生存'，现在'求生态'。"② 生态环境已成为民众最关心的问题之一，物质民生已向生态民生发生明显位移，曾经内隐的生态需求逐步外在化、显性化。

与一般的资源或产品不同，良好的生态环境不仅是民众生存与发展的必备条件，而且其独特的地位与作用非其他资源可比拟与替代。"生态环境没有替代品，用之不觉，失之难存。"③ 绿水青山、蓝天白云、新鲜的空气、和暖的阳光……无法依靠境外进口解决，也无从通过现代科技制造出来，只能在维持自然生态平衡的前提下获得自然的馈赠。曾经，人们以为自然是取之不竭用之不尽的宝藏，在经历了用之无忧的"畅快"和失之难存的"痛楚"之后，人们终于意识到自然的承载能力有限，而人的需求具有无限性，要让有限的自然承载力满足无限的人类需求，就必须尊重、顺应、保护自然。良好的生态环境是任何东西都无法替代的财富，是任何人都无法舍弃的民生需求，这是经历了"失之难存"痛楚之后的觉醒。不过，不能因此简单地认为，生态需求的这种内隐向外显的转换就是生态民生建设由自发向自觉的演进，生态理念的内化和民生需求的满足需要一个历练过程。

---

① 习近平：《在省部级主要领导干部学习贯彻党的十八届五中全会精神专题研讨班上的讲话》，《人民日报》2016 年 5 月 10 日，第 2 版。

② 中共中央宣传部：《习近平总书记系列重要讲话读本》，学习出版社、人民出版社，2016，第 233 页。

③ 《习近平谈治国理政》第 2 卷，外文出版社，2017，第 209 页。

二、良好生态环境是最普惠的民生福祉

党的十八大以来，以习近平同志为核心的党中央有敏锐的洞察力，审时度势强调生态民生关切，拓展民生建设新领域。2012 年 11 月 15 日，刚刚当选为中共中央总书记的习近平同志在会见中外记者时就坚定承诺，“我们的人民热爱生活，期盼有更好的教育、更稳定的工作、更满意的收入、更可靠的社会保障、更高水平的医疗卫生服务、更舒适的居住条件、更优美的环境，期盼孩子们能成长得更好、工作得更好、生活得更好。人民对美好生活的向往，就是我们的奋斗目标。”① 十个“更”掷地有声，道出了民众心声，折射出民生建设范围宽广，任重道远，需“更”上层楼。“更优美的环境”这一民生建设新愿景，与其他九个方面一起“十指连心”，共同描绘了民生建设的新图景。

优美的生态环境是不可或缺的民生需求，和其他民生需求相比，生态民生更具有鲜明的特点。“良好生态环境是最公平的公共产品，是最普惠的民生福祉”②。“最公平”和“最普惠”，两个“最”很好地说明了良好生态环境于民生而言的独有特征和特殊意义。与教育、医疗、就业、社会保障等民生福祉或多或少存在地域差别收入区分不同，良好的生态环境不会因人、因地、因事而区分受益的目标群体和受益等级。而且这种“最公平”与“最普惠”并非局限于“代内”共享，而是可以很好地实现“代际”共享；并非局限于“国内”民众共享，而是可以很好地实现“全球”共享。

良好的生态环境是人类生存与发展的刚需，但不同社会制度不同国家对待良好生态环境这一刚需的处理态度和方法不完全一样。如前所述，发达资本主义国家较早遭遇生态困境甚至生态危机，因为资本增殖的迫切需要，也因为觉醒后的工人不断抗争，西方国家较早进行生态环境治理。为解决伦敦“雾都”之困，英国于 1956 年颁布了全球第一部《清洁空气法》，通过法制规约、税费奖惩、完善设施规划等多种手段治理空气污染。美国于 1969 年制定了《国家环境政策法》，此后环保政策呈现一定的摇摆性，但环境治理方向并未从根本上受到影响。德国采用“法治”和“德治”相结合，资金和技术及时跟进，生态环境治理成效明显。日本的执法部门在查处环保违法案例时，可以直接采用刑事案件立案手段。总之，发达资本主义国家采取了系列措施使其国内生态环境明显改善，民众的生态需求基

① 《习近平谈治国理政》第 1 卷，外文出版社，2018，第 4 页。

② 中共中央文献研究室编：《习近平关于社会主义生态文明建设论述摘编》，中央文献出版社，2017，第 4 页。

本得到满足。不过同时也应该看到，西方国家为改善本国的生态环境，却往往忽视他国民众的生态权益。一方面，他们通过转移污染产业的方式，在给发展中国家带来一定经济增长的同时，却消耗了发展中国家大量优质的生态资源，破坏了当地的生态环境；另一方面，他们竭尽全力背弃“共同而有区别的责任”担当原则，要求发展中国家为发达国家的环境污染买单。即使发达国家在讨价还价中对发展中国家提供了一些环保技术与资金支持，但有限的援助往往捆绑了很多附加条件，发展中国家为此付出很大的代价，做出一些不得已的牺牲。而有的援助，则往往是争夺国际话语权的政治作秀，如早在2009年哥本哈根气候变化大会上，发达国家就集体承诺在2020年前每年提供至少1000亿美元，帮助发展中国家应对气候变化,然而发达国家至今没有真正兑现这一承诺[①]。对全球生态环境破坏负有不可推卸责任的发达资本主义国家，有能力也有义务为发展中国家提供资金与技术的支持，但他们总是想方设法规避责任。

与发达资本主义国家利益本位立场不同，中国共产党关注生态民生具有广博的国际视野。我国在保障与改善国内生态民生同时，一直尽自己所能担当国际责任，尽最大努力为发展中国家实现减少贫困与生态环境治理相结合提供资金援助与技术支持。如2015年宣布出资200亿元设立“中国气候变化南南合作基金”；2016起陆续在发展中国家开展10个低碳示范区、100个减缓和适应气候变化项目及1000个应对气候变化培训名额的合作项目，等等。在巴黎气候变化大会上我国主动承诺“将于2030年左右使二氧化碳排放达到峰值并争取尽早实现”[②]。我国加速构建“1+N”的碳减排政策体系，成效明显。我国立足国内、放眼全球，立足当代、放眼未来保障与改善生态民生，用实际行动全面诠释良好生态环境是“最公平”的公共产品和“最普惠”的民生福祉。

三、“环境就是民生”回应种种“杂音”

良好的生态环境对于人的生存与发展至关重要，但保障与改善生态民生任务艰巨，仍面临着有意无意忽视生态民生建设的种种“杂音”。如部分资本经常为实现保值增值而想方设法规避生态环境成本，恶意忽视生态民生；部分地方领导偏执地认为物质民生是硬指标，生态民生只是软约束，

---

① 《应对气候变化：西方倒退遭诟病 中国笃行获好评》，新华网，http://www.news.cn/world/2022-11/13/c_1129125017.htm。

② 习近平：《携手构建合作共赢、公平合理的气候变化治理机制》，《人民日报》2015年12月1日，第2版。

故意忽视生态民生；部分职能部门以经济增长压力大经费紧张为由，少投入少监管，有意忽视生态民生；部分民众生态意识、生态知识、生态技能不足，无力甚至无心关注生态文明建设，无意中忽视生态民生。

面对推进生态文明建设，保障与改善生态民生进程中的种种不和谐的声音和行为，以习近平同志为核心的党中央给出了明确的答案。“环境就是民生，青山就是美丽，蓝天也是幸福。要像保护眼睛一样保护生态环境，像对待生命一样对待生态环境。”[①]“要把解决突出生态环境问题作为民生优先领域。”[②]“发展经济是为了民生,保护生态环境同样是为了民生。”[③]“重污染天气、黑臭水体、垃圾围城、农村生态环境已成为民心之痛、民生之患……甚至成为诱发社会不稳定的重要因素，必须下大力气解决好这些问题。”[④]“要积极回应人民群众所想、所盼、所急，大力推进生态文明建设，提供更多优质生态产品，不断满足人民群众日益增长的优美生态环境需要。”[⑤]习近平同志的系列讲话是对那些有意无意忽视生态民生建设的种种“杂音”强有力的回应。

梳理一下习近平同志的相关论述不难看出：其一，“环境就是民生”的论断，既无可争辩地表明忽视保护与改善生态环境“就是”忽视了民生建设的重要领域，也理直气壮地宣示了保障与改善生态民生的信心与决心，解决民生问题必须包括建设良好的生态环境。其二，像保护“眼睛”、对待“生命”一样保护和对待生态环境，这一比喻直接表明生态环境关乎民众生命安全，失去良好的生态环境就意味着失去光明，走向黑暗；失去健康，走向病弱甚至死亡。因此，不放弃对生命的尊重与爱护，就没有理由放弃保障生态环境改善生态民生的努力。其三，保护与改善生态环境，持续有效地推进生态文明建设，既是民众生存与发展之需，也是维护社会稳定与实现中华民族永续发展的必然要求。“生态环境投入不是无谓投入、无效投入，而是关系经济社会高质量发展、可持续发展的基础性、战略性投入。”[⑥]如果生态环境问题长期得不到有效解决，如果生态民生得不到有效保障，经济发展将受阻、社会稳定将承压，这既不利于社会主义建设大

---

① 中共中央文献研究室编:《习近平关于社会主义生态文明建设论述摘编》，中央文献出版社，2017，第 8 页。

② 《习近平谈治国理政》第 3 卷，外文出版社，2020，第 368 页。

③ 《习近平谈治国理政》第 3 卷，外文出版社，2020，第 362 页。

④ 《习近平谈治国理政》第 3 卷，外文出版社，2020，第 368 页。

⑤ 顾仲阳:《坚决打好污染防治攻坚战 推动生态文明建设迈上新台阶》,《人民日报》2018 年 5 月 20 日，第 1 版。

⑥ 《贯彻新发展理念构建新发展格局 推动经济社会高质量发展可持续发展》,《人民日报》2020 年 11 月 15 日。

局，也有碍于中华民族的永续发展。习近平同志的系列讲话深刻揭示了治理生态环境改善生态民生是一项刻不容缓的重大任务，也充分显示了中国共产党坚持人民至上的执政理念，还民众天蓝、地绿、水清的良好生态环境的信心与决心。

四、廓清几种关于价值目标的模糊认识

将生态与民生相融合，开拓了民生建设的新领域，同时也指明了生态文明建设的价值目标。也就是说，实施绿色发展推进生态文明建设，其目标当然不局限于改善生态环境以保障和改善生态民生，但生态文明建设的直接动因是生态环境恶化威胁了民众的生存与发展，生态文明建设的首要价值目标就是为了维护民众的生态权益，为了保障与改善生态民生。理解这一首要价值目标，需要廓清几种模糊认识：

其一，先对几种可能存在的质疑进行释疑。也许有人认为将保障与改善生态民生认定为生态文明建设的首要价值目标有失偏颇：一是因为马克思早有界定，人类社会发展的最终价值目标是实现每个人的自由而全面发展，因此，将生态民生界定为生态文明建设的首要价值目标，只体现了生存需要而没有体现全面发展的需要，“矮化”了民众的追求。二是认为每一个鲜活的个体都必须依靠物质生活资料而生存与发展，将生态民生界定为生态文明建设的首要价值目标，更“弱化”了物质民生的地位。三是认为将改善生态环境直接界定为民生需求，只体现了自然服务于人的需要的工具价值，是人类中心主义的复归，“虚化”了人与自然的共同命运价值主体地位。针对上述可能存在的质疑，笔者拟从如下三方面予以回答：

一是强调生态民生是生态文明建设的首要价值目标，不是对民众追求的“矮化”。民生问题并非仅囿于生存领域。民生之“生”，是生存与生活的复合体，求生存是人之为人的本能，会生活则是人之为人的实现。或者可以说，狭义的民生是求生存，而广义的民生则是人区别于动物的“全部社会生活”。生存延续生命，生活展现精彩。良好的生态环境既是维持基本生存的前提，也是实现积极、健康、优雅生活的条件。良好生态环境兼具生存资料、享受资料、发展资料的多重属性，承载着帮助民众维持生存与改善生活的双重责任。将良好生态环境界定为生态民生，既从静态层面体现了生存所需、生活所盼，也从动态层面体现了从生存向生活的转型。因为，虽然良好生态环境是维持生存的前提，但为生存而奔波的人们基本难以顾及生态环境的好坏；解决了衣食之忧的生存困境，更容易向往生态良好的美好生活。也只有在生态良好的美好生活中，才能有人的自由全面

发展，如果良好生态环境缺席而侈谈人的自由而全面发展无异于痴人说梦。可见，将生态文明建设的首要价值目标界定为保障与改善生态民生，体现了民生从维持基本生存到实现美好生活的跃升，不是“矮化”而是“提升”了民生追求。“有位”的自然孕育了良好的生态环境，“有为”的生态文明建设珍惜自然的馈赠才能成就有品位的生活。

二是强调生态民生是生态文明建设的首要价值目标，这不是对物质民生的“弱化”。“人们为了能够‘创造历史’，必须能够生活。但是为了生活，首先就需要吃喝住穿以及其他一些东西。”[①] 无论过去、现在还是将来，物质民生始终处于十分重要的地位。强调生态文明建设的首要价值目标是改善生态民生，这并不意味着“弱化”物质民生的重要地位，更不意味着物质民生问题已经得到全面解决。保障物质民生是经济建设的首要价值目标，推进生态文明建设并将生态文明建设融入经济建设的全过程，不是动摇经济建设的中心地位，而是谋求经济发展的同时不破坏生态平衡；强调生态文明建设将保障与改善生态民生作为首要价值目标，不是用生态民生取代物质民生的地位，而是纠偏只顾物质民生而忽视生态民生的不合理发展方式。经历了以牺牲生态环境为代价换取物质财富增长的痛楚之后，如果人们仍然固执地坚持只有物质民生才是第一位的民生问题，甚至偏颇地认为发展的根本目的就是让所有人过上富足的物质生活，生态环境问题只会愈演愈烈，物质民生最终也会因为生态环境恶化而难以改善。因此，人们所需要的物质民生的优化必须以生态民生的改善为前提，经济建设与生态文明建设并行不悖，物质民生与生态民生才能携手前行。有鉴于此，笔者认为，经济建设不仅有保障与改善物质民生的责任，也要兼顾保障与改善生态民生的要求；同样，生态文明建设必须始终坚守保障与改善生态民生的责任，同时也要为物质民生的改善提供良好的生态条件。物质民生与生态民生交汇于民生结点，如果非要将两者进行优先性排序，笔者认为两者处于同等重要的地位。

三是强调生态民生是生态文明建设的首要价值目标，不是对人与自然的共同命运最高价值主体地位的“虚化”。也许有人担心，强调保障和改善生态民生仍然是以满足民众的需要为落脚点，只体现了自然的从属性而忽略了自然的主体性，仍然会导致人与自然尖锐对立。其实，这种担心可以理解却实属多余！试想，如果只将人类看成价值主体而将自然认定为价值客体，就根本无从谈及尊重自然，缺乏对自然的尊重而只是工具理性地

① 《马克思恩格斯文集》第1卷，人民出版社，2009，第531页。

利用自然，理性往往容易失范，对自然的保护也就失职，自然终将走向人类的对立面，保障和改善生态民生也就落入空谈的窠臼。可见，将保障和改善生态民生作为价值目标，走出牺牲环境谋求发展的传统模式，不是“虚化”而是“实化”了自然的地位，是对人与自然的共同命运这一最高价值主体的有效确认。

其二，廓清对生态民生价值目标时效性的模糊认识，应该明确保障和改善生态民生是一以贯之的价值追求。实现人与自然、人与人的最终和解，是马克思主义的终极价值追求，生态文明建设赋予这一终极价值目标更现实、更具体、更直观的内容——保障和改善生态民生。社会主义建设始终坚持以人为本，以人民为中心。推进生态文明建设，就是要善待自然，善待人民，让民众更有获得感、幸福感。回应民声，改善民生，凝聚民心，将生态环境与民生相融，走出牺牲环境谋求发展的物质民生观，实现生态民生与其他民生齐抓共管，是对人与自然的共同命运这一最高价值主体的很好呼应。

保障与改善生态民生为实现人与自然的最终和解提供了现实支点，这并不意味着如果生态环境得到根本改善，那么生态民生的重要性就要退居次席。生态融入民生之中，保障与改善生态民生不是破解当前生态困境的权宜之计，而是必须坚守的发展要求。如果生态民生得不到有效保障，即使物质财富极为富足，人的体力、智力、精神等能得到全面发展，每个人的个性能得到自由发展，可以“随自己的兴趣今天干这事，明天干那事，上午打猎，下午捕鱼，傍晚从事畜牧，晚饭后从事批判”[①]，也不能算自由而全面发展的人，而只能是生态需要受限的有限发展的个体。同时所有人都必须清醒地认识到，即使花大力气下狠功夫使生态环境得到了根本改善，但相对于人类的无限需求来说自然的承载能力永远具有有限性。因此，保护和改善生态环境既不可一蹴而就，也不会一劳永逸，而是一刻都不能松懈的永恒责任，而良好的生态环境将作为永恒的生态民生融入每个人自由而全面发展的终极价值追求之中。

第二节　高屋建瓴构筑生态民生发展规划

生态文明建设首要的价值目标是保障和改善生态民生。如何让这一价

① 《马克思恩格斯文集》第1卷，人民出版社，2009，第537页。

值目标得到很好的落实，让民众徜徉在蓝天白云、绿水青山之间，享有更多的获得感与幸福感？显然，仅靠利用科学技术的进步不足以解决问题，必须真抓实干，努力改善生态环境。习近平同志坦言："我的执政理念，概括起来说就是：为人民服务，担当起该担当的责任。"[①] 以习近平同志为核心的党中央敢于担当、甘于担当、善于担当，高屋建瓴构筑发展规划，为保障与改善生态民生提供基本遵循。

一、确立绿色发展理念，引领生态民生建设

党的十八届五中全会明确提出"创新、协调、绿色、开放、共享的发展理念"，绿色发展成为五大发展理念之一，这是党执政理念的进步。"绿色"是大自然的底色，也是发展应坚持的本色。绿色发展作为一种全新的发展理念和发展模式，既为发展规定了绿色路径，也为治理生态环境保障与改善生态民生提供了科学路径。"绿色发展和可持续发展的根本目的是改善人民生存环境和生活水平，推动人的全面发展。"[②] "绿色化"是将绿色发展理念转变为实践的必经阶段和关键环节。

首先，绿色化引领新型工业化、城镇化、信息化、农业现代化，实现物质民生与生态民生相融相生。2015 年中共中央政治局审议通过的《关于加快推进生态文明建设的意见》（以下简称《意见》）明确指出："协同推进新型工业化、城镇化、信息化、农业现代化和绿色化"，这是继十八大提出新型"工业化、信息化、城镇化、农业现代化同步发展"之后的又一创新。仔细研读相关文件后会发现，由十八大提出的"四化"同步发展为《意见》中的"五化"协同，绿色化成了"五化"的内容之一，这不是简单的扩编增容，而是在总结发展经验及教训基础上的科学选择，是构建生态文明改善生态民生的必然要求。"协同"取代"同步"，虽然只有一字之差，但表述更精准，内涵更丰富。"同步"表达了各方面要齐抓共管步调一致共同推进，不可落下任何一方。"协同"在强调"五化"要同步、同时推进的同时，也体现了"五化"之间既普遍联系又存在着一定的冲突甚至矛盾，需要相互协作才能共同推进。特别是绿色发展长期滞后的情况下，更需要在协同中才能同步。"五化"协同的战略部署说明绿色化要融入与引领新型工业化、城镇化、信息化、农业现代化。

党的十八届五中全会首次提出五大发展理念，在这之后的党和国家相

① 《习近平谈治国理政》第 1 卷，外文出版社，2018，第 100 页。

② 习近平：《携手推进亚洲绿色发展和可持续发展》，《人民日报》2010 年 4 月 11 日，第 1 版。

关文献中，“五化”并提鲜见。如党的十九大报告再次强调“推动新型工业化、信息化、城镇化、农业现代化同步发展”，但“坚定不移贯彻创新、协调、绿色、开放、共享的发展理念”是推进“四化”的前置条件，且绿色一词在整个报告中出现了15次，特别是“加快生态文明体制改革，建设美丽中国”的专题部署中，“推进绿色发展”作为排在第一位的重要内容,有着较为详细的安排①。党的二十大报告部署了到二〇三五年我国发展的总体目标，其中就明确提出“建成现代化经济体系，形成新发展格局，基本实现新型工业化、信息化、城镇化、农业现代化”②，绿色化并没有同时出现在发展目标之中，但绿色发展理念及与之相对应的绿色化要求不是被弱化，而是被不断强化。在党的二十大报告中，绿色一词就出了13次。其中，在二〇三五年我国发展的总体目标中，就明确要求“广泛形成绿色生产生活方式，碳排放达峰后稳中有降，生态环境根本好转，美丽中国目标基本实现”，并就进一步“推动绿色发展，促进人与自然和谐共生”③做了专题部署。绿色化要融入与引领新型工业化、城镇化、信息化、农业现代化得以不断彰显。

一方面，绿色化融入新型工业化、城镇化、信息化、农业现代化。绿色化不是“五化”中可有可无的外在附加场域，而是内在于其中的一个不能缺少的组成部分。“五化”的实现不可能步调完全一致，需要在协调中共同推进。绿色化要始终贯穿于新型工业化、信息化、城镇化、农业现代化的各方面和全过程。缺乏绿色化的协调,其他“四化”的发展就会走样、受挫。

另一方面，绿色化引领新型工业化、城镇化、信息化、农业现代化。用绿色化引领新型工业化，传统工业化是造成生态环境恶化的直接原因，实现新型工业化就必须走出高消耗高污染的粗放型发展模式，以绿色为引领才能实现传统工业向新型工业的转型，才能实现高质量发展；用绿色化引领城镇化，就是要求城镇化不但要智能便捷安全发达，还要绿色生态宜人宜居。“城市放在大自然中，把绿水青山保留给城市居民”，“让居民望得见山、看得见水、记得住乡愁”④；用绿色化引领信息化，采取绿色技术措施，实现信息生产设施运行、信息网络构建、信息资源传播低碳环保、

---

① 《习近平谈治国理政》第3卷，外文出版社，2020，第17-40页。

② 习近平:《高举中国特色社会主义伟大旗帜 为全面建设社会主义现代化国家而团结奋斗》,《人民日报》2022年10月26日，第1版。

③ 习近平:《高举中国特色社会主义伟大旗帜 为全面建设社会主义现代化国家而团结奋斗》,《人民日报》2022年10月26日，第1版。

④ 《中央城镇化工作会议在北京举行》,《人民日报》2013年12月15日。

安全便捷、节能高效；用绿色化引领农业现代化，就要求农业现代化进程中注重发展生态农业，打造绿色品牌，既让绿色化的农业生产帮助农民增收，也要让农村生态环境优美宜居。农村城镇化是发展的必然趋势，城镇化进程中要“注意保留村庄原始风貌，慎砍树、不填湖、少拆房，尽可能在原有村庄形态上改善居民生活条件”①。如果没有绿色化的引领，发展将仍会囿于解决物质民生问题的旧理念和旧模式，生态民生就难以得到保障；落实绿色化的引领作用，既能为改善物质民生提供资源与生态环境保障，也能让生态民生得到有效的保障与改善。

其次，绿化生产、生活方式和价值追求，寓生态民生于共享目标之中。一要绿化生产方式，抓住当前产业调整、经济增长动能转换的机会，实现经济绿色转型，让绿色产业成为支柱产业，从“供给侧”输入绿色发展新活力；二要绿化生活方式，推动全民在衣、食、住、行、游等方面加快向勤俭节约、绿色低碳、文明健康的方式转变，从“需求侧”搭建绿色发展新动能；三要绿化思维方式和价值取向，形成绿色理念、绿色追求、绿色文化、绿色生活信仰。绿色化，既要内化于心，也要外化于行，只有实现生产方式、生活方式、价值追求三个场域互动，才能让民众在共建中共享文明成果共获生态民生权益。

由是观之，以绿色化推动绿色发展，意味着从转变自然观和发展观开始，进而促进生产方式与生活方式的转型升级，释放“创新、协调”发展的驱动能力，汇入“开放”互补的发展合力，确立绿色制度，培育绿色文化，浸润绿色发展价值底色，形成绿色观念——绿色实践——绿色制度——绿色价值追求的良性循环，让全体人民“共享”发展成果，良好生态环境作为最公平的公共产品和最普惠的民生福祉，契合“共享”发展的价值目标。

二、狠抓生态生产力，推进生态民生建设

马克思在《共产党宣言》中强调，无产阶级夺取政权后，要“尽可能快地增加生产力的总量”②。生产力是社会发展的根本动力，物质民生问题的解决需要推进生产力的发展，保障与改善生态民生也必须有生产力的支撑。民生问题的解决需要有持续发展的生产力做保障，落后的生产力对应的是被严重亏欠的民生。只不过，如果只强调在利用自然中发展生产力，物质民生可在一定程度上得到改善，生态民生就难以得到有效的保障。物

① 《中央城镇化工作会议在北京举行》，《人民日报》2013 年 12 月 15 日。

② 《马克思恩格斯文集》第 2 卷，人民出版社，2009，第 52 页。

质民生与生态民生交汇于民生，但两者往往相交不相融，如何做到物质民生和生态民生相融相生？必须发展生态生产力！在第七章第二节，笔者已就生态生产力做了具体分析。在利用自然的同时必须保护和改善生态环境，保护和改善生态环境也是发展生产力，这是生态生产力的核心要义。坚持生态生产力是落实绿色发展，改善生态民生的有效途径。

其一，保障与改善生态民生内蕴于生态生产力的价值追求之中。关于这一点，可以从以习近平同志为核心的党中央的系列论述中找到答案。从绿水青山"就是"金山银山，保护和改善生态环境"就是"保护与发展生产力，到环境"就是"民生，青山"就是"美丽，习近平同志的系列讲话可以说目标清晰、指向明确、态度坚决。从语言表述来看，"就是"一词既理直气壮地回应了对生态生产力的种种诘难，也不容置疑地阐明了坚定不移保护生态环境的态度和决心，更斩钉截铁地宣示了保护和改善生态民生的信心、决心与担当。从内涵要义来看，这几个"就是"也直截了当地说明：一方面，发展生产力不能以牺牲生态环境为代价，保护和改善生态环境是发展生产力的重要途径与手段，良好的生态环境是促进生产力健康持续发展的内生变量；另一方面，发展生产力的目的是让人民过上幸福的生活，但幸福生活不只是富饶的物质产品和丰富的精神生活所能全面概括的，还应该包括适合人类生存与发展的良好生态环境。生态生产力所追求的良好生态环境是过程与结果、手段与目的的统一，人与自然和谐相处的良好生态环境作为重要的民生需求，内在地成为发展生产力的价值目标。

其二，狠抓生态生产力有利于从根本上改善生态民生。发展生产力的目的不是为了彰显生产能力，而是以解决民生问题为重点促进人的全面发展。生产力的持续健康发展是解决民生问题的重要前提，坚持与发展生态生产力以改善生态民生环境为重要价值目标，而改善生态民生必须以坚持与发展生态生产力为引擎。也就是说，生态生产力以保护和改善生态环境为抓手，通过绿水青山和金山银山的协同推进，使生产、生活、生态三者在动态中达到平衡。诚然，因为我国过去很长一段时期没有很好地保护生态环境，因此，当下的发展面临着偿还旧账不欠新账的双重压力，绿水青山与金山银山可能会存在局部冲突，会对部分民众的生产和生活产生一定的影响，但从长远和根本来说，留住了绿水青山就守住了金山银山的生成基础。相反，如果仍然坚持以征服与改造自然为要义的传统生产力，通过牺牲生态环境以求得暂时的发展，但最终破坏了人类赖以永续发展的生态环境。习近平同志指出："经济要发展，但不能以破坏生态环境为代价。

生态环境保护是一个长期任务，要久久为功。”[①] 只有坚持与发展生态生产力，才能将生态民生工作落到实处，产生节约资源、保护环境、改善生态的“三好”功效，实现生产发展、生活美好、生态良好的“三生”社会，做到一举多得。而事实也反复证明，党的十八大以来以习近平同志为核心的党中央回应民众的生态关切狠抓生态生产力，我国经济社会持续发展，生态也得到明显改善，民众的生态权益正逐步得到有效落实。

三、严守生态保护红线，推进生态民生建设

保障和改善民生必须“守住底线、突出重点、完善制度、引导舆论”[②]。对于改善生态民生而言，守住底线，就要守住“生态保护红线”。2013 年 5 月，习近平同志在中共中央政治局第六次集体学习时强调：“要牢固树立生态红线的观念。在生态环境保护问题上，就是要不能越雷池一步，否则就应该受到惩罚。”[③] 党的十八届三中全会审议通过的《中共中央关于全面深化改革若干重大问题的决定》更明确要求“划定生态保护红线”。这是继 2011 年《国务院关于加强环境保护重点工作的意见》和《国家环境保护“十二五”规划》提出“划定生态红线”后，党中央层面首次明确要求“划定生态保护红线”。2017 年 2 月，中共中央办公厅、国务院办公厅印发了《关于划定并严守生态保护红线的若干意见》，对划定并严守生态保护红线提出了指导意见。2017 年 5 月，习近平同志在中共中央政治局第四十一次集体学习时又进一步强调，要加快构建生态功能保障基线、环境质量安全底线、自然资源利用上线的“三大红线”，全方位、全地域、全过程开展生态环境保护建设。2020 年习近平同志又进一步指出：“要为自然守住安全边界和底线……这里包括有形的边界，也包括无形的边界”[④]。基线、底线、上线三条红线并举，有形边界、无形边界两条边界相融，共同筑牢生态保护红线。

其一，生态保护红线用“红线”警示危情，托底生态民生。生态保护红线是任何人任何时候任何情况下都不可触碰的高压线。红线之内的生态空间是具有重要生态功能、必须严格保护的区域。“生态保护红线是指在自然生态服务功能、环境质量安全、自然资源利用等方面，需要实行严格

① 中共中央文献研究室编：《习近平关于社会主义生态文明建设论述摘编》，中央文献出版社，2017，第 26 页。

② 《中央经济工作会议在北京举行》，《光明日报》2012 年 12 月 17 日。

③ 《坚持节约资源和保护环境基本国策 努力走向社会主义生态文明新时代》，《人民日报》2013 年 5 月 25 日，第 1 版。

④ 《习近平谈治国理政》第 4 卷，外文出版社，2022，第 356 页。

保护的空间边界与管理限值”[①]。一般而言，基线、底线、上线三条红线涉及空间红线、阈值红线和管理红线三个领域。空间红线着力保护生态系统的完整性、多样性、连通性，它主要指生态功能保障的基线，是能够在空间上进行区分与划定的有形的边界；阈值红线是生态质量安全的最低数值红线和资源利用的最高数值红线，即底线与上线在数值上的表现，是有形边界与无形边界的统一；管理红线，即政策和制度红线，空间红线和阈值红线一经确定，就要用科学的政策与严格的制度予以保障，触碰红线者要追究相应责任。只有用管理红线保障空间红线和阈值红线，生态保护红线才能成为保护生态环境改善生态民生的“实线”而非涂脂抹粉的“虚线”。

2017 年中共中央办公厅、国务院办公厅联合印发的《关于划定并严守生态保护红线的若干意见》提出“一条红线管控重要生态空间”的核心要求。“一条红线”意味着：从类型而言，红线只有一条，不再另行划分森林、草原等红线，红线内进行生态空间的区分；从级别而言，不再将红线进行国家级、地方级的等级区分；从管控而言，红线划定的区域不再区分为一类区、二类区。一条红线划到底，禁止不符合主体功能定位的任何开发活动，体现“底线”思维，托底生态民生。

红线如何划定与管控，特别是管控主体的确定与责任落实，红线边界与各类规划、区划空间边界及土地利用现状有效衔接等，都需要科学的制度规约和精准的生态专业知识支撑。国家发展和改革委员会等 6 部门分两批次遴选 102 个地区开展生态文明先行示范区建设，其中第一批次入围的云南省、陕西省延安市、广西壮族自治区玉林市，第二批次入围的京津冀协同共建地区、广东省东莞市、山东省青岛市红岛经济区均将探索生态红线管控、监测预警作为制度创新的重点。据生态环境部介绍，截至 2021 年 7 月，“全国生态保护红线划定工作基本完成”[②]，形成生态保护红线全国“一张图”，这是生态红线保护工作的阶段性成果。划定生态保护红线，让国土空间开发布局有了最基本的生态保障。也就是说，划定生态保护红线只是基础，切实守好生态保护红线，实现边界落地、政策落地、管控落地才是关键。守住生态保护红线，就守住了清新空气、洁净水源、安全食品等民生底线。

诚然，红线必须是“实线”，但不是不顾物质民生等民生需求的“歪线”。如果物质民生得不到应有的改善，守护生态民生的生态红线要么会

---

① 李干杰：《“生态保护红线”——确保国家生态安全的生命线》，《求是》2014 年第 2 期。

② 高敬：《我国 1/4 陆域国土面积划入生态保护红线》，《新华每日电讯》2021 年 7 月 10 日，第 1 版。

成为落实不了的“虚线”，要么会成为损伤民众利益的“歪线”。生态保护红线内的地区与个人，为让生态保护红线做严做实而承担了很大的公益性生态成本，因此对他们进行适度的补偿是必不可少的措施，需要在实践中不断完善。生态补偿能较好地将生态效益正外部性合理内部化，是国际通行的生态环境保护措施。我国《关于划定并严守生态保护红线的若干意见》就明确要求，加快健全生态保护补偿制度。我国地域广阔，生态保护红线区域与经济相对落后地区重合度很高，更需要探索政府主导、市场参与的补偿机制，通过合理的生态补偿保障红线区域内民众的生存权、发展权等权益，不能因为全民的生态权益而伤及红线区域内民众的生存与发展权益，不能让红线区域内民众守着丰富的生态资源过清苦的穷日子。具体而言，对生态红线内民众进行生态补偿，一是继续完善“纵向”补偿，即中央和地方相结合，实施财政转移支付，进行生态纵向补贴。二是要建立与落实“横向”生态补偿制度，让红线区域外的生态受益地区、企业等适度补偿红线区域内的民众。通过纵向补偿与横向补偿相结合的模式，确保生态红线区域内生态安全的同时，民众的生存发展权能得到有效保障。

不过，从目前我国生态补偿的实施情况来看，无论是纵向还是横向补偿，其资金来源基本是政府主导的财政转移支付。如山东省与河南省于 2021 年签订《黄河流域（豫鲁段）横向生态保护补偿协议》，搭建起黄河流域省际政府间首个“权责对等、共建共享”的协作保护机制。目前黄河入鲁水质始终保持在二类水质以上，2022 年 7 月，山东兑现承诺首笔支付给河南 1.26 亿生态补偿金。这种政府主导的转移支付方式协同性强、效率高，但财政支出压力大，尤其是在众多民生领域所需财政支出不断增长的情况下，实现资金来源多元化是必然的选择。建议以国家和地方财政支持为主导，发挥第三次分配的“补充”作用，有意识地引导与吸纳社会资金参与，设立与落实生态补偿专项基金。对于补偿资金的流向，一定要做到补偿与绩效挂钩，避免补偿基金变成唐僧肉。同时，生态补偿应坚持直接补偿与间接补偿两种方式，直接补偿是损失型的，其补偿对象是红线内所有发展受限的单位与个人；间接补偿则应是奖励型的，如支持红线内的单位和个人进行与承载的生态功能一致的产业开发、生态修复与治理，或者为红线区域内人员与企业到红线以外的地方发展提供一定的资金奖励与技术支持等。

其二，生态保护红线用“保护”构筑蓝图，托举生态民生。民生工作只有底线没有边线，保障和改善民生没有终点只有新起点。恩格斯曾指出：“所谓生存斗争不再单纯围绕着生存资料而进行，而是围绕着享受资料和发展资料而进行的。”[①] 良好的生态环境兼具生存资料、享受资料和发展资料的多重特征，是人类生存与发展的必备条件。如前所述，民生之“生”，是生存与生活的统一，新时代的民生建设要实现由生存向生活的转型。具体到生态民生领域，就是要实现从生态安全向生态良好的转型，即在守护生态安全的基础之上，不断为美好生活提供良好的生态环境保障。因此，划定并守护生态保护红线，并非只是为了守住满足人的基本生存所需要的生态安全底线，而是用生态红线的坚守，支撑生态安全向生态良好的转型，实现生存向生活的升级。

生态保护红线是我国国土空间规划和生态环境体制机制改革的重要制度创新。我国生态环境问题复杂，“既有环境污染带来的‘外伤’，又有生态系统被破坏造成的‘神经性症状’，还有资源过度开发带来的‘体力透支’”[②]。也就是说，目前我国的生态环境问题既有结构性失调，也有功能性紊乱，要治愈这些疾病绝非头痛医头、脚痛医脚的方式能奏效，“需要多管齐下，综合治理，长期努力，精心调养”[③]。划定生态保护红线是实施生态综合治理、精心调养的重要举措，它反映出我国生态环境保护工作正逐步实现从污染治理到系统保护、由事后补救向事前预防的战略性转变。以源头严防为抓手，以过程严控、后果严惩为保障，有利于真正体现出生态保护红线的保护功能，用保护生态环境构筑起生态良好的蓝图，减少生态损伤，托举生态民生。

第三节　刚柔相济严抓落实改善生态民生

“空谈误国，实干兴邦”，“一分部署，九分落实”。推进生态文明建设，保障与改善生态民生，既要注重顶层设计构建战略规划，也需注重严抓落实夯实微观基础。党的十八大以来，在党中央的坚强领导下各相关部门不断探索，尽最大努力将保障与改善生态民生工作落在实处，干出实效。

一、推进“最严”法治彰显“刚性”本色

国外特别是一些发达资本主义国家治理生态环境的成功经验表明，严格周密的法制是治理生态环境不可或缺的要素。以习近平同志为核心的党

---

① 《马克思恩格斯文集》第 9 卷，人民出版社，2009，第 548 页。

② 习近平:《之江新语》，浙江人民出版社，2007，第 49 页。

③ 同上。

中央不仅深刻认识到法治在治理生态环境改善生态民生中具有不可替代的作用，而且基于生态环境问题复杂多元，生态环境损害严重的负外部性特征，以及生态民生举足轻重的地位等多重因素，强调“只有实行最严格的制度、最严密的法治，才能为生态文明建设提供可靠保障”[①]。要抓住领导干部关键少数，“对那些不顾生态环境盲目决策、造成严重后果的人，必须追究其责任，而且应该终身追究”[②]。党的十八届三中全会通过的《中共中央关于全面深化改革若干重大问题的决定》明确指出：“实行最严格的源头保护制度、损害赔偿制度、责任追究制度、完善环境治理和生态修复制度，用制度保护生态环境。”习近平同志在全国生态环境保护大会上再一次强调：“对那些损害生态环境的领导干部，要真追责、敢追责、严追责，做到终身追责。”[③]其实，我国用法治来治理生态环境早已起步，但过去很长一段时期内存在着“制”和“治”都不严的情况，不严格的制度、不严密的法治必然导致不尽如人意的结果，违法成本过低甚至零成本是我国生态环境持续恶化的重要原因。用最严法治来治理生态环境这是社会治理的进步，也是将保障和改善生态民生落在实处的重要体现。

首先，“最”显示的是态度、高度、决心、力度！用最严法治治理生态环境、改善生态民生，彻底改变以往制度不严、责任不明、成效不好的窘境，这充分显示了中国共产党以对人民高度负责的精神铁腕治理生态环境的担当情怀！2014年修订的《环境保护法》就彰显了最严法治要求，如规定对违法排放污染物的企事业单位“按日连续处罚”不封顶，政府及有关部门8种情形造成严重后果的，“主要负责人引咎辞职”等，被称为“史上最严环保法”。《党政领导干部生态环境损害责任追究办法（试行）》也明确规定了各级党政领导者的生态环保“责任清单”，实行“终身追责”。当下，在以习近平同志为核心的党中央的坚强领导下，以“最严格的制度、最严密的法治”保护生态环境的精神正在逐步得到落实。

其次，“最”也说明，保护与改善生态环境没有终点，生态法治建设需不断探索与完善。尽管法律与制度不能朝令夕改，但必须根据变化的情况进行修订并严格实施，否则，最严就会变成较严甚至不严。始终追求用最严法治来治理生态环境，这也充分表明了中国共产党坚定维护民众生态

---

① 中共中央文献研究室编：《习近平关于全面深化改革论述摘编》，中央文献出版社，2014，第104页。

② 中共中央文献研究室编：《习近平关于全面深化改革论述摘编》，中央文献出版社，2014，第105页。

③ 顾仲阳：《坚决打好污染防治攻坚战 推动生态文明建设迈上新台阶》，《人民日报》2018年5月20日，第1版。

权益的信心与决心。自然是人的无机身体，生命不停歇，人与自然之间的物质变换就不会停止。相对于人类的需求而言，生态环境的承载能力始终有限，保护生态环境以保护人类共同的家园是一份必须始终坚守的责任，良好的生态环境将作为永恒的民生需求融入“每个人自由而全面发展”的终极价值追求之中。

值得一提的是，贯彻最严法治精神治理生态环境，在加紧完善各项法律制度并强化落实的同时，应适时在宪法中明确“保护公民的生态权益”“保障生态环境基本人权”等内容，为生态权益提供最高层次的法律保障。借助最严法治的规约，有助于培养人们的生态思维，养成生态行为，对自我永存克制之心，对自然永存敬畏之情，对万物永存爱惜之行，其实，对自然万物的爱护也是对人类自身生态权益的维护。

二、着眼细处夯实基础展现“柔性”情怀

制度的规约是改善生态环境的有效环节，但制度本身重在落实。“各项制度制定了，就要立说立行、严格执行，不能说在嘴上，挂在墙上，写在纸上，把制度当‘稻草人’摆设，而应落实到实际行动上，体现在具体工作中。”[①]“制度的生命力在于执行，关键在真抓，靠的是严管。”[②]同样，生态环境保护制度重在落实，而落实的根基在基层。以习近平同志为核心的党中央严抓落实，既注重严格压实基层的责任，也注重充分调动基层的积极性。习近平同志更是利用一切可能的时间和机会，亲力亲为确保政策与制度落地生根，夯实生态民生的微观基础。下面，笔者主要以习近平同志的日常考察调研为线索，来分析和展示中国共产党将改善生态民生工作落在实处的“柔性”情怀。

首先，敦促地方领导坚决挑起改善生态民生的责任。习近平同志日常工作十分繁忙，但民生始终是其最大的牵挂，生态民生更是其重点关注的领域之一。他经常利用调研、座谈等一切机会了解我国生态环境现状，时刻提醒人们担起生态环境保护的责任。2015 年 1 月，习近平同志与中央党校县委书记研修班学员座谈，有 6 位学员代表先后在座谈会上发言，习近平同志 3 次问到生态民生问题。县委书记一头连着党的政策，一头连着广大民众，是中国共产党在县域治国理政中的骨干力量，理应成为保护生态环境改善生态民生“一线总指挥”。2015 年 1 月，习近平同志到云南考察，他在洱海边同当地干部合影后说，“立此存照，过几年再来，希望

① 习近平：《之江新语》，浙江人民出版社，2015，第 71 页。

② 《习近平谈治国理政》第 3 卷，外文出版社，2020，第 364 页。

水更干净清澈”。“以照为证”，这看似无意的举动，实则是鞭策当地领导一定要想方设法改善洱海水质、保护生态环境，这是心系民生的有情、有意、有为之举。2020 年 1 月，习近平同志再次到云南考察，他考察了洱海的水质，并就滇池等治理作出进一步部署。2019 年 4 月，习近平同志赴重庆考察，他强调脱贫攻坚不能破坏生态环境，“要深入抓好生态文明建设，坚持上中下游协同，加强生态保护与修复，筑牢长江上游重要生态屏障”。2021 年 6 月他赴青海考察，强调保护好青海生态环境，是“国之大者”。2022 年 4 月，习近平同志到海南考察时要求“海南要坚持生态立省不动摇，把生态文明建设作为重中之重”，“实现生态保护、绿色发展、民生改善相统一”；在四川考察时要求要增强大局意识，筑牢长江上游生态屏障。2023 年 6 月习近平同志赴内蒙古自治区巴彦淖尔市考察时强调：“力争用 10 年左右时间，打一场‘三北’工程攻坚战，把‘三北’工程建设成为功能完备、牢不可破的北疆绿色长城、生态安全屏障。”[①] 如此等等，不一而足。

生态文明建设既需要有科学的顶层设计，更需要从中央到地方的层层落实，基层的领导干部是中央政策与制度最庞大、最直接的执行者。可以这么认为，中央政策最终能否全面落地，基层领导在其中起着很关键的作用。尤其是生态文明建设领域，市场这只无形的手作用往往比较有限，如果缺乏基层的部署、监管，如果基层的党政一把手和主管领导对生态环境失察，企业和个人往往失范，生态环境肯定遭殃。因此，基层的领导干部必须主动担当起治理生态环境保障与改善生态民生的责任，保证政策不走样，执行不打折，用真心体察民情，用真干守护民生，以民生赢得民心。

其次，引导广大民众自觉献力生态民生建设。发展为了人民，发展也必须依靠人民。保障与改善生态民生，人民是权益主体，也应是责任主体；是良好生态环境的享受者，也应是生态文明建设的积极参与者。如果能充分调动人民群众参与生态文明建设的热情，我国生态环境定能得到根本改善。然而，由于生态文明教育相对滞后，以及长期的粗放型生产对生态环境保护重视不足，我国民众自觉参与生态文明建设的积极性总体不高。确切地说，是民众作为消费主体的生态意识明显强于作为生产主体的生态意识，但即便如此，消费者的生态意识也存在明显不足。只有不断提高民众的生态文明意识，充分调动民众积极参与生态文明建设的热情，良好生态环境才能由愿景变成现实，生态民生才能得到有效保障与改善。

---

① 吴勇、张枨等：《努力创造新时代中国防沙治沙新奇迹》，《人民日报》2023 年 6 月 8 日，第 1 版。

以习近平同志为核心的党中央既注重构建政策措施激发民众参与生态文明建设的热情，也注重在与民众面对面的交流中进行积极引导，拳拳爱民之心，尽现决策与言行之中。习近平同志考察海南时，感慨海南可大口呼吸新鲜空气，“何其幸福”！他希望海南成为全国生态文明建设的表率。在云南考察期间他叮嘱乡亲们：“云南有很好的生态环境，一定要珍惜，不能在我们手里受到破坏。”习近平同志感叹海南空气新鲜，羡慕云南风景优美，这看似简单的真情流露，实则潜藏着他对我国生态环境恶化的深深忧虑，寄托了对民众积极参与生态环境保护的殷切期盼。习近平同志在甘肃考察时关心饮水安全，直接试喝村民水缸中的“生水”；在江苏考察时，他细问生活污水往哪排，怎么处理？他指出：“解决好厕所问题在新农村建设中具有标志性意义，要因地制宜做好厕所下水道管网建设和农村污水处理，不断提高农民生活质量。”事无巨细都牵挂在心，这是炽热的民生情怀，也是坚定的历史担当。在宁夏考察期间，当得知自己曾经提议建设的生态移民点已实现生态保护与脱贫致富两不误时，他甚是欣慰。习近平同志在2022年的新年贺词中深情表示：“大国之大，也有大国之重。千头万绪的事，说到底是千家万户的事。我调研了一些地方，看了听了不少情况，很有启发和收获。每到群众家中，常会问一问，还有什么困难，父老乡亲的话我都记在心里。民之所忧，我必念之；民之所盼，我必行之。”① 民生无小事，枝叶总关情，以习近平同志为核心的党中央关爱民生的镜头不胜枚举，笔者只是随意撷取其中的几个场景予以展现。感人心者，莫先乎情。习近平同志没有正言厉色大声说教，而是和颜悦色循循善诱，让民众在日常生活的具体事务中感知保护生态环境的大道理，筑牢生态民生建设的根基。

总之，民生之生，是生存，也是生活，新时代的民生建设，生存为本，生活为要，由求生存向会生活、好生活转型是必然要求。生存也好，生活也罢，生态是必备的条件，人与自然的共生关系，是共生存与共生活的统一，良好的生态环境既是维持生存的前提，也是美好生活的构成要件，保护与改善生态民生是生态文明建设首要的价值目标。诚然，推进生态文明建设，保护与改善生态民生非一朝一夕之举、一城一地之功，需要全体人民踔厉奋发、笃行不怠。

---

① 《国家主席习近平发表二〇二二年新年贺词》，《人民日报》2022年1月1日，第1版。

第十章　国际视阈：新时代生态文明建设的世界意义

以习近平同志为核心的党中央站在人类文明的高度审思人与自然的关系，着力推进生态文明建设，既有力地改善了我国的生态环境，也为解决全球日趋严重的生态环境问题贡献了中国智慧和中国方案，为人与自然的最终和解精准导航。本章将标题定为“新时代生态文明建设的世界意义”，不是偏爱其世界意义而淡化其国内意义，不是强化其世界意义而弱化其国内意义，更不是只肯定其世界意义而否认其国内意义，而是因为其国内意义已被充分论证、认同，并在实践中得到了很好的体现，无须赘述。本章聚焦生态文明建设的世界意义，力图弥补理论界已有研究中尚存在的薄弱之处，为国际社会认识、认同与推进生态文明建设尽微薄之力。

第一节　原生态概念原创性理论为世界贡献中国智慧

人类来源于自然，生活于自然，人与自然的关系是既古老又年轻的话题。如何处理人与自然的关系，中外理论界与实务界可谓见仁见智。但从人类文明的高度审思人与自然之间的关系，是中国共产党和中国人民的智慧。中国学者以敏锐的思维与洞察力率先提出生态文明范畴，中国共产党审时度势将生态文明建设上升到治国理政的高度。

一、原创性、时代性理论擘画人类文明新样态

说起生态文明建设理论的源起，不少人会想到中国传统文化中的朴素生态意识，马克思主义经典文本中的生态智慧，以及西方生态思潮特别是生态学马克思主义的种种主张。可见，爱护自然、保护环境的生态观念早已有之，但生态文明是中国语境下产生的原生态词汇，“建设生态文明”

是“我们提出的具有原创性、时代性的概念和理论”①。

（一）生态文明是原创性的中国话语

“根据对国内外有关生态文明资料的学术考证，我国著名生态学家叶谦吉1984年在苏联率先使用‘生态文明’这个词。”②之后，叶先生又于1987年在全国农业问题讨论大会上提出：“所谓生态文明就是人类既获利于自然，又还利于自然，在改造自然的同时又保护自然，人与自然之间保持着和谐统一的关系。”在大会上，叶先生呼吁要“大力提倡生态文明建设”③。刘思华先生“在学术界最早提出建设社会主义生态文明的新命题”④，他认为，“社会主义现代文明，应该是社会主义物质文明、精神文明、生态文明的内在统一；社会主义现代化建设，应该是社会主义物质文明建设、精神文明建设、生态文明建设的有机统一与协调发展”⑤。

此后，刘思华先生对建设社会主义生态文明进行了更深入的研究与阐释，国内其他学者如李绍东、谢光前、申曙光等围绕着生态文明展开研究，并提出了一些新理念新见解。笔者梳理理论界的相关研究成果，总体说明从源起而言，生态文明、建设生态文明是我国理论界提出的原创性词汇、原生态概念，是源起于我国的学术话语。

（二）建设生态文明是中国共产党原创性的治国理念

中国学人以敏锐的观察与分析能力开启了关于生态文明的理论研究，中国共产党以对人民负责、对历史负责的强烈责任意识与担当精神，将生态文明建设上升到治国理政的高度。党的十七大首次将“建设生态文明”写进党的全国代表大会的报告，党的十八大提出“五位一体”总体布局，并就“大力推进生态文明建设”进行专题阐述，十八大通过的《中国共产党章程（修正案）》，将“中国共产党领导人民建设社会主义生态文明”写进党章。党的十九大聚焦生态文明体制改革，就“加快生态文明体制改革，建设美丽中国”进行专题阐述。党的二十大报告总结了“过去五年的工作和新时代十年的伟大变革”，其中就包括对生态文明建设的总结与肯定，并就“推动绿色发展，促进人与自然和谐共生”作出战略安排。中国共产党是迄今唯一将生态文明建设作为治国理念的政党，中国也是迄今唯

① 习近平：《在哲学社会科学工作座谈会上的讲话》，《人民日报》2016年5月19日，第2版。
② 参见华启和：《生态文明话语权三题》，《理论导刊》2015年第7期。
③ 参见刘思华：《对建设社会主义生态文明论的若干回忆——兼述我的“马克思主义生态文明观”》，《中国地质大学学报（社会科学版）》2008年第4期。
④ 同上。
⑤ 刘思华：《可持续发展经济学》，湖北人民出版社，1997，第216页。

一将生态文明建设上升为国家战略的国家。

如前所述，20 世纪中叶以来，生态环境不断恶化，中外各界围绕着保护和改善生态环境纷纷献计献策，但包括西方的“绿绿”“红绿”等各种思潮在内，均着眼和着力于技术、法治等层面治理生态环境。当下不少国家的政党包括执政党关注生态环境问题并提出了系列治理生态环境的主张，甚至在个别西方国家的“绿党”开始执掌政权，但他们均局限于生态环境治理而鲜有从人类文明的大局进行谋划。虽然环境保护与生态文明建设都注重人类面临的生态环境问题并着手进行生态环境治理，但二者属于方向相同但层级不同的范畴，生态文明是人与自然和谐相处的状态，是人类文明的新形态，环境保护与绿色发展只是通往生态文明的路径。资本的逐利本性不可能真正追求和实现人与自然和谐共生，资本裹挟之下的资本主义制度难有追求生态文明的自觉。

“中国共产党人的初心和使命，就是为中国人民谋幸福，为中华民族谋复兴。”① 尽管中国共产党曾经对生态环境保护没有引起足够的重视，但不能因为前进中的阵痛而否定党执政为民的努力，迄今只有中国共产党将生态文明建设上升到了治国理政的高度，吹捧资本主义国家是生态文明建设先驱是典型的西化表现。生态文明建设理论站在人类文明的高度深刻审思人与自然的关系，生态文明建设是洞悉人类文明兴衰发展规律科学部署的发展战略。生态文明建设的理论构建及其在我国的成功实践，给全球的生态环境治理指明了方向。

（三）推进生态文明建设切准时代脉搏，直面生态难题

“问题是时代的格言，是表现时代自己内心状态的最实际的呼声。”②“只有聆听时代的声音，回应时代的呼唤，认真研究解决重大而紧迫的问题，才能真正把握住历史脉络、找到发展规律，推动理论创新”③。问题是理论创新的起点与源泉，也是推动人类历史车轮始终努力前行的动力。善于发现问题，不断解决问题，坚持问题导向是马克思主义的鲜明特点。可以这么认为，马克思主义发展史就是一部不断发现问题努力解决问题的历史，马克思主义就是围绕现实问题而产生并在实践中实现强劲发展的科学理论体系。

中国共产党自诞生开始就有着强烈的问题意识和鲜明的人民立场。强

---

① 《习近平谈治国理政》第 3 卷，外文出版社，2020，第 1 页。

② 《马克思恩格斯全集》第 1 卷，人民出版社，1995，第 203 页。

③ 习近平：《在哲学社会科学工作座谈会上的讲话》，《人民日报》2016 年 5 月 19 日，第 2 版。

烈的使命感、责任感让中国共产党善于发现问题，勇于面对问题，勤于分析问题，精于解决问题。党在面对问题中诞生，在解决问题中成长。“我们党领导人民干革命、搞建设、抓改革，从来都是为了解决中国的现实问题。”[①]不同的时代有着不同的现实问题，不同的时代需要有相同的问题意识与坚毅的担当品格方能推动社会不断进步。

习近平同志指出，“建设生态文明”是“我们提出的具有原创性、时代性的概念和理论”[②]。建设生态文明的时代性主要体现为：一方面，全球生态环境问题严重，且不断恶化的生态环境已成为制约全球经济社会发展的瓶颈，成为威胁人类生存与发展的桎梏，这是建设生态文明的时代背景；另一方面，中国特色社会主义进入新时代，这是我国发展新的历史方位。“新时代”是建设生态文明“时代性”的集中体现。新时代之“新”，内涵丰富，满足人民日益增长的美好生活需要，建设美丽中国和清洁美丽的世界是题中应有之义。以习近平同志为核心的党中央切准生态环境不断恶化的时代脉搏，回应新时代人民对美好生态环境的新期待，擎起推进生态文明建设、构建和谐的人与自然关系的时代重任。

二、生态文明：立起“和谐”与“和解”的新支点

国家兴衰，文明转换均与生态环境息息相关。如何让千疮百孔的自然得以修复？如何让良好的生态环境孕育人类文明的勃勃生机？前面的分析已给出了答案，即推进生态文明建设，构建生态文明。

笔者已在第四章讨论了生态文明的历史方位，即实现生态文明不是要复归农业文明，也不必须以超越工业文明为条件，而是可以对工业化和工业文明进行生态化优化，实现工业文明与生态文明协同推进。那么，生态文明究竟能在什么时候得以实现？因为，无论在调研过程中，还是在相关学术会议讨论之时，总有一种观点认为，物质文明、精神文明、政治文明、社会文明可期，但生态文明是很难企及的梦想。持这种观点者主要基于两个原因：一方面，一些人认为只要人类利用自然就不免会对生态环境造成损伤，尽管我国全力推进生态文明建设也很难实现人与自然和谐相处。更为重要的是，生态环境问题是全球性的大难题，当前一些国家并没有采取有力措施治理生态环境，全球生态环境仍呈现出不断恶化的趋势，因此，

① 习近平：《坚持运用辩证唯物主义世界观方法论 提高解决我国改革发展基本问题本领》，《人民日报》2015年1月25日，第1版。

② 习近平：《在哲学社会科学工作座谈会上的讲话》，《人民日报》2016年5月19日，第2版。

不少人认为生态文明的实现是遥不可及的梦想；另一方面，由于当时的生态环境相对良好，更囿于当时的社会历史条件，马克思主义经典作家没有来得及就如何协调与自然的关系做出缜密的思考。不过，马克思主义经典作家洞察人类社会的发展规律，早就指出未来的共产主义社会能从根本上弥合人与人、人与自然之间的矛盾，早就为解决人与自然之间的关系提供了终极指向。于是一些人认为，生态文明的实现意味着人与自然"和解"的全面达成，这是共产主义社会才能实现的理想，而不是现在努力就可企及的目标。不过，在笔者看来，生态文明不是遥不可及的梦想，而是通过努力在可以预见的时间内能实现的目标。要弄清楚这一问题就需要认识到，实现生态文明任务艰巨、过程艰难，但目标可及，生态文明的实现具有层级性、现实性。

（一）生态文明的实现具有艰巨性

毋庸讳言，迄今全球生态环境恶化的势头并没有得到有效遏制，在全球范围内实现生态文明确实不是一个近期目标。同时，与物质文明等文明形态可以有明显的国界、地域区分不同，生态文明的真正实现具有明显的全球性特征。因为任何国家都不可能与全球其他国家的生态环境绝缘，如果说在经济全球化的背景下绝缘于世界经济不可行，那么在人与自然是生命共同体的前提下，某个国家或者地区绝缘于全球生态环境根本不可能。生态环境这种典型的公共性特征，又为局部的生态文明的实现增加了难度。

如前所述，生态文明只能在社会主义、共产主义社会实现，社会主义在全球的全面实现是一个漫长的过程；况且，社会主义并不可能自动生成生态文明，目前实行社会主义制度的国家包括中国在内都处于不发达阶段，生态文明在社会主义国家的实现也面临诸多挑战。对工业文明（实际上也包括农业文明）进行精神生态的引导、具体制度的规约需要大量的实践来检验，且相对于具体制度体系的构建与规约而言，形成尊重自然的共识以建构起健康的精神生态更不可一蹴而就。所有这些，都决定了实现生态文明一定要付出艰辛的努力。

（二）生态文明的实现具有层级性

笔者一直认为生态文明有不同的层级，生态文明的实现可以由局部到整体、由"和谐"到"和解"逐步生成。在部分国家实现人与自然和谐相处是生态文明的较低层级（生态文明的 1.0 版），全球范围内人与自然全面和谐的达成是生态文明的较高层级（生态文明的 2.0 版），人与自然的最终和解是生态文明的最高层级与终极目标（生态文明的 3.0 版）。

共产主义社会人与自然的和解是最高层次的生态文明，在共产主义社会实现之前，如果人与自然的和谐共生目标能在一定范围内达成，则标志着生态文明初步实现。“和解”是以“解”保“和”，意味着所有矛盾全面解决；“和谐”是以“谐”促“和”，意味着矛盾仍在一定程度和一定范围内存在，但通过努力能基本调和各种矛盾，实现人与自然的共生共存共荣。众所周知，在人类历史的长河中，任何问题的解决都是一个循序渐进的过程，人与自然的和解也概莫能外。当下推进生态文明建设，以实现人与自然的和谐共生为阶段性目标；生态文明首先表征的是人与自然的和谐关系，生态文明的初步建成，并不意味着人与自然的最终和解。人与自然的“和谐”以“和解”为旨归，但“和谐”的达成并不等于“和解”的实现。

（三）生态文明的实现具有现实性

在共产主义社会实现之前，人与自然不可能实现真正的和解，但通过社会生态与精神生态建设，良好的自然生态能够呈现，生态文明可以在一定程度上得以实现；同时，全球范围内的人与自然和谐共生的实现是一个较为漫长的过程，但一定范围内的人与自然和谐相处可以实现。相信生态文明具有现实性并非盲目乐观，生态文明以追求人与自然的和谐与和解为近期目标和远期愿景，无论是和谐的实现还是和解的达成都需要付出艰辛的努力。

我国推动生态文明建设的种种努力，以实践行动修复和重建曾经被破坏的人与自然关系，逐步弥合人与自然之间的物质变换裂缝。尽管如前所述，与共产主义社会中人与自然、人与人全面和解的终极目标不同，我国推进生态文明建设是以人与自然的和谐为阶段性目标，而我国生态文明建设的实践成效证明，实现生态文明具有现实性。我国生态文明建设的显著成效说明，只要持之以恒地将生态文明建设抓严、抓实，在一定范围内实现人与自然和谐相处的生态文明是可以预期的目标。正因为如此，党的十九大和二十大报告均就人与自然和谐相处的阶段性目标作出了明确部署。在党中央的坚强领导下，全国人民齐心协力，推进生态文明建设大有可为，也必须大有作为，生态文明定能从蓝图变成现实。诚然，生态文明在全球实现仍无可预见的时间表，我国大力推进生态文明建设但其成效又受到全球生态环境影响，生态文明只能在一定程度上实现。也就是说，我国着力推进生态文明建设，可率先在一定范围内实现较低层级即 1.0 版的生态文明。

（四）生态文明理念逐渐被国际社会所认知

尽管全球生态文明的实现是远期愿景，但生态环境是公认的全球性问题，保护生态环境是时代的强音，中国共产党不仅将生态环境问题上升为重要议题，而且让生态文明成为全球关注的话题。2013 年，联合国环境署通过了《推广中国生态文明理念》的决定草案。联合国副秘书长阿奇姆·施泰纳表示，“绿色发展”“生态文明”等理念和词汇已被纳入联合国文件，是中国智慧对全球治理的贡献[①]。在生态文明贵阳国际论坛 2018 年年会上，英国皇家学会院士、英国政府气候变化特使大卫·金说：“生态文明是一个很有中国特色的理念，希望将生态文明这个议题纳入其他国际性的重要会议中，推动各界共同探讨生态文明建设，避免地球资源被消耗殆尽，努力打造一个更好的未来。”[②]《生物多样性公约》缔约方大会第十五次会议（COP15）的主题为“生态文明：共建地球生命共同体”，生态文明成了联合国召开的全球性会议的主题，以会议为纽带，让生态文明成为更多人的共识。“联合国环境规划署执行主任英厄·安诺生认为，中国将经济增长与生物多样性保护相结合，给世界提供了有益经验。”[③]如此等等，不一而足。生态文明理念为全球处理人与自然的关系开启了一扇新窗口，并逐步被国际社会所认识。

总之，尽管实现人与人、人与自然的“双重和解”是一个浩瀚的系统工程和漫长的历史过程，需要全球所有崇尚人类进步事业的全体人民长期不懈的努力，需要社会建设的所有领域协同参与。建设生态文明是中国共产党原创性的治国理念，为全球发展贡献中国智慧。在中国共产党的领导之下，我国率先推进生态文明建设，直面人与自然之间的种种矛盾与问题，以协调人与自然之间的关系为切入口更好地协调人与人之间的关系。生态文明建设开辟了实现人与人、人与自然的“双重和解”的新领域，也立起了“和谐”与“和解”的新支点。

---

① 杨迅、许立群等：《“从中国的成功经验中寻找新路径”》，《人民日报》2018 年 3 月 14 日，第 3 版。

② 李薛霏：《生态文明贵阳国际论坛 2018 年年会圆满闭幕》，《贵州日报》2018 年 7 月 9 日，第 1 版。

③ 李曾骙、任维东：《相聚春城，为了一个共同的约定》，《光明日报》2021 年 10 月 12 日，第 9 版。

第二节　战略定力激发实践活力让世界感知中国力量

"全部社会生活在本质上是实践的。"[①]新时代的生态文明建设理论终归要以实践为支撑，需在实践中得到检验与落实。我国生态文明建设的实践，立足当下、放眼未来，立足国内、放眼全球，体现着个体、国家向人类向度的升华，谋划开展了系列根本性、长远性、全局性、具体性工作，干出了实效，展现出实绩，也体现出了实力，能让国际社会在触摸实践所带来的种种变化中感知中国力量。

一、西方大国推行生态帝国主义

全球生态环境恶化是不争的事实，但面对恶化的生态环境，固守传统，物质至上者有之；麻木放任，作壁上观者有之；谋求改变，有心无力者有之；励精图治，努力作为者有之；放纵欲望，逃避责任者有之；转嫁成本，以邻为壑者有之。因此，尽管生态环境问题早在20世纪就已经成为重要的国际议题，但全球治理成效并不明显。

（一）生态帝国主义的形成与本质

马克思早就指出，资本的本性就是要最大限度地追求剩余价值。为了实现资本增殖，资本主义国家疯狂地侵略扩张，这其中就包括生态领域的扩张。据学术界的相关研究，最早关注生态帝国主义的是美国历史学家艾尔弗雷德·克罗斯比（Alfred Crosby），他的著作《生态帝国主义：欧洲900—1900年的生态扩张》从历史学的角度，还原了欧洲人早期殖民时期的生态扩张情况。艾尔弗雷德·克罗斯比认为，随着人口的迁移与资本的扩张，许多动物、植物挤占了所侵入地区物种的生存空间，造成了所侵入地区生态环境的破坏。"欧洲移民带来的外来植物和细菌入侵，使其所到之处不可逆转地出现了生态环境的变化和种群的崩溃。白人的老鼠赶走了土老鼠，欧洲的苍蝇赶走了土著的苍蝇，红花草杀死了我们的蕨类植物。"[②]在艾尔弗雷德·克罗斯比看来，这种基于生物扩张的行为于无形之中推动了生态帝国主义的形成。不过，艾尔弗雷德·克罗斯比仅从生态学的角度谈到生物扩张，没有分析其背后的政治经济根源，没有看到生物扩张的本质是欧洲殖民者对当地的经济掠夺和政治统治。

---

① 《马克思恩格斯文集》第1卷，人民出版社，2009，第501页。

② Alfred Crosby,*Ecological Imperialism:The Biological Expansion of Europe,900—1900*,Cambridge:Cambridge University Press,1993,p.2.

事实上，生态帝国主义是远比艾尔弗雷德·克罗斯比所关注的生物扩张复杂得多的问题。早期的生态帝国主义，主要体现为侵略扩张中对他国资源的掠夺。第二次世界大战后，帝国主义通过军事、殖民等形式暴力扩张有所收敛，生态帝国主义的生态入侵方式变得更加隐蔽，但影响更深远。这主要体现为发达资本主义国家利用其经济、政治、文化、科技等优势，通过产业转移等方式巧妙地占有发展中国家的生态资源，同时转移生态环境污染治理成本，形成对发展中国家产业与资源的双重控制。“生态帝国主义是资本主义国家以自身利益最大化为生存原则，以资本的无限增值为目的，以优先的政治话语权保障，掠夺发展中国家的环境资源，转嫁环境污染，最终导致发展中国家遭受经济与环境的双重压迫与剥削。”[①] 在生态帝国主义的侵略、控制之下，发展中国家政治经济的弱势地位会因生态破坏而加剧，陷入生态破坏与经济社会发展滞后的双重困境。

可见，生态帝国主义并非只是一个生态范畴，它同时是一个政治经济范畴。生态帝国主义是生物扩张的生态逻辑与资本扩张逻辑相统一，并且生态范畴是服从和服务于政治经济范畴，生物扩张服务于资本的扩张，始终以资本增殖为旨归。生态帝国主义是资本无限扩张的必然结果，资本主义国家特别是发达资本主义国家推行生态帝国主义，资源掠夺与环境成本转移等只是其手段，其目的无疑是企图维护其全球霸权以实现资本增殖。因此，生态帝国主义无论怎样伪装，均只是帝国主义的资本逻辑在生态领域的呈现，始终没有改变资本唯利是图的本质。

（二）生态帝国主义的对华围堵

以美国为首的发达资本主义国家推行生态帝国主义，在全球范围内占有生态资源并尽量规避生态环境治理责任的同时，却总以“过来人”的经历审视中国的发展。他们坚持“国强必霸”的传统思维，总是主观臆断地推测中国崛起之后必定走上侵略扩张的道路，认定中国的发展会对其他国家构成威胁，这其中就包括会在全球范围内争夺资源，对全球发展包括生态安全构成威胁。其实，这只是他们霸权思维作祟，其目的就是为了谋求霸权阻挠我国的和平崛起。于是，他们可以说是软硬兼施，各种手段粉墨登场，对我国进行恶意指责、诽谤、干涉、围堵，不遗余力地“提醒”其他国家特别是发展中国家与我国保持距离，贩卖与兜售所谓“中国威胁论”以诋毁我国形象。其所谓的“友情提醒”，实质是通过围堵我国以维护其霸权地位。正如习近平同志所言：“面对中国的块头不断长大，有些人开

① 孙越、刘焕明：《三重维度下生态帝国主义的批判与反思》，《江海学刊》2020 年第 6 期。

始担心，也有一些人总是戴着有色眼镜看中国，认为中国发展起来了必然是一种‘威胁’，甚至把中国描绘成一个可怕的‘墨菲斯托’，似乎哪一天中国就要摄取世界的灵魂。尽管这种论调像天方夜谭一样，但遗憾的是，一些人对此乐此不疲。这只能再次证明一条真理：偏见往往最难消除。”[①]西方国家在生态环境领域对我国的偏见、诋毁、围堵主要体现在以下方面：

其一，设置绿色壁垒和低碳陷阱以保护国内市场，频繁发动针对我国的贸易制裁，拒不承认我国市场经济地位。绿色壁垒、低碳陷阱以维护生态环境安全为名，其实质是保护发达资本主义国家在国际分工中的先发优势、保护其国内产品与市场的手段，是为了让发展中国家承担更多生态环境治理责任的手段。

其二，执行生态环境保护双重标准，加大我国生态环境保护与治理成本。如我国出于保护生态环境的需要，规范稀土、钨、钼等矿产资源的开采、生产与出口。美日欧盟等却因此对我国横加指责并向 WTO 提起诉讼，2014 年 WTO 在西方发达国家的主导下裁定我国违规。而反观美日欧盟等国家和地区为了自己的利益，动辄对自己认为重要的资源、产品采取各种封锁与禁运。可见，以美国为首的西方国家在生态环境保护领域执行明显的双重标准，借公平贸易之名行觊觎我国重要资源之实。

其三，通过贸易战、科技战降低其自身的生态成本。2018 年，特朗普政府出尔反尔发动对我国的贸易战，并将贸易战升级为科技战。拜登领导下的美国政府不是修正特朗普时期的对华政策，而是施压其盟友对我国进行进一步打压。冷静分析西方的贸易、科技霸凌行径需要明白如下问题：一方面，缩小美中贸易逆差只是其表面诉求，全力阻击中国产业升级、遏制中华民族伟大复兴才是其实质。美国举全国之力并拉拢一众盟友疯狂打压我国高科技企业华为实属世界罕见，更让人难以置信的是，多次给中国扣“窃取知识产权”帽子的美国“反华急先锋”参议员卢比奥提出法案，希望防止华为在美国法庭寻求损害赔偿。专利费只允许美国收取而不允许中国企业收取，这种典型的“双标”将无知、无耻、无法表现得淋漓尽致。站在生态环境治理的角度来分析美国发动的贸易战、科技战，美国要在保护国内生态环境的同时维持其头号经济大国的地位，必然竭尽全力保持其高科技在全球的领先地位，确保包括中国在内的广大发展中国家为其提供源源不断的原材料和低附加值的产品。然而，随着我国科技领域不断取得突破和产业不断升级，美国对我国的科技和产业比较优势会被逐渐消

① 《习近平谈治国理政》第 1 卷，外文出版社，2018，第 264 页。

解，而我国互利共赢的发展理念在给全球带来实惠的同时，也让美国对他国的控制与盘剥变得艰难。于是，固守冷战思维的美国政府不断给我国设置障碍、陷阱，发动贸易战、科技战。美国对我国发动贸易战的同时，却在 WTO 货物贸易委员会会议上，公然要求我国取消对“洋垃圾”的进口禁令，其转移国内环境治理成本的野心更是昭然若揭。特别值得一提的是，西方国家为削弱我国的竞争力打乱我国的发展步伐可以说不遗余力，他们通过组织美英澳“AUKUS”防务协议、美日印澳“四国机制”等，试图打造亚洲版北约，从政治、军事上围堵中国。尽管这一切终将是徒劳，但短期之内无疑给我国发展平添了一些阻力。

其四，利用话语霸权对我国进行排挤与打压。尽管“随着西方生态治理实践的不彻底性、理论的滞后性、‘普世价值’的虚假性日益暴露，西方生态话语已陷入失实、失效、失信的三重困境，遭遇了严重的叙事危机”[①]，整个世界发展格局已呈东升西降趋势。但不容忽视的是由于长期的精心构建与营销，西方政府和媒体的话语霸权仍不容忽视。他们故意歪曲我国生态文明建设的政策与措施，有意漠视我国所取得的成就，恶意渲染我国环境污染事件，竭尽所能阻挠我国的发展进程。尽管这种肆意的抹黑与操弄在事实面前只是徒劳，但以美国为首的西方国家仍不断利用周其掌握的话语霸权制造事端。

二、中国以战略定力激发实践活力

“战略问题是一个政党、一个国家的根本性问题。战略上判断得准确，战略上谋划得科学，战略上赢得主动，党和人民事业就大有希望。”[②] 战略是决定事业成败的关键，“善弈者谋势，不善弈者谋子”，“不谋全局者，不足谋一域”。十八大以来，中国共产党从长远、根本、整体、全局出发，“谋势”“谋局”“谋域”统筹兼顾，用战略眼光、战略思维思考生态环境问题，推进生态文明建设。

（一）从战略高度谋划生态文明建设，彰显决心与定力

从战略定位而言，党中央充分认识到“建设生态文明是中华民族永续发展的千年大计”[③]，“生态文明建设关乎人类未来，建设绿色家园是人类的

① 李全喜、李培鑫：《中国生态文明国际话语权的出场语境与建构路径》，《东南学术》2022 年第 1 期。

② 习近平：《在纪念邓小平同志诞辰 110 周年座谈会上的讲话》，《人民日报》2014 年 8 月 21 日，第 2 版。

③ 《习近平谈治国理政》第 3 卷，外文出版社，2020，第 19 页。

共同梦想”[①]。生态文明建设是关系国家发展、人类未来的旷世工程，是践行以民为本、以人民为中心的民生工程。鼠目寸光的规划，细枝末节的修补，都不能实现人与自然和谐发展。从战略部署而言，将生态文明建设融入“五位一体”总体布局，将“绿色”发展融入五大发展理念。党的十八大以来历次党的全国代表大会，都对生态文明建设作出战略安排。“美丽”是社会主义现代化强国的构成要件，也是人类命运共同体的重要维度。中国共产党立足国内，放眼全球，尽最大努力建设美丽中国和清洁美丽的世界。从战略举措而言，打好污染防治攻坚战，实行生态扶贫战略、健康中国战略等，开展国家生态文明试验区建设，构建国土空间开发保护制度，完善主体功能区配套政策，实行绿色生产，倡导生态消费，增加生态公共产品，构建生态文化，强化生态法治，落实生态环境保护党政同责、一岗双责、终身追责，推行“大部制”、环保“垂改”等等。

正如习近平同志所言，“在‘五位一体’总体布局中生态文明建设是其中一位，在新时代坚持和发展中国特色社会主义基本方略中坚持人与自然和谐共生是其中一条基本方略，在新发展理念中绿色是其中一大理念，在三大攻坚战中污染防治是其中一大攻坚战”[②]。这“四个一”将宏观和微观、当前和长远紧密结合起来，是一个具有内在逻辑结构的有机整体，体现了我国推进生态文明建设战略定位高，战略部署准，战略举措实。生态文明建设难度大、任务重、挑战多，既要偿还旧账又要不欠新账，既要保持经济平稳发展，又要确保生态环境得到持续改善。生态环境属于典型的公共物品，市场机制在生态文明建设中的作用有限，因此，推进生态文明建设必须有时不我待的紧迫感，爬坡迈坎的决心，驰而不息的恒心。只有保持“战略定力，不动摇、不松劲、不开口子”，才能确保生态文明建设顺利推进。同时也应该看到，从战略高度推进生态文明建设是国内国际相协同的组合拳，我国尽自己的能力担当国际义务，积极参与、引导全球生态文明建设。

（二）以系统实践推进生态文明建设，展现实绩与活力

党的十八大以来，我国推进生态文明建设既有战略高度的统筹谋划，也有实践维度的层层落实。尽管战略谋划和制度构建仍在不断完善之中，具体政策的全面落实仍存在着这样与那样的问题，但总体而言，生态文明建设成效明显。

---

① 习近平:《推动我国生态文明建设迈上新台阶》,《求是》2019 年第 3 期。

② 《保持加强生态文明建设的战略定力 守护好祖国北疆这道亮丽风景线》,《人民日报》2019 年 3 月 6 日，第 1 版。

一方面，我国致力于国内的生态文明建设，成绩卓著。关于这一点已在前面的章节详细论述，这里仅列举部分数据予以说明。据笔者查阅生态环境部公布的历年《中国生态环境状况公报》，2022 年地级及以上城市空气质量平均优良天数为 86.5%，比 2015 年（注：从 2015 年开始，空气质量、水质等监测体系与现在基本相同）提高了 9.8 个百分点；2022 年全国地表水监测的 3629 个国考断面（点位）中，Ⅰ—Ⅲ类水质为 87.9%，比 2015 年（2015 年为 972 个国控断面或点位）提高了 23.4 个百分点。据自然资源部公布的数据，我国森林覆盖率从 21 世纪初的 16.6% 提高到 2021 年的 24.02%，在全球森林面积持续下降的大背景下，我国森林覆盖率不降反升，且成为全球增长最多的国家。如此等等，不一而足。这一系列数据有力地说明，我国生态文明建设力度大，成效显著。正如党的二十大报告所总结的那样，“生态环境保护发生历史性、转折性、全局性变化，我们的祖国天更蓝、山更绿、水更清”①。

另一方面，我国深度参与全球生态环境治理。一些西方国家秉持斗争法则，习惯于用异样的眼光质疑其他国家的发展，我国始终坚持求同存异合作共赢的发展理念，谋求与国际社会加强交流与合作。自 1992 年联合国环境与发展大会后，我国率先制定《中国 21 世纪议程——中国 21 世纪人口、环境与发展白皮书》《中国 21 世纪初可持续发展行动纲要》等，缔结或参加《联合国气候变化框架公约》《生物多样性公约》《巴黎协定》等一系列有关环境保护和生态安全的国际条约，并坚定地履行条约的相关义务。

仅就应对气候变化而言，转变以煤炭为主的传统能源结构，对处于工业化进程中的我国而言并非易事，但我国是负责任的发展中大国，决不因自身的困难而推诿责任。一直以来我国切实履行《京都议定书》《巴黎协定》等相关协定，为改善全球生态环境作出不懈努力。在巴黎气候大会上，我国主动承诺碳减排，已于 2017 年底提前兑现 2020 年碳强度下降 40% ～ 45% 的承诺。习近平同志在联合国总部明确表示：“《巴黎协定》的达成是全球气候治理史上的里程碑。我们不能让这一成果付诸东流。各方要共同推动协定实施。中国将继续采取行动应对气候变化，百分之百承担自己的义务。”② 这是庄严的承诺，掷地有声！言必行，行必果，这是中国人一以贯之的办事风格，与某些西方国家唯利是图、出尔反尔形成鲜明

① 习近平：《高举中国特色社会主义伟大旗帜 为全面建设社会主义现代化国家而团结奋斗》，《人民日报》2022 年 10 月 26 日，第 1 版。

② 习近平：《共同构建人类命运共同体》，《人民日报》2017 年 1 月 20 日，第 2 版。

对比。

同时，我国尽自己最大努力为发展中国家提供资金与技术援助，为全球生态环境治理开展了一系列卓有成效的工作。我国是负责任的发展中大国，倡导与践行和合、平等理念，坚持共商、共建、共享的发展原则，以南南合作为重要领域，以绿色“一带一路”建设为纽带，通过建立国家级协调机制，采取财政支持、人力资源建设、知识分享等具体措施，整体谋划、重点推进、全面落实，中国的绿色追求给世界留下越来越多的“绿色足迹”。

以“一带一路”沿线国家为例，沿线各国多为发展中国家，普遍缺乏应对气候变化所需的资金与技术，受气候变化的影响尤为显著。我国提出的“一带一路”倡议厚植绿色发展理念，《关于推进绿色“一带一路”建设的指导意见》《“一带一路”生态环境保护合作规划》等相继出台，且这些“意见”“规划”在一笔笔投资、一个个具体项目中得到落实。肯尼亚蒙内铁路、巴基斯坦旁遮普太阳能电站、越南芹苴的垃圾焚烧发电项目……都是绿色发展的成功案例。尽管某些西方国家不断散布“中国威胁论”，恶意中伤我国推进“一带一路”的种种努力，但分别于 2017 年、2019 年在北京召开的第一届、第二届“一带一路”国际合作高峰论坛盛况空前，成果丰硕，这是对别有用心者的有力回击，也是对中国方案的有力肯定。

截至 2022 年 11 月，“中国已与 38 个发展中国家签署 45 份气候变化合作文件，实施 3 个低碳示范区建设项目，开展 42 个减缓和适应气候变化项目，累计在华举办 45 期应对气候变化南南合作线下培训班和 7 期线上培训班，为 120 多个发展中国家培训约 2000 名气候变化领域的官员和技术人员”①。当然，我国的对外支持与帮助不限于“一带一路”沿线国家和地区，也不仅仅是开展应对气候变化国际合作，而是尽自己所能为全球生态环境治理尽力。如为保护生物多样性，“中国正式设立三江源、大熊猫、东北虎豹、海南热带雨林、武夷山等第一批国家公园”，同时，“将率先出资 15 亿元人民币，成立昆明生物多样性基金，支持发展中国家生物多样性保护事业”②。我国是最早批准《生物多样性公约》的国家之一，自 2019 年以来，我国一直是《生物多样性公约》及其各项议定书核心预算的最大捐助国。联合国教科文组织驻华代表处代表夏泽翰指出：“中国所

---

① 《COP27 中国角举行应对气候变化南南合作高级别论坛》，人民网，http://world.people.com.cn/n1/2022/1115/c1002-32566259.html。

② 习近平：《共同构建地球生命共同体》，《人民日报》2021 年 10 月 13 日，第 2 版。

采取的具体行动，让所有国家、特别是发展中国家感到振奋。”[①]世界自然基金会俄罗斯负责人德米特里·戈尔什科夫认为，中国支持发展中国家生物多样性保护事业，为全世界树立了榜样[②]。

其实，新中国成立以来，我国在谋求自身发展的同时，一直积极进行对外支援与帮助，特别是给予了发展中国家很多的支持。只是在过去很长一段时间里，我国的对外援助主要围绕着经济社会发展而展开，对生态环境方面的考量相对不足。进入新世纪特别是党的十八大以来，我国在协调推进国内经济社会发展与生态环境保护的同时，更注意尽自己所能让其他国家特别是广大发展中国家走上绿色发展之路。国内外的实践反复证明，没有对生态环境的保护不可能有可持续的发展，但没有发展生态环境保护也难以持续。这不仅因为民众在生存与生态的两难选择中往往优先前者而放弃后者，还因为在经济全球化的大背景之下落后就意味着成为发达国家的原材料产地，生态环境会因此而被不断破坏。帮助发展中国家摆脱贫困，才能让他们走出牺牲生态环境追求经济发展的误区，为全球生态环境治理奠定很好的基础。围绕着全球特别是发展中国家的发展与环境保护两大难题，我国做出了艰辛的努力，取得了一系列举世瞩目的成果。

三、生态文明建设实践赢得国际赞誉

“生态文明建设关乎人类未来，建设绿色家园是人类的共同梦想，保护生态环境、应对气候变化需要世界各国同舟共济、共同努力，任何一国都无法置身事外、独善其身”。[③]格局决定结局，态度决定高度。以习近平同志为核心的党中央超脱局限于一城、一国环境治理的狭隘思维，自觉置身于全球生态环境治理的世界场域。我国倡导与践行共商、共建、共享理念，主张各国共商生态环境治理大计，共担全球生态治理责任，形成生态治理共识，共享生态治理成果，既坚定维护我国权益，又勇挑应负的全球责任，与美国“一不高兴就制裁，一不合意就退群”的自私自利行径形成鲜明对比。为解决全球日益严重的生态环境问题指明了方向，为人与自然的真正和解提供强有力的现实支撑。

---

① 吴刚、尚凯元等：《维护地球家园，促进人类可持续发展》，《人民日报》2021 年 10 月 14 日，第 2 版。

② 张远南、尚凯元等：《“共同构建人与自然和谐相处的美好未来”》，《人民日报》2021 年 10 月 17 日，第 3 版。

③ 习近平：《推动我国生态文明建设迈上新台阶》，《求是》2019 年第 3 期。

（一）从面上而言，越来越多正义的声音支持中国方案

这里所指的“面”，不是表面，而是全面、整体。尽管国际社会仍然存在着对我国推进生态文明建设种种努力的恶意猜疑甚至诽谤，但越来越多的国家和人们关注和了解中国方案并从中受益，越来越多正义的声音赏识与支持中国方案。

一方面，国际组织表达着对中国方案的支持。2016 年，联合国环境规划署发布《绿水青山就是金山银山：中国生态文明战略与行动》报告，对我国生态文明建设成绩给予高度肯定。联合国社会发展委员会、安全理事会、人权理事会等国际组织，已相继将“构建人类命运共同体”载入决议；《生物多样性公约》缔约方大会第 15 次会议的主题是“生态文明：共建地球生命共同体”；如此等等，均是对中国方案的肯定与支持。曾任联合国副秘书长兼环境署执行主任的埃里克·索尔海姆表示：“中国的生态文明建设理念和经验，为全世界可持续发展提供重要借鉴，贡献中国的解决方案。”①

另一方面，国外政要、专家等表达着对中国方案的肯定。日本前首相鸠山由纪夫认为：“中国把生态文明建设作为最优先的课题之一……世界各国领导人应该有相同意识，共同努力。”② 最早提出“绿色 GDP”的学者之一、世界著名哲学家、建设性后现代主义全球领军人物，美国国家人文科学院院士小约翰·柯布指出，“中国致力于走可持续发展道路，在全球生态文明建设中发挥着日益重要的作用”③。“中国是世界上唯一将‘生态文明’作为‘千年大计’的国家。在其他国家，虽然一些民众和团体已将生态文明视作人类发展的目标，但并没有像中国这样上升到国家战略的高度和地位，甚至被写进了中国共产党的党章，写入了中国宪法。”④ 西班牙中国政策观察中心主任胡里奥·里奥斯表示：“中国政府对生态文明建设中存在的问题有清醒准确的认识，对解决这些问题投入了大量资源，制定了中长期规划。这些都让人们相信，中国的生态文明建设将在未来取得更多令人赞叹的成就。”⑤ 外国政要、专家、学者等类似评价不胜枚举。“青山遮

---

① 参见刘毅、孙秀艳等：《努力开创人与自然和谐发展新格局》，《人民日报》2017 年 10 月 5 日，第 1 版。

② 参见《国际人士缘何盛赞中国生态文明建设成就？》http://www.xinhuanet.com//politics/2018-07/10/c_1123105158.htm。

③ http://www.xinhuanet.com/world/2019-04/30/c_1124438095.htm。

④ ［美］小约翰·柯布：《生态文明与第二次启蒙》，王俊锋译，《山东社会科学》2021 年第 12 期。

⑤ 杨迅、许立群等：《“从中国的成功经验中寻找新路径”》，《人民日报》2018 年 3 月 14 日，第 3 版。

不住，毕竟东流去”，生态文明建设是符合人类整体利益的正确战略与举措，已经并将不断得到秉持正义的人们的支持。

（二）从点上来看，以个案管中窥豹表达对中国方案的赞誉

国际社会关注我国的生态文明建设，既有对面上战略、政策、成绩的高度肯定，也有对典型个案的高度赞誉。管中窥豹，由点及面，能反映我国生态文明建设的力度与成效。

2017 年至 2019 年，联合国环境规划署（UNEP）所设“地球卫士奖”中的“激励与行动奖”，先后授予我国塞罕坝机械林场建设者、浙江省“千村示范、万村整治”工程和中国移动支付平台支付宝推出的“蚂蚁森林”项目；2015 年，库布齐沙漠绿化成果被写入联合国宣言的生态治沙经典模式，库布齐沙漠治理区被联合国确立为“生态经济示范区”；2019 年，联合国环境署发布《北京二十年大气污染治理历程与展望》评估报告，对北京的大气污染治理进行充分褒奖；库布齐沙漠绿化成果和塞罕坝机械林场先后荣获联合国防治荒漠化“土地生命奖”。如此等等，不一而足，这些均是对中国生态文明建设实践的肯定。

2021 年，从云南省西双版纳自然保护区“出走”的 15 头野生亚洲象成功“出圈”，圈粉无数。我国投入大量的人力、物力、财力，采取多种措施引导象群南归，保护人、象安全，赢得了国内外的普遍喝彩。一直对我国抱有偏见的某些西方媒体如英国的 BBC、美国的 CNN 等媒体，这一次终于放弃了惯用的“阴间滤镜”，对此做了正面报道，BBC 甚至用了“a big effort”（一项巨大努力）来予以肯定[①]。大象北上南归，只是我国保护生物多样性谋求人与自然和谐共处的缩影。

推进生态文明建设，因为“有为”，故而“有位”。实践维度的努力是对理论维度最好的诠释，尽管西方的生态诘难不会因中国的努力而消弭于无形，但我国生态文明建设的积极行动与显著成效是赢取国际话语权的强有力支点。总之，我国生态文明建设的实践立足国内，放眼全球，搭平台、促共识、求和谐、展实效，以实际行动为全球发展贡献中国方案，必将赢得越来越多的肯定与支持。

---

① 《万万没想到 外媒的“阴间滤镜”居然被这群大象踩碎》，央视网，https://news.cctv.com/2021/06/10/ARTIB2VNXrQzM9dhlV39mMGP210610.shtml。

第三节　两个“共同体”相融为世界发展贡献中国方案

生态文明建设的世界意义，还体现在将人与自然和谐共生的生命共同体与人类命运共同体相融，为世界发展导航。马克思早就为人类社会的发展指出了“两个和解”的终极价值目标，不过，在人与人实现真正和解之前，人与自然不可能实现彻底和解。然而，当今的世界社会主义运动仍处于低潮，从人类社会的发展规律而言，“两个和解”有望；从现实困境来看，“两个和解”又暂时无期。如何为有望却无期的目标构建科学的路径？两个“共同体”，即人类命运共同体和人与自然的生命共同体相融，给出了立足现实的理性答案。

一、“生命共同体”为“命运共同体”奠基

“人与自然的关系是人类社会最基本的关系。”[①] 党的十九大报告将“坚持人与自然和谐共生”[②]作为新时代坚持和发展中国特色社会主义的十四条基本方略之一，党的二十大报告就“推动绿色发展，促进人与自然和谐共生”[③] 进行了进一步部署。党的十九大报告还创造性地提出了“人与自然是生命共同体”[④] 的科学论断，这既是认识的升华，也是实践的进步，更是对人与自然关系的深刻反思。“人与自然是生命共同体”可以从如下两个方面作进一步解读：从人类发生学的角度而言，这是对既往历史的肯定，人来源于自然，受制于自然，自然是人的无机身体。发生学的共同体，是一种“天然”的共同体；从人类发展学的角度而言，这又是对既往历史的深刻反思。人类脱胎于自然之后，一步一步地张扬着自己的主体性，将自然这一无机身体异化为改造与控制的对象，人与自然之间的裂缝不断扩大。审视自身善待自然，通过生态文明建设重构人与自然之间的关系是必须作出的现实选择。

人类命运共同体理念主要从立足现实、总结历史、观照未来的视角出发，深刻总结了过去人类社会的存在样态，科学审思当今世界面临的难题，是解决当前国际难题构建新型国际关系的新理念。总体而言，人类命运共

① 中共中央宣传部：《习近平同志总书记系列重要讲话读本》，学习出版社、人民出版社，2016，第 231 页。

② 《习近平谈治国理政》第 3 卷，外文出版社，2020，第 19 页。

③ 习近平：《高举中国特色社会主义伟大旗帜 为全面建设社会主义现代化国家而团结奋斗》，《人民日报》2022 年 10 月 26 日，第 1 版。

④ 《习近平谈治国理政》第 3 卷，外文出版社，2020，第 39 页。

同体理念主张世界各国应秉持情感共鸣、发展共赢、利益共生和责任共担的价值理念，主张各国在谋求本国利益的同时要兼顾好其他国家的合理关切，在追求本国发展的同时要尽力促进世界各国共同发展，以此推动国际秩序朝着更加公正合理的方向发展。因此，人类命运共同体本质上是一种和平、发展、公平、正义、民主、自由的共同体。具体而言，人类命运共同体又可以分为利益共同体、价值共同体和责任共同体三个层次。

（一）利益共同体是人类命运共同体的基石，生态利益是其中不可或缺的部分

马克思曾指出："'思想'一旦离开'利益'，就一定会使自己出丑。"[①]人类社会的各种矛盾与问题，多因利益纷争而起，因利益协同而终，利益问题多为一切现实问题的根基，解决现实问题需从回应利益关切入手。在以国家利益为主导的现代国际关系中，没有利益共同体就没有命运的共同体，人类命运共同体的构建必须以利益共同体作为前提。利益共同体主要体现在经济、安全、生态等层面，它们相互联系又各具特征。

在经济方面，世界经济早已形成了"一荣俱荣，一损俱损"的利益交融格局，任何国家想关起门来自绝于世界经济体系无异于痴人说梦。当前，全球经济发展竞争激烈，公平公正的竞争能激发活力，于发展有益，各国在竞争中谋求合作，取长补短相互支持才能让全球经济发展有持续的动能和高效的收益。相反，非公平的竞争给全球经济增长增加了障碍，拖慢了全球发展的步伐，一些国家以损人利己的方式即使能获得暂时的利益，但迟早会因这种自私的行为而遭受反噬；一些国家的逆全球化行为是逆历史潮流而动，在损害他国利益的同时，其自身利益也毫无疑问地受到损伤。推动构建公平合理的经济利益共同体，方能为人类命运共同体构筑坚实的基础。

在安全层面，无论传统安全还是非传统安全领域，世界各国均紧密相连。从两次世界大战的灾难到美苏争霸所导致的阴霾，再到今天的地区冲突接连不断，传统的安全威胁并没有离我们远去。恐怖主义、极端主义、分裂主义的挑战，能源资源安全、网络安全、传染病蔓延等非传统安全问题日益凸显。各种传统安全问题与非传统安全问题相互交织，错综复杂。各国唯有树立人类命运共同体意识，照顾彼此的安全关切，在谋求自身利益的同时不制造事端、不挑起矛盾，共同应对各种突发的安全威胁，构建兼顾各方利益的安全共同体。

---

① 《马克思恩格斯文集》第1卷，人民出版社，2009，第286页。

生态领域的利益共同体，曾经在很长一段时间被忽视，但随着生态灾难频发，全球气候变暖，资源枯竭加剧……人类已越来越清醒地认识到，在自然面前人与人的命运早已休戚相关。表面而言，经济利益、安全利益至关重要，实质而言，生态利益更具基础性、全局性、长远性。只有生态环境维持动态平衡，人类命运共同体才有存在的前提条件和发展的坚实基础；只有真正责任共担利益共享，才能维护生态环境的动态平衡。

（二）价值共同体是人类命运共同体的导向，生态价值不容忽视

各国之间彼此联系，利害攸关是客观事实，但如何看待并对待这种利害关系，就涉及价值认知和价值理念问题。当今世界社会主义制度与资本主义制度并存，两种社会制度构建方式不同，意识形态迥异，价值理念差异明显；即使是同一社会制度内的不同国家，由于国情不同，传统文化、宗教信仰等存在差异，价值理念也存在较大差别。总之，当今世界，不同社会制度、不同国家之间价值观的冲突与摩擦从未消停。

以美国为首的西方大国推崇所谓的民主、自由、人权的“普世价值”，甚至打出“人权高于主权”的旗号侵略其他国家，妄图用所谓的“普世价值”迷惑民众，为维护霸权开脱。人类命运共同体理念秉持和平、发展、公平、正义、民主、自由的全人类共同价值，在尊重各国主权的基础上，主张就一些共同利益相互协商、取长补短。因而，人类命运共同体能超越国家、地区、民族以及宗教之间的隔阂、冲突与纷争，强调的是宽容而不是狭隘，是融合而不是分歧，是合作而不是斗争，是一种真正意义上的“价值共同体”，与西方大国借推崇所谓“普世价值”之机干涉别国内政不可同日而语。

以全人类共同价值为引领推动构建人类命运共同体，超越了文明隔阂、文明冲突，共建文明共存、交汇、交融的美好世界。不过，综观人类文明的长河，“生态兴则文明兴，生态衰则文明衰”[①]，自然是人类的生命之源，良好的生态环境为人类的生存与发展提供物质条件。任何一种人类文明都或直接或间接涉及人与自然之间的关系，缺乏良好的生态环境作支撑，文明或黯然失色，或走向消亡，因此，价值共同体不能缺少生态的视角。而实际上，和平、发展、公平、正义、民主、自由的全人类共同价值追求，无不体现着各国人民应齐心协力保护生态环境，公正合理地利用生态资源，共谋全球生态美好的价值理念。

---

① 中共中央文献研究室编：《习近平关于社会主义生态文明建设论述摘编》，中央文献出版社，2017，第6页。

（三）责任共同体是人类命运共同体的保障，生态责任是构成要素之一

人类命运共同体是利益共同体、价值共同体、责任共同体的有机统一体。其中，利益共同体是基石，价值共同体是导向，责任共同体是保障。缺乏责任共同体的保障，价值共同体就没有了实践根基，利益共同体会被离散。构建人类命运共同体，需要世界各国求同存异、直面问题、共担责任、共谋发展。人类总是在不断解决问题中前行，当今世界正处于百年未有之大变局，发展中面临的问题更是错综复杂，各国只有真正作为命运共同体中的一员积极承担应有的国际责任和义务，方能实现各方利益的“最大公约数”。承担国际责任，推动全球发展，中国无疑是最有发言权的。无论过去、现在还是将来，中国从未忘记也从不推卸作为一个大国应承担的国际责任和义务。经济援助、国际维和反恐、应对气候变化等等，中国从未缺席。中国不仅是全球发展的受益者，更是推动全球发展进步的贡献者。

责任共同体不仅是一种理念，更是一种行动。人类只有一个地球，只有世界各国政府和人民既立足国内保护和改善生态环境，又放眼全球承担应有生态环境治理责任，人与自然才能实现共生、共存、共荣。“人与自然是生命共同体”，这是对人类利用自然经验教训的深刻总结，也是对人类未来发展的深邃思考。人与自然相融相生的生命共同体为人类命运共同体的发展提供有力支持，良好的生态环境促进人类命运共同体的持续发展。

二、“命运共同体”为“生命共同体”护航

如前所述，尊重自然是构建生命共同体之“道”，顺应自然、保护自然乃构建生命共同体之“器”。以“器”持“道”，“道”与“器”相融，生态环境才能得到根本改善，人与自然共生共存共荣的生命共同体才能最终形成。顺应自然、保护自然的方法与措施很多，笔者在前面的章节已做了很多阐释。党的十八大以来，以习近平同志为核心的党中央高度重视生态环境问题，充分认识到“人与自然是生命共同体”，厚植尊重自然的理念，遵从绿色发展要求，以解决突出的生态环境问题为着力点，将生态文明建设落在实处，“道”与“器”相融相生，我国生态环境已有明显改善。

不过，人与自然和谐共生的生命共同体的有效确认，不能仅有国内视角。20 世纪中叶以来，随着生态环境的不断恶化，国内外围绕着如何顺应自然、保护自然献计献策。不过，除少数发达资本主义国家通过加强治理，特别是通过转嫁治理成本让国内生态环境明显好转之外，全球生态环

境并无多大改观，甚至一些国家和地区的生态环境仍在不断恶化。究其主要原因，一是因为缺乏生命共同体的认知和尊重自然的理性，而是基本囿于眼前利益聚焦于生态环境问题本身而寻求对策，治理成效弱化。二是因为缺乏“命运共同体”的认知，多致力于国内的生态环境治理，全球性的合作博弈色彩明显，治理成效也因此大打折扣。可见，生命共同体的构建不能缺少命运共同体的视角，顺应与保护自然需要不同地区、不同国家的携手合作。

马克思曾指出，“人对自然的关系直接就是人对人的关系，正像人对人的关系直接就是人对自然的关系”[①]。人与自然的关系同人与人的关系具有直接同一性，解决人与自然之间的问题只能从协调人与人的关系入手。协调人与人的关系不能只囿于国家或地域边界的局部与眼前利益，而必须具有全球性长远性的大视野大格局。人类命运共同体理念，正是从整个“类”发展的高度，以实践活动为现实支撑，强调人类命运心手相连，休戚相关。正如方世南先生所言：“人类命运共同体是一个唤起人们充分认识‘类危机’的严重性和‘类安全’‘类生存和类发展’的重要性，充分发挥‘类本质’‘类主体’和‘类行动’的积极作用，以实现‘类价值’‘类利益’和‘类永续发展’等多种价值目标的复合性概念，生动地表明人类与地球上其他所有生命所结成的不可分割的内在联系，而并不单独指人类所处的生态环境或人类生命本身。”[②]

尽管倡导构建人类命运共同体，其直接动因不只是为了协调人与自然之间的关系，但它也无法回避审视人与自然之间的关系 。构建人类命运共同体涉及诸多相互联系的领域，推进构建人类命运共同体能为确认人与自然之间的生命共同体提供有效路径。只有全球努力构建真正的人类命运共同体，才能在利用自然保护生态环境方面携手合作，才能维系人与自然和谐共生的生命共同体，才能让人与自然更好地实现共生共存共荣而不是共损甚至共亡。

（一）人类命运共同体包含生态要素，能为生命共同体提供直接支撑

构建人类命运共同体的目的是维护全人类共同的利益，尽管人类命运共同体之中的共同利益诉求复合多元，但良好的生态环境是其中不可或缺的要素。习近平同志在联合国日内瓦总部所作的题为“共同构建人类命运共同体”的演讲中就明确指出：“坚持绿色低碳，建设一个清洁美丽的

① 《马克思恩格斯文集》第1卷，人民出版社，2009，第184页。

② 方世南：《人类命运共同体视域下的生态—生命一体化安全研究》，《理论与改革》2020年第5期。

世界。”[①]在党的十九大、二十大报告中，推动构建人类命运共同体，建设“清洁美丽的世界”均是其中的重要内容。清洁美丽的世界是全球范围内人与自然和谐相处的直观表达，它与美丽中国、美好生活共同构成人与自然共生共荣的美好画卷。

将生态要素纳入人类命运共同体之中，强调外部自然界虽外在于人类，但始终与人类的命运紧密相连。即使那些习惯于专注眼前利益的国家、政党与民众，也可能从关心自身命运的视角在一定程度上正视良好生态环境的至关重要作用。众所周知，可持续发展理念自 20 世纪提出后，国际社会为之进行了很多努力。2015 年 9 月，联合国又在可持续发展峰会上通过了《2030 年可持续发展议程》，提出了 17 项可持续发展目标。尽管强调关注子孙后代利益的可持续发展战略目标十分明晰，但落实与推进却异常艰难，后代人将面临的困境难以激发当代人的责任是重要原因。人类命运共同体立足当下着眼未来，让生态灾难与战争、恐袭、贫困、疾病等威胁人类生存之痛一并被认知，旨在进一步敲响保护生态环境的警钟。我国是负责任的发展中大国，尽自己所能为构建和谐的生命共同体和人类命运共同体贡献中国智慧、中国方案、中国力量。

（二）人类命运共同体坚持求同存异，能为生命共同体提供整体支撑

俗话说同呼吸共命运，当下的人类可以说因为呼吸难同所以命运难共。人类命运休戚与共是不争的现实，但持久和平、普遍安全、共同繁荣、开放包容、清洁美丽的世界迄今只是美好愿景。在国家作为重要政治形态的前提下，国界往往是构建人类命运共同体的天然屏障，不同国家总会为了各自的利益而或多或少忽视人类共同的命运。其实，差异性同时也意味着丰富性，承认同中之异是尊重客观规律；弥合分歧才能更好地携手共进，讲究异中求同更考量各国智慧。原则性的矛盾需要站在历史正确的一边发扬伟大斗争精神予以解决，非原则性的分歧则可以通过协调沟通予以化解。不过，无论采取哪一种方式实现异中求同都必须承认文明没有高低、优劣之分，只有地域、特色之别。“每种文明都有其独特魅力和深厚底蕴，都是人类的精神瑰宝。不同文明要取长补短、共同进步，让文明交流互鉴成为推动人类社会进步的动力、维护世界和平的纽带。”[②]

人类命运共同体理念正视当今世界各国“你中有我，我中有你”“一荣俱荣，一损俱损”的客观事实，秉承求同存异的原则，坚持共商共建方法，达到共享共赢的结果。因此，人类命运共同体理念是一种相互尊重、

---

① 习近平:《共同构建人类命运共同体》,《人民日报》2017 年 1 月 20 日，第 2 版。

② 习近平:《共同构建人类命运共同体》,《人民日报》2017 年 1 月 20 日，第 2 版。

平等相待的新型权力观，合作共赢、共同发展的新型治理观，和而不同、兼容并蓄的新型文明观。推动构建人类命运共同体，有利于建立公正合理的新型国际秩序，能为生命共同体的构建营造相对公正和谐的国际环境。尽管人类命运共同体的实现是一个长期的过程，但构建人类命运共同体是一种当下责任。推动构建人类命运共同体是解决人类面临共同发展中的和平赤字、发展赤字、治理赤字的有效路径，也是有效解决生态环境问题的重要途径。没有人类命运共同体的保驾护航，人与自然和谐共生的生命共同体根本无法全面实现。

第四节　自立自强展现和谐共生的中国式现代化道路

现代化是人类的梦想，亦是中华民族孜孜以求的目标。通向现代化的道路从来都不是单一线性的，而是多维多元的。习近平同志在庆祝中国共产党成立 100 周年大会上发表重要讲话指出，“我们坚持和发展中国特色社会主义……创造了中国式现代化新道路,创造了人类文明新形态”[①]。党的十九届六中全会再一次明确指出：“党领导人民成功走出中国式现代化道路，创造了人类文明新形态。”[②] 党二十大报告站在新的起点上明确提出要以“以中国式现代化全面推进中华民族伟大复兴”[③]。中国式现代化道路，是一条“历时”之路，是立足中国国情并在实践中不断摸索总结而成；也是一条“现时”与“来时”之路，是当下的实践以及对将来发展的规划与憧憬。中国式现代化道路在摸索中延伸，中国式现代化在实践中生成。中国式现代化内涵深刻而丰富，人与自然和谐共生是其中的重要维度。

一、中国式现代化：坚持人与自然和谐共生

现代化历程一定意义上是人与自然关系不断调整、适应的过程。人与自然和谐共生是中国式现代化的本质要求和基本特征之一，而促进人与自然和谐共生贯穿于我国现代化探索的各个时期。总体而言，迄今我国推进人与自然和谐共生的现代化经历了由“滞”到“治”的有益探索和由“治”

① 《习近平谈治国理政》第 4 卷，外文出版社，2022，第 10 页。

② 《中共中央关于党的百年奋斗重大成就和历史经验的决议》，人民出版社，2021，第 64 页。

③ 习近平：《高举中国特色社会主义伟大旗帜 为全面建设社会主义现代化国家而团结奋斗》，《人民日报》2022 年 10 月 26 日，第 1 版。

及“兴”的科学实践两个阶段。

（一）由“滞”到“治”的有益探索

“滞”即滞后，尽管现代化是人类梦寐以求的目标，“天人合一”的朴素生态意识在优秀传统文化中早已萌生，但历经磨难的中华民族现代化建设起步的时间明显滞后于发达资本主义国家，处理人与自然关系的方式也在一定程度上滞后于现代化建设的需要，甚至在特定环境下滞后于现代化建设的进程。“治”即治理，即新中国成立之后，我国进行全方位的社会治理，这其中包括环境治理，现代化建设进程也是生态环境治理体系与治理能力现代化逐步推进的过程。生态环境由“滞”到“治”的过往样态，让我国现代化进程中人与自然和谐共生的理念逐渐明晰。

中华人民共和国成立后到改革开放初期是我国现代化建设进程中一个艰难的探索阶段。具体到生态环境治理领域，经历了一个由着力解决资源难题向关注环境治理的试点推进过程。中华人民共和国成立之初就提出了“四个现代化”的目标，只是当时的现代化构想基本是照搬苏联模式。同时囿于当时的认知水平，“四个现代化”构想中并没有关于人与自然和谐共生理念的直观表达，当时主要是直面现代化建设进程中的资源环境难题。改革开放以来，党中央清醒地认识到我国的现代化建设既不能照搬苏联模式，更不可效仿西方模式，而是要立足我国国情着力补齐短板实现快速发展，“走出一条中国式的现代化道路”[①]。具体到生态环境领域，中国也根据自己的国情逐步探索合适的环境保护措施，进一步解决现代化建设中遇到的资源环境问题。

从 20 世纪 90 年代到党的十八大召开以前，我国的现代化进程进一步推进，对良好生态环境重要性的认识也在不断深化。这一时期，生态环境领域的关注点已由环境上升到生态，在继续解决具体的资源环境问题的同时，深入思考具体问题中潜藏的深层次原因并找寻对策，开启前瞻性的可持续发展和生态文明建设。用生态统领环境，用生态文明引领发展，让现代化建设中人与自然和谐共生的目标日趋明确。如党中央明确提出：“在现代化建设中，必须把实现可持续发展作为一个重大战略。”[②] 可持续发展是既着眼当下更强调兼顾长远的发展理念，尽管这不是中国共产党的原创性主张，但将可持续发展作为现代化建设的战略要求提出来仍是发展理念的跃升。党的十七大报告首次提出“建设生态文明”。生态文明的提出，一方面强调外部自然界是复杂的生态系统，自然界各组成部分之间是一个

① 《邓小平文选》第 2 卷，人民出版社，1994，第 163 页。

② 《江泽民文选》第 1 卷，人民出版社，2006，第 463 页。

相互联系的有机整体，过去人们对资源利用、环境保护的强调没能很好地体现外部自然界的这种系统性和整体性；另一方面也说明，良好的生态环境并非自然的馈赠，而是人类利用自然生成的文明成果，生态文明是自在自然向人化自然的实践生成。生态文明的提出让现代化目标中人与自然和谐共生的理念得以彰显。

由是观之，实现人与自然和谐共生是我国始终秉承的理念与追求，只是这种理念的在场也经历了由“隐”到“显”、由“朦胧”到“清晰”的过程。与此相对应，在发展的不同时期我国现代化建设的目标与侧重点不尽相同，生态环境保护和治理的政策与措施存在差异。毋庸讳言，我国是在生产力落后的条件下探索现代化建设之路，因急于改变贫穷落后面貌的强烈愿望，加之建设过程中存在经验和认知不足，在具体的实践中走过牺牲生态环境换取经济增长的弯路，但不能因此而否认党和国家曾经为治理生态环境所作出的努力。曾经由“滞”到“治”系列的探索，为当下的发展积累了不少可资借鉴的经验。

（二）由“治”及“兴”的科学实践

中国特色社会主义进入新时代，以习近平同志为核心的党中央针对我国现代化进程中的生态环境难题，开启了系统深入的生态环境治理，推进生态文明建设、构建和谐的人与自然关系的新征程。新时代生态文明建设要全面解决掣肘现代化的生态难题，以生态环境“治理”促进中华民族“复兴”伟业，以人与自然和谐共生的生态文明为人类文明“兴盛”提供不竭的生态动力。由“治”及“兴”，既是新时代的光荣任务和坚定目标，更是一场伟大的实践。

党的十八大以来，我国立足新时代新阶段，坚持新发展理念构建新发展格局，继往开来踔疾步稳地推进现代化建设，中国式现代化道路特色鲜明，成绩卓越。具体到生态环境领域，以系统的生态环境治理为抓手全面全程推进生态文明建设。关于新时代生态文明建设理论理念、战略部署、路径方法等等，我在前面各章节已做了详细阐释，不再赘述。

尽管由“治”及“兴”任重而道远，但总体而言，党的十八大以来，以习近平同志为核心的党中央领导全体人民加强生态环境治理推进生态文明建设，开启了由“治”及“兴”的实践探索，我国生态环境状况发生了根本性、全局性变化，天蓝、水清、山绿、民富不再是梦想，我国现代化建设的成就有目共睹。不断改善的生态环境为现代化建设的全面推进奠定了良好的基础，人与自然和谐共生的现代化正逐步由愿景变成现实。

二、人与自然和谐共生现代化的三重超越

在人类文明的进程中，一些西方资本主义国家率先实现了现代化，不过其现代化道路和运行逻辑并非理想的模板，发达资本主义国家的现代化模式难以复制。当下一些发达资本主义国家陷入了人与人、人与社会、人与自然矛盾丛生的困境。中国式现代化道路是对资本主义模式的反思与超越，“拓展了发展中国家走向现代化的途径，给世界上那些既希望加快发展又希望保持自身独立性的国家和民族提供了全新选择”①。下面仅以人与自然关系为视角进行探讨。

（一）以守正创新超越西方“历史终结”的幻想

资本主义幻想着对人类的绝对统治，“西方中心论”和“历史终结论”作为绝对统治企图的理论粉墨登场，其现代化建设的成就是支撑“历史终结论”的所谓证据。西方发达资本主义国家率先实现了现代化，且迄今实现现代化的国家都是资本主义国家，这很容易衍生出一种“现代化”等于“资本主义的现代化”的假象。苏联解体、东欧剧变，两极格局终结，社会主义的这一历史性挫折似乎更进一步确证了资本主义现代化模式在世界范围内的绝对统治地位，似乎更好地印证了资本主义文明是人类文明的最优样态，“历史终结”论甚至也因此从一场资本主义国家穷尽全力的自我确认，一定程度上演变成了全球狂欢式他证与自证的统一。西方标榜的民主与自由的价值预设同时被嫁接到了生态环境领域，其现代化进程中的生态掠夺与殖民的肮脏事实被刻意忽略甚至美化，极少数资本主义国家国内生态环境获得改善的事实被作为其重视人权的政绩而标榜与张扬。

诚然，相对于以往社会形态而言，资本主义社会属于现代社会，资本主义是人类由传统社会走向现代社会的第一种制度形态。马克思在《哥达纲领批判》中指出，“‘现代社会’就是存在于一切文明国度中的资本主义社会”②。不过，资本主义的现代社会特性是相对于过往的社会形态而言的，资本主义不是人类文明的早期起点，也不可能是人类文明的完美终点。人类社会始终处于不断发展、不断完善的进程之中，作为现代社会的资本主义剥削制度必然退出历史舞台，资本主义不可能实现“历史终结”成就发展的永恒。

中国共产党是马克思主义政党，深谙共产党执政规律、社会主义建设

---

① 《中共中央关于党的百年奋斗重大成就和历史经验的决议》，人民出版社，2021，第64页。

② 《马克思恩格斯文集》第3卷，人民出版社，2009，第444页。

规律、人类社会发展规律。中国式现代化道路是对“守正”的源头坚持和对“创新”的科学诠释。“守正”就是坚持对理论的继承性，守住马克思主义这一根本行动指南。马克思主义的鲜明立场就是要剥夺剥夺者，建立所有人都能全面发展的自由人联合体，到那时人与自然、人与人将实现“双重和解”。恪守自然是人的无机身体理论认知，通过人与自然之间合理的物质变换，最终实现人与自然的和解是马克思主义的生态自觉。“创新”就是要把马克思主义同中国具体实际相结合，同中华优秀传统文化相结合，探索适合中国国情的发展之路。自 1938 年提出“马克思主义中国化”的科学命题后，中国共产党就不断推进马克思主义中国化，始终坚持为全体人民谋幸福。社会主义现代化建设以实现人民利益最大化为即期目标，以人的自由全面发展为终极指向。具体到生态环境领域，从由“滞”到“治”、由“治”及“兴”的种种努力，其出发点和落脚点始终是最广大人民的根本利益，生产发展、生活富裕、生态良好的目标正逐步变成现实。中国式现代化道路的成功，既为“两个和解”立起了现实的支点，也是对“历史终结”企图的终结。

（二）以自力更生超越西方侵略扩张的圭臬

“资产阶级在它的不到一百年的阶级统治中所创造的生产力，比过去一切世代创造的全部生产力还要多，还要大”[①]。然而，资本逻辑是以追求剩余价值最大化为目标的资本扩张逻辑，资本主义创造的巨大生产力是建立在对无产阶级的无情盘剥和对后发国家的疯狂掠夺基础之上。发达资本主义国家以一种超然先在性的资本逻辑奴役本国民众的同时，也力图宰治整个世界，资本主义的发家史就是一部血淋淋的侵略与扩张的历史。资本逻辑之下的价值理性使人际关系变为可计算的商品关系，畸形的商品关系引发对自然的掠夺式开发，导致严重的生态环境问题，“八大公害”等震惊世界事件是其生态环境问题的缩影。不过，为了资本的长久增殖，为了吸引选民手中的选票，为了稳固资本主义的所谓绝对统治，等等，资本剥削的策略也发生了一些改变。一方面，资本家控制的政府不得不进行社会改良，这其中就包括国内的生态环境治理。一些国家国内生态环境获得了较大改善甚至呈现出生态良好的态势，民众无疑能从中获益从而增强对制度的认同感。另一方面，西方发达资本主义国家为了维护其垄断和霸权地位极力标榜其现代化模式，吸引发展中国家走西方的“老路”，并借此转移本国的传统产业，将后发国家“圈养”为原材料产地和环境污染的消纳

① 《马克思恩格斯文集》第 2 卷，人民出版社，2009，第 36 页。

之地。只不过相对于战争与殖民统治而言，生态殖民方式相对隐蔽，但资本追逐剩余价值最大化的侵略扩张本性并没有改变。

历史已经证明，任何国家都必须在现代化进程和运行模式中掌握主动权，否则就可能陷入别国现代化的魅影和陷阱中走向衰败和没落，这在“华盛顿共识”影响下的东欧和拉美等国家身上已经得到印证。中国绝不照搬西方的现代化模式，绝不为了发展而盲从西方所谓的成功经验，而是在各个阶段把握现代化的进程、动力、结构等因素，在自力更生中走出一条中国式现代化道路。这种自力更生同样体现在利用自然资源和处理生态环境等领域。一方面，中国既不屈从于外来的压力，也不依赖于外来的支持，而是立足本国国情、通过全体人民奋发有为，探索适合自身的现代化道路。即使中国人均生态资源严重不足，但从不伺机侵占他国资源；即使我国在工业化过程中生态环境压力大，但从不推卸自己应承担的责任。另一方面，中国赞赏别的国家自力更生的发展，同时给予后发国家力所能及的帮助。与发达资本主义国家兜售自己的模式干涉别国内政不同，中国历来尊重差异，主张求同存异。中国式现代化以实现人民利益最大化为目标，以自力更生为根本路径，与资本逻辑通过侵略扩张追求剩余价值最大化存在着本质区别。

（三）以合作共赢超越西方零和博弈的掣肘

西方资本主义现代化带来了人类主体的理性启蒙，以“人本”超越了“神本”。理性启蒙的本意凸显了人的主体价值，但伴随现代化进程的推进，被西方国家视为圭臬的资本主义文明却与人类理性思维产生极大矛盾，资本主义现代文明在为世界创造大量物质财富的同时，却奉行丛林法则与零和博弈思维，往往将人类的地位凌驾于自然之上，将本国利益凌驾于他国利益之上，造成人与自然的背离，人与人、国与国之间的紧张甚至对立。全球性的生态环境问题发生后，资本主义国家也尝试着通过合作进行生态环境治理。《巴黎协定》就是由全世界 178 个缔约方共同签署的应对气候变化的协定。应对气候变化等全球性的生态环境问题，需要世界各国摒弃“零和博弈”的狭隘思维，各方多一些担当与责任，以降低气候变化等给人类带来的生存危机。然而，以美国为首的西方国家加入《巴黎协定》的根本目的是为增加国际话语权以制定倾向于自身利益的规则，进而为资本家和资本集团谋求利益，美国以“经济负担”为由退出《巴黎协定》就是最佳例证。尽管拜登领导的美国政府已于 2021 年重返《巴黎协定》，但重返只是为了掩盖“美国优先”的真实企图，消除特朗普政府频繁退群产生的负面影响，不能过多地期待美国切实担当起全球生态环境治理的大国责任。

中国是负责任的发展中大国，在推进现代化建设的进程中不仅注重国内的生态环境治理，还一直尽自己所能担负起应尽的国际义务。特别是党的十八大以来，我国着力将生态文明建设内含于现代化建设的征程中，既致力于解决国内的生态环境问题，又积极推动全球生态环境治理。如我国提出 2030、2060 年实现碳达峰、碳中和目标并为之作出不懈努力，“这是中国基于推动构建人类命运共同体的责任担当和实现可持续发展的内在要求作出的重大战略决策”①。将绿色发展融入“一带一路”倡议，构建了绿色“一带一路”计划，帮助发展中国家应对气候变化的南南合作计划，绿色发展国际联盟等。中国还打造了环境知识和信息交流平台，以便各国之间生态环保信息共享，为建设绿色“一带一路”提供数据的分享和支持，进一步提高参与国家的环境意识；开放绿色技术交流与转让的平台，开展生态环保产业的合作，提升区域污染防治和生态保护的能力。此外，中国积极开展事关生态文明建设的各种国际交流会议，如举办生态文明贵阳国际论坛、中国北京世界园艺博览会、《生物多样性公约》缔约方大会第十五次会议等。我国率先出资设立昆明生物多样性基金，并承诺“依托‘一带一路’绿色发展国际联盟，发挥好昆明生物多样性基金作用，向发展中国家提供力所能及的支持和帮助”②。如此等等，不一而足，中国以实际行动促进全球生态环境治理与保护，促进人与自然和谐共生。在中国，“和”“合”理念源远流长，在国际问题的处理中，中国始终坚持和平共处合作共赢。生态环境问题的解决需要全球各国携手合作，中国始终尽自己的努力求同存异、担当尽责。以合作共赢的大格局超越零和博弈的褊狭，才能既让世界各国人民选择符合自己国情的现代化道路，又让世界各国共同应对全球发展中面临的难题。这样的现代化才不会导致自然的退化、人的异化，人与自然、人与人的“双重和解”才能最终实现。

推进生态文明建设，让人与自然和谐共生的现代化道路步履更稳健、特色更鲜明。诚然，人与自然和谐共生的现代化，只是中国式现代化道路丰富内涵的一个方面，但管中窥豹可见一斑。从中国国情出发，走自己的路，这是中国共产党全部理论和实践探索的立足点，更是中国共产党领导中国人民通过百余年奋斗所总结的历史经验。中国式现代化道路是历经新中国成立以来特别是改革开放以来的长期探索和实践而形成，经过新时代

---

① 习近平：《共同构建人与自然生命共同体》，《人民日报》2021 年 4 月 23 日，第 2 版。

② 习近平：《在〈生物多样性公约〉第十五次缔约方大会第二阶段高级别会议开幕式上的致辞》，《人民日报》2022 年 12 月 16 日，第 2 版。

的创新突破而拓展与深化。中国式现代化道路坚持以人为本，而不是以资本为本；坚持和平发展而不是侵略扩张，不搞单边主义；坚持人与自然和谐共生，不搞人类中心主义。中国式现代化道路打破了“现代化＝西方化”的神话，是对资本主义模式的反思与超越。中国不兜售模式，不贩卖模板，但中国式现代化道路的成功实践让广大发展中国家看到了独立自主走上现代化道路的希望。诚然，国外对中国式现代化道路仍不尽了解，对我国生态文明建设仍不尽了解。某些西方国家更是对我国包括生态文明建设在内的种种成就习惯性失聪、失忆、失明，有意歪曲事实真相，故意捏造虚假事件，恶意渲染“中国威胁论”，或者偏颇地认为，中国特色就是“中国例外”，无借鉴意义也无全球价值。桃李不言，下自成蹊，随着生态文明建设的有序推进，随着我国现代化建设成效的彰显，越来越多的国家和人民正逐步认知中国智慧，感知中国力量，听懂中国声音，从中国方案中受益。

总之，党的十八大以来，我国立足国内放眼全球推进生态文明建设，已“成为全球生态文明建设的重要参与者、贡献者、引领者”[①]。一方面，构建生态文明以“时间”为维度，让自然生态环境得到保护—修复—实现生态平衡，让民众安生—乐生—实现自由全面发展，层层递进，逐步实现。如果良好的生态环境缺席，即使每个人的物质需求得到全面满足，体力、智力、精神、个性等得到全面发展，也只能是生态环境制约下有限发展的个体。另一方面，“时间”维度构建生态文明需要“空间”维度的实践予以支撑。人与自然的最终和解是一个漫长的过程，构建人类命运共同体是实现这一终极价值目标的现实选择。我国推动构建人类命运共同体以“空间”为维度，将美好生活、美丽中国、清洁美丽的世界三者相融。“时”“空”交融，立体、直观，为实现人与自然和谐乃至和解贡献中国智慧、中国力量。

① 《习近平谈治国理政》第 3 卷，外文出版社，2020，第 5 页。

结　语

“文章合为时而著，歌诗合为事而作。”蓦然回首，笔者关注生态环境问题已十年有余。2007 年，我的第一篇有关生态环境问题的文章在《求实》杂志发表，并被人大复印资料《生态环境与保护》全文复印。此后，我围绕着生态环境问题与生态文明建设展开研究，有所感悟，也有所收获，系列论文发表于《马克思主义研究》《光明日报》《思想理论教育》《河海大学学报（哲学社会科学版）》《理论与改革》等刊物。

对新时代的生态文明建设进行较为系统的研究是我的愿望。2020 年，我申报的课题获得国家社科基金后期资助立项，这是对我的鼓励、肯定与鞭策。评审专家对课题的研究给予了肯定，同时也提出了宝贵建议，让我受益匪浅。

课题立项之后，我在前期研究的基础之上广泛研读文献，积极请教专家，以期让“理论构建”更有深度，“现实践履”更有温度。为此，我在强化理论研究的同时，尽力开展调研以弥补短板。尽管受疫情影响，课题的调研受限甚至几次被中断而有些遗憾，但调研所获得的一手资料让我的理论研究更充盈、实践思索更深入。通过调研我更深刻地认识到，生态环境问题既是理论问题，也是实践问题；既是经济问题，也是政治问题。为防止生态环境保护与治理中的市场“失灵”，政党、政府等应通过科学合理的政策、制度与行动积极“补位”。“四个全面”是推进生态文明建设的战略支撑，也是从政治视角推进生态文明建设的具体体现。狠抓生态生产力，坚持“保护与改善”生态环境并举、“资源、环境、生态”并重，以生态生产为抓手从“供给侧”发力，以生态消费为引擎从“需求侧”搭建新动能，恪守“红色”主线，突出“绿色”主题，守住“最严法治”高压线，是推进生态文明建设的有效路径，让新时代的生态文明建设取得了显著成效。不过在调研中我也发现，我国生态文明建设仍存在的一些问题，如政策落实在一定程度上遇到了“最后一公里”瓶颈，生态消费特别是农村的生态消费遭遇困境，生态文明教育存在明显不足，等等。本书为解决上述问题提出了一系列看法与主张。

需要说明的是，理论界对生态文明建设的研究成果不少，笔者在吸收借鉴已有研究成果的基础之上，对目前一些人们较为熟知的问题或者是理论界研究比较深入的领域作了回避，以期研究尽可能有更多的新意。不过，这让“全景式”研究生态文明建设理论与实践打了折扣，也让某些方面的理论高度有所欠缺。

实践无止境，理论研究无尽头。生态文明建设是一个开放、发展的复杂体系，是宏大的理论与实践课题，其内容远非笔者的能力和本课题的研究能全面企及。因此，课题的研究虽尽“全力”但远非“全面”与“精准”，这是本研究的“得”与“憾”。不过，尽自己所能为生态文明建设尽微薄之力是一种责任，也是不变的追求。

感谢对本课题的研究给予支持与帮助的领导、专家、同仁，以及我的家人、朋友、学生！正是有了很多人的默默支持，才使本课题能如期结项，感激感恩！课题结项并不意味着我对生态文明建设的关注和研究会因此而画上句号，结项只是驿站，整理只是为了更好地再出发。

感谢九州出版社的领导、编辑！从课题申报时的推荐，到结项成果的出版，无不浸润着出版社领导和编辑老师的辛劳。

期待这本小书能得到专家、学者、读者的不吝赐教，让我在新的起点上继续前行；期盼更多的人关心、关注生态环境问题，自觉投身于生态文明建设；期望融汇各方力量，让生态文明早日由愿景变成现实。

参考文献

一、中文文献

（一）马克思主义经典著作及文献选编类

1.《马克思恩格斯文集》第1—10卷，人民出版社，2009。

2.《毛泽东选集》第1—4卷，人民出版社，1991。

3.《毛泽东文集》第1—8卷，人民出版社，1993、1993、1996、1996、1996、1999、1999、1999。

4.《邓小平文选》第1—3卷，人民出版社，1994、1994、1993。

5.《江泽民文选》第1—3卷，人民出版社，2006。

6.《胡锦涛文选》第1—3卷，人民出版社，2016。

7.《习近平谈治国理政》第1—4卷，外文出版社，2018、2017、2020、2022。

8. 中共中央文献研究室编：《习近平关于全面深化改革论述摘编》，中央文献出版社，2014。

9. 中共中央文献研究室编：《习近平关于社会主义生态文明建设论述摘编》，中央文献出版社，2017。

10. 中共中央文献研究室编：《习近平关于社会主义社会建设论述摘编》，中央文献出版社，2014。

11. 中共中央文献研究室编：《习近平关于实现中华民族伟大复兴的中国梦论述摘编》，中央文献出版社，2013。

12. 中共中央文献研究室编：《江泽民论有中国特色社会主义（专题摘编）》，中央文献出版社，2002。

13.《中共中央关于党的百年奋斗重大成就和历史经验的决议》，人民出版社，2021。

14. 中共中央宣传部：《习近平新时代中国特色社会主义思想学习纲要》，学习出版社、人民出版社，2019。

15. 中共中央宣传部、中华人民共和国生态环境部 :《习近平生态文明思想学习纲要》，学习出版社、人民出版社，2022。

（二）中文专著

1. 陈金清 :《生态文明理论与实践研究》，人民出版社，2016。

2. 陈晓红 :《生态文明制度建设研究》，经济科学出版社，2019。

3. 陈学明、王凤才 :《西方马克思主义前沿问题二十讲》，复旦大学出版社，1988。

4. 邓纯东 :《生态文明建设研究》，人民日报出版社，2018。

5. 邓道喜 :《马克思的人化自然观及其当代意义》，武汉理工大学出版社，2009。

6. 韩震 :《大国话语》，人民出版社，2018。

7. 何爱国 :《当代中国生态文明之路》，科学出版社，2012。

8. 贾卫列、杨永岗、朱明双等 :《生态文明建设概论》，中央编译出版社，2013。

9. 姜作利 :《生态文明理念之建构及中国对策研究 : 基于 WTO 法理框架》，光明日报出版社，2021。

10. 李军等 :《走向生态文明时代的科学指南 : 学习习近平同志生态文明建设重要论述》，中国人民大学出版社，2015。

11. 李捷 :《学习习近平生态文明思想问答》，浙江人民出版社，2020。

12. 刘仁胜 :《生态马克思主义概论》，中央编译出版社，2007。

13. 刘思华 :《可持续发展经济学》，湖北人民出版社，1997。

14. 刘宗超、贾卫列等 :《生态文明理念与模式》，化学工业出版社，2015。

15. 柳思思 :《欧盟气候话语权的建构及对中国的启示研究》，时事出版社，2018。

16. 卢风 :《生态文明与美丽中国》，北京师范大学出版社，2018。

17. 卢风等 :《生态文明 : 文明的超越》，中国科学技术出版社，2019。

18. 潘家华 :《生态文明建设的理论构建与实践探索》，中国社会科学出版社，2019。

19. 仇立 :《绿色消费行为研究》，南开大学出版社，2013。

20. 秦鹏 :《生态消费法研究》，法律出版社，2007。

21. 邰秀军 :《中国农村消费市场和农户消费行为现状分析》，经济科学出版社，2012。

22. 陶火生 :《马克思生态思想研究》，学习出版社，2013。

23. 王玲玲 :《绿色责任探究》，人民出版社，2015。

24. 王新 :《生态文明建设与民生问题研究》，社会科学文献出版社，2015。

25. 王雨辰 :《生态文明与文明转型》，崇文书局，2021。

26. 许涤新 :《政治经济学辞典（上册）》，人民出版社，1980。

27. 尹世杰 :《消费力经济学》，西南财经大学出版社，2010。

28. 于光远、苏星 :《政治经济学（资本主义部分）》，人民出版社，1977。

29. 余谋昌 :《生态哲学》，陕西人民教育出版社，2000。

30. 张云飞、李娜 :《开创社会主义生态文明新时代》，中国人民大学出版社，2017。

31. 张云飞 :《天人合一 : 儒学与生态环境》，四川人民出版社，1995。

32. 张海滨 :《环境问题与国际关系——全球环境问题的理性思考》，上海人民出版社，2008。

33. 赵成、于萍 :《马克思主义与生态文明建设研究》，中国社会科学出版社，2016。

34. 中央党校哲学部 :《五大发展理念》，中共中央党校出版社，2016。

35. 周林东 :《人化自然辩证法》，人民出版社，2008。

36. 朱小玲 :《中国共产党民生思想研究》，南京师范大学出版社，2015。

（三）外文译著

1.[德] 马克斯·韦伯 :《经济与社会》，林荣远译，商务印书馆，1997。

2.[德] 哈贝马斯 :《重建历史唯物主义》，郭官义译，社会科学文献出版社，2000。

3.[德]A. 施密特 :《马克思的自然概念》，欧力同、吴仲昉译，商务印书馆，1988。

4.[德] 伊曼努尔·康德 :《纯粹理性批判》，李秋零译，中国人民大学出版社，2004。

5.[法] 笛卡尔 :《笛卡尔的人类哲学》，刘烨译，内蒙古文化出版社，2008。

6.[法] 卢梭 :《社会契约论》，何兆武译，商务印书馆，2003。

7.[古希腊] 亚里士多德 :《政治学》，吴寿彭译，商务印书馆，1996。

8.[古希腊] 亚里士多德 :《尼各马可伦理学》，廖申白译，商务印书馆，2008。

9.[捷克] 瓦茨拉夫·克劳斯 :《环保的暴力》，宋凤云译，世界图书出版公司，后浪出版公司，2012。

10.[美] 奥尔多·利奥波德 :《沙乡年鉴》，候文蕙译，吉林人民出版社，1997。

11.[美] 詹姆斯·奥康纳 :《自然的理由——生态学马克思主义研究》，唐正东、臧佩洪译，南京大学出版社，2015。

12.[美] 埃利希·弗洛姆 :《占有还是生存》，关山译，三联书店，1989。

13.[美] 拉杰·帕特尔、詹森·W. 摩尔 :《廉价的代价》，吴文忠、何芳、赵世忠译，中信出版集团股份有限公司，2018。

14.[美] 约翰·贝拉米·福斯特 :《生态危机与资本主义》，耿建新译，上海译文出版社，2006。

15.[美] 约翰·贝拉米·福斯特 :《马克思的生态学——唯物主义与自然》，刘仁胜、肖峰译，高等教育出版社，2006。

16.[美] 菲利普·克莱顿、贾斯廷·海因泽克 :《有机马克思主义》，孟献丽、于桂凤、张丽霞译，人民出版社，2015。

17.[美] 霍尔姆斯·罗尔斯顿 :《哲学走向荒野》，刘耳、叶平译，吉林人民出版社，2000。

18.[美] 蕾切尔·卡逊 :《寂静的春天》，吕瑞兰、李长生译，吉林人民出版社，1997。

19.[美] 单尼斯·米都斯等 :《增长的极限》，李宝恒译，吉林人民出版社，1997。

20.[英] 戴维·佩珀 :《生态社会主义 : 从深生态学到社会正义》，刘颖译，山东大学出版社，2005。

（四）期刊

1. 习近平 :《推动我国生态文明建设迈上新台阶》，《求是》2019 年第 3 期。

2. 程恩富、王中宝 :《论马克思主义与可持续发展》，《马克思主义研究》2008 年第 12 期。

3. 陈俊 :《习近平新时代生态文明思想的内在逻辑、现实意义与践行路径》，《青海社会科学》2018 年第 3 期。

4. 陈友华 :《全面小康的内涵及评价指标体系构建》，《人民论坛·学术前沿》2017 年第 5 期。

5. 陈学明：《中国的生态文明建设会创造一种人类文明新形态》,《江西师范大学学报（哲学社会科学版）》2022 年第 1 期。

6. 陈永森：《罪魁祸首还是必经之路？——工业文明对生态文明建设的作用》,《福建师范大学学报（哲学社会科学版）》2021 年第 4 期。

7. 崔书红：《生态文明示范创建实践与启示》,《环境保护》2021 年第 12 期。

8. 段蕾、康沛竹：《走向社会主义生态文明新时代——论习近平生态文明思想的背景、内涵与意义》,《科学社会主义》2016 年第 2 期。

9. 方世南：《习近平生态文明思想的永续发展观研究》,《马克思主义与现实》2019 年第 2 期。

10. 方世南：《论习近平生态文明思想的人民情怀》,《马克思主义理论学科研究》2021 年第 7 期。

11. 方世南：《论习近平生态文明思想彰显人民至上理念》,《马克思主义与现实》2022 年第 5 期。

12. 冯雪红、张欣：《新时代生态文明建设的主要研究路径》,《中南民族大学学报（人文社会科学版）》2021 年第 2 期。

13. 高家军：《人类命运共同体视域下全球生态文明建设的系统审视》,《系统科学学报》2021 年第 4 期。

14. 龚万达、刘祖云：《生态环境也是生产力——学习习近平关于生态文明建设的思想》,《教学与研究》2015 年第 3 期。

15. 龚维斌：《百年来党领导生态文明建设的成就和经验》,《行政管理改革》2021 年第 10 期。

16. 顾世春：《习近平生态文明思想实现的四重超越》,《理论探讨》2021 年第 6 期。

17. 韩晓芳、丁威：《习近平生态文明思想的意蕴及三个价值维度——基于人与自然和谐共生的视角》,《学术论坛》2018 年第 5 期。

18. 洪银兴：《消费需求、消费力、消费经济和经济增长》,《中国经济问题》2013 年第 1 期。

19. 郇庆治：《环境政治视角下的生态文明体制改革》,《探索》2015 年第 3 期。

20. 郇庆治：《“碳政治”的生态帝国主义逻辑批判及其超越》,《中国社会科学》2016 年第 3 期。

21. 郇庆治：《社会主义生态文明的政治哲学基础：方法论视角》,《社会科学辑刊》2017 年第 1 期。

22. 华启和 :《生态文明话语权三题》,《理论导刊》2015 年第 7 期。

23. 黄承梁 :《论习近平生态文明思想对马克思主义生态文明学说的历史性贡献》,《西北师大学报(社会科学版)》2018 年第 4 期。

24. 黄高晓 :《论习近平全球生态文明建设思想》,《广西社会科学》2018 年第 6 期。

25. 黄以胜、顾萍 :《农村生态建设的现实困境与对策思考——基于生态民生的视角》,《农业经济》2015 年第 2 期。

26. 蒋旭东 :《当代西方生态社会主义思潮浅析》,《学校党建与思想教育》2011 年第 1 期。

27. 焦冉 :《"四个自信"视域下中国生态文明建设研究》,《学校党建与思想教育》2021 年第 4 期。

28. 经济形势分析课题组 :《2013 年经济形势分析与 2014 年展望——促进经济运行向新常态平稳过渡》,《中国流通经济》2014 年第 1 期。

29. 李干杰 :《"生态保护红线"——确保国家生态安全的生命线》,《求是》2014 年第 2 期。

30. 李全喜、李培鑫 :《中国生态文明国际话语权的出场语境与建构路径》,《东南学术》2022 年第 1 期。

31. 李红松 :《习近平生态文明思想的内在逻辑》,《重庆大学学报(社会科学版)》2021 年第 10 期。

32. 李雪娇、何爱平 :《人与自然和谐共生 :中国式现代化道路的生态向度研究》,《社会主义研究》2022 年第 5 期。

33. 刘美平 :《论经济新常态下中国城乡的生态消费》,《中州学刊》2015 年第 2 期。

34. 刘海涛、徐艳玲 :《我国生态文明话语权构建面临的新时代境遇与路径选择》,《山东社会科学》2020 年第 2 期。

35. 刘海英、蔡先哲 :《推进"双碳"目标下生态文明建设的创新发展》,《新视野》2022 年第 5 期。

36. 刘思华 :《对建设社会主义生态文明论的若干回忆——兼述我的"马克思主义生态文明观"》,《中国地质大学学报(社会科学版)》2008 年第 4 期。

37. 刘湘溶 :《我国生态文明体制改革的任务、机理和动力》,《湖南师范大学社会科学学报》2018 年第 2 期。

38. 刘希刚 :《习近平生态文明思想整体性探析》,《学术论坛》2018 年第 5 期。

39. 刘希刚、王永贵 :《习近平生态文明建设思想初探》,《河海大学学报(哲学社会科学版)》2014 年第 6 期。

40. 卢风 :《自然的主体性和人的主体性》,《湖南师范大学社会科学学报》2000 年第 2 期。

41. 卢风 :《农业文明、工业文明与生态文明——兼论生态哲学的核心思想》,《理论探讨》2021 年第 6 期。

42. 卢浪 :《理论·历史·实践 : 中国共产党领导生态文明建设的三重逻辑》,《求索》2021 年第 6 期。

43. 陆剑杰 :《论“外部自然界的优先地位”》,《江苏社会科学》1991 年第 6 期。

44. 穆艳杰、马德帅 :《以“两山”思想为主要内容的习近平同志生态文明思想与中国实践分析》,《思想理论教育导刊》2018 年第 6 期。

45. 聂倩 :《国外生态补偿实践的比较及政策启示》,《生态经济》2014 年第 7 期。

46. 秦书生、王镜宇 :《论以人为本的生态观》,《理论探讨》2005 年第 5 期。

47. 秦书生、吕锦芳 :《习近平新时代中国特色社会主义生态文明思想的逻辑阐释》,《理论学刊》2018 年第 3 期。

48. 秦书生、张海波 :《习近平生态文明建设思想的辩证法阐释》,《学术论坛》2017 年第 2 期。

49. 秦宣 :《习近平新时代中国特色社会主义思想的特色》,《教学与研究》2017 年第 6 期。

50. 沈文明、钟明华 :《习近平生态文明思想的政治经济学解读》,《马克思主义研究》2019 年第 8 期。

51. 沈满洪 :《生态文明视角下的共同富裕观》,《治理研究》2021 年第 5 期。

52. 申曙光 :《生态文明及其理论与现实基础》,《北京大学学报(哲学社会科学版)》1994 年第 3 期。

53. 司林波 :《农村生态文明建设的历程、现状与前瞻》,《人民论坛》2022 年第 1 期。

54. 宋林飞 :《中国生态文明建设理论创新与制度安排》,《江海学刊》2020 年第 1 期。

55. 孙凌宇 :《习近平生态文明制度思想的包容性探析》,《青海社会科学》2018 年第 3 期。

56. 孙越、刘焕明 :《三重维度下生态帝国主义的批判与反思》,《江海学刊》2020 年第 6 期。

57. 唐鸣、杨美勤 :《习近平生态文明制度建设思想 : 逻辑蕴含、内在特质与实践向度》,《当代世界与社会主义》2017 年第 4 期。

58. 陶火生 :《生态文明 : 超越工业文明还是工业文明的新阶段? 》,《中共福建省委党校学报》2016 年第 12 期。

59. 田启波 :《习近平生态文明思想的世界意义》,《北京大学学报(哲学社会科学版)》,2021 年 3 期。

60. 万长松、林豪庭 :《论习近平生态文明思想的马克思主义人学向度》,《北京航空航天大学学报(社会科学版)》2021 年第 5 期。

61. 王风才 :《生态文明 :人类文明 4.0，而非“工业文明的生态化”——兼评汪信砚〈生态文明建设的价值论审思〉》,《东岳论丛》2020 年第 8 期。

62. 王景全 :《休闲 : 人与自然和谐之道》,《中州学刊》2007 年第 1 期。

63. 王萍 :《生态消费的经济制约因素及破解》,《理论月刊》2015 年第 1 期。

64. 王婷 :《宏观与微观双重视阈中的生态文明建设初探》,《马克思主义研究》2018 年第 4 期。

65. 王首然、祝福恩 :《生态文明建设整体布局下实现“双碳”目标研究》,《理论探讨》2022 年第 5 期。

66. 汪信砚 :《生态文明建设的价值论审思》,《武汉大学学报》(哲学社会科学版) 2020 年第 3 期。

67. 王鑫磊、吕瑶 :《习近平新时代生态文明思想的逻辑理路》,《湖南社会科学》2018 年第 4 期。

68. 王学荣 :《国外生态马克思主义文明观的基本路径》,《科学社会主义》2017 年第 5 期。

69. 王永斌 :《习近平生态文明思想的生成逻辑与时代价值》,《西北师大学报 (社会科学版)》2018 年第 4 期。

70. 王雨辰 :《人类命运共同体与全球环境治理的中国方案》,《中国人民大学学报》2018 年第 4 期。

71. 王雨辰 :《论习近平生态文明思想的理论特质及其当代价值》,《福建师范大学学报(哲学社会科学版)》2019 年第 6 期。

72. 吴宁 :《论“天人合一”的生态伦理意蕴及其得失》,《自然辩证法研究》1999 年第 12 期。

73. 徐春：《以人为本与人类中心主义辨析》，《北京大学学报（哲社版）》2004 年第 6 期。

74. 杨晶、陈永森：《生态文明建设的中国方案及其世界意义》，《东南学术》2018 年第 5 期。

75. 姚修杰：《习近平生态文明思想的理论内涵与时代价值》，《理论探讨》2020 年第 2 期。

76. 杨宁：《社会主义生态文明的认知、愿景与实现》，《马克思主义研究》2021 年第 12 期。

77. 杨小军、丁馨妍：《论中国共产党生态文明建设思想的整体性逻辑》，《湘潭大学学报（哲学社会科学版）》2022 年第 2 期。

78. 杨华磊：《碳达峰碳中和纳入生态文明建设整体布局的时代价值及实践进路》，《思想理论教育导刊》2022 年第 10 期。

79. 尹世杰：《关于生态消费的几个问题》，《求索》2000 年第 6 期。

80. 尹世杰：《关于发展生态消费力的几个问题》，《经济学家》2010 年第 9 期。

81. 尹艳秀、庞昌伟：《中国共产党生态文明建设百年探索的演进逻辑》，《青海社会科学》2021 年第 4 期。

82. 余谋昌：《生态文明：人类文明的新形态》，《长白学刊》2007 年第 2 期。

83. 余玉湖、李景源：《人与自然和谐共生的中国式现代化道路生态图景》，《当代世界与社会主义》2022 年第 5 期。

84. 张剑：《生态帝国主义批判》，《马克思主义研究》2017 年第 2 期。

85. 张乾元、赵阳：《论习近平以人民为中心的生态文明思想》，《新疆师范大学学报（哲学社会科学版）》2018 年第 4 期。

86. 张三元：《论习近平人与自然生命共同体思想》，《观察与思考》2018 年第 7 期。

87. 张小莉：《农村消费文化的现状分析及建议》，《理论视野》2014 年第 3 期。

88. 张云飞：《"生命共同体"：社会主义生态文明的本体论奠基》，《马克思主义与现实》2019 年第 2 期。

89. 张云飞：《 试论生态文明的历史方位》，《 教学与研究》2009 年第 8 期。

90. 曾建平、丁玲：《生态文明视野中的消费与自然》，《中国地质大学学报（社会科学版）》2013 年第 4 期。

91. 周家讯、李家详：《习近平生态文明思想的多重维度》,《自然辩证法研究》2018 年第 9 期。

92. 周生贤：《走向生态文明新时代——学习习近平关于生态文明建设的重要论述》,《求是》2013 年第 17 期。

93. 周鑫：《习近平生态文明思想的多重维度》,《当代世界与社会主义》2018 年第 5 期。

94. 庄友刚：《准确把握绿色发展理念的科学规定性》,《中国特色社会主义研究》2016 年第 1 期。

95. 朱沁夫、高踞：《论习近平生态文明思想的公平价值导向》,《齐鲁学刊》2018 年第 5 期。

（五）报纸类

1. 习近平：《携手推进亚洲绿色发展和可持续发展》,《人民日报》2010 年 4 月 11 日，第 1 版。

2. 习近平：《深化改革开放 共创美好亚太》,《人民日报》2013 年 10 月 8 日，第 3 版。

3. 习近平：《坚持运用辩证唯物主义世界观方法论 提高解决我国改革发展基本问题本领》,《人民日报》2015 年 1 月 25 日，第 1 版。

4. 习近平：《在文艺工作座谈会上的讲话》,《人民日报》2015 年 10 月 15 日，第 2 版。

5. 习近平：《携手构建合作共赢、公平合理的气候变化治理机制》,《人民日报》2015 年 12 月 1 日，第 2 版。

6. 习近平：《在省部级主要领导干部学习贯彻党的十八届五中全会精神专题研讨班上的讲话》,《人民日报》2016 年 5 月 10 日，第 2 版。

7. 习近平：《在哲学社会科学工作座谈会上的讲话》,《人民日报》2016 年 5 月 19 日，第 2 版。

8. 习近平：《共同构建人类命运共同体》,《人民日报》2017 年 1 月 20 日，第 2 版。

9. 习近平：《在纪念马克思诞辰 200 周年大会上的讲话》,《人民日报》2018 年 5 月 5 日，第 2 版。

10. 习近平：《共同构建人与自然生命共同体》,《人民日报》2021 年 4 月 23 日，第 2 版。

11. 习近平：《共同构建地球生命共同体》,《人民日报》2021 年 10 月 13 日，第 2 版。

12. 习近平：《高举中国特色社会主义伟大旗帜 为全面建设社会主义

现代化国家而团结奋斗》,《人民日报》2022 年 10 月 26 日，第 1 版。

13. 习近平 :《在〈生物多样性公约〉第十五次缔约方大会第二阶段高级别会议开幕式上的致辞》,《人民日报》2022 年 12 月 16 日，第 2 版。

14. 顾仲阳 :《坚决打好污染防治攻坚战 推动生态文明建设迈上新台阶》,《人民日报》2018 年 5 月 20 日，第 1 版。

15. 郭言 :《福岛核废水折射出美式“双标”真面目》,《经济日报》2021 年 4 月 16 日，第 4 版。

16.《2016，“百姓经济”怎么走》,《人民日报》2016 年 2 月 15 日，第 17 版。

17.《坚持节约资源和保护环境基本国策 努力走向社会主义生态文明新时代》,《人民日报》2013 年 5 月 25 日，第 1 版。

18. 蒋洪强 :《解决生态文明领域深层次问题还要靠统筹协调》,《光明日报》, 2020 年 11 月 7 日，第 5 版。

19. 陆娅楠 :《春来看预期》,《人民日报》2018 年 3 月 26 日，第 17 版。

20. 孙秀艳等 :《打赢蓝天保卫战三年行动启动》,《人民日报》2018 年 2 月 4 日，第 1 版。

21. 孙秀艳 :《生态文明建设须落实党政同责》,《人民日报》2019 年 8 月 6 日，第 5 版。

22.《全面贯彻新时代党的治藏方略 谱写雪域高原长治久安和高质量发展新篇章》,《人民日报》2021 年 7 月 24 日，第 1 版。

23.《在推动高质量发展上闯出新路子 谱写新时代中国特色社会主义湖南新篇章》,《人民日报》2020 年 9 月 19 日，第 1 版。

24.《在服务和融入新发展格局上展现更大作为 奋力谱写全面建设社会主义现代化国家福建篇章》,《人民日报》2021 年 3 月 26 日，第 1 版。

二、外文文献类

1.Andre Gorz, *Ecology as Politics*,Lodon: Pluto Press UK,1980.

2.Alfred Crosby,*Ecological Imperialism:The Biological Expansion of Europe, 900—1900*,Cambridge:Cambridge University Press,1993.

3.Grabam Smith,*Deliberative Democracy and the Environment*,London and New York:Taylor & Francis Group,2003.

4.John Bellamy Foster,Brett Clark and Richard York,*The Ecological Rift: Capitalism's War on the Earth,*New York:Monthly Review Press,2010.

5.Lorraine Elliott,*The Global Politics of the Environment*, Washington:New York University Press,1998.